東京大学工学教程

基礎系 物理学
# 量子力学 II

東京大学工学教程編纂委員会 編　　押山 淳 著

Quantum Mechanics II
SCHOOL OF ENGINEERING
THE UNIVERSITY OF TOKYO

丸善出版

### 東京大学工学教程

# 編纂にあたって

　東京大学工学部，および東京大学大学院工学系研究科において教育する工学はいかにあるべきか．1886 年に開学した本学工学部・工学系研究科が 125 年を経て，改めて自問し自答すべき問いである．西洋文明の導入に端を発し，諸外国の先端技術追奪の一世紀を経て，世界の工学研究教育機関の頂点の一つに立った今，伝統を踏まえて，あらためて確固たる基礎を築くことこそ，創造を支える教育の使命であろう．国内のみならず世界から集う最優秀な学生に対して教授すべき工学，すなわち，学生が本学で学ぶべき工学を開示することは，本学工学部・工学系研究科の責務であるとともに，社会と時代の要請でもある．追奪から頂点への歴史的な転機を迎え，本学工学部・工学系研究科が執る教育を聖域として閉ざすことなく，工学の知の殿堂として世界に問う教程がこの「東京大学工学教程」である．したがって照準は本学工学部・工学系研究科の学生に定めている．本工学教程は，本学の学生が学ぶべき知を示すとともに，本学の教員が学生に教授すべき知を示す教程である．

2012 年 2 月

2010–2011 年度
東京大学工学部長・大学院工学系研究科長　北　森　武　彦

## 東京大学工学教程

# 刊 行 の 趣 旨

　現代の工学は，基礎基盤工学の学問領域と，特定のシステムや対象を取り扱う総合工学という学問領域から構成される．学際領域や複合領域は，学問の領域が伝統的な一つの基礎基盤ディシプリンに収まらずに複数の学問領域が融合したり，複合してできる新たな学問領域であり，一度確立した学際領域や複合領域は自立して総合工学として発展していく場合もある．さらに，学際化や複合化はいまや基礎基盤工学の中でも先端研究においてますます進んでいる．

　このような状況は，工学におけるさまざまな課題も生み出している．総合工学における研究対象は次第に大きくなり，経済，医学や社会とも連携して巨大複雑系社会システムまで発展し，その結果，内包する学問領域が大きくなり研究分野として自己完結する傾向から，基礎基盤工学との連携が疎かになる傾向がある．基礎基盤工学においては，限られた時間の中で，伝統的なディシプリンに立脚した確固たる工学教育と，急速に学際化と複合化を続ける先端工学研究をいかにしてつないでいくかという課題は，世界のトップ工学校に共通した教育課題といえる．また，研究最前線における現代的な研究方法論を学ばせる教育も，確固とした工学知の前提がなければ成立しない．工学の高等教育における二面性ともいえ，いずれを欠いても工学の高等教育は成立しない．

　一方，大学の国際化は当たり前のように進んでいる．東京大学においても工学の分野では大学院学生の四分の一は留学生であり，今後は学部学生の留学生比率もますます高まるであろうし，若年層人口が減少する中，わが国が確保すべき高度科学技術人材を海外に求めることもいよいよ本格化するであろう．工学の教育現場における国際化が急速に進むことは明らかである．そのような中，本学が教授すべき工学知を確固たる教程として示すことは国内に限らず，広く世界にも向けられるべきである．2020 年までに本学における工学の大学院教育の 7 割，学部教育の 3 割ないし 5 割を英語化する教育計画はその具体策の一つであり，工学の

教育研究における国際標準語としての英語による出版はきわめて重要である.

　現代の工学を取り巻く状況を踏まえ, 東京大学工学部・工学系研究科は, 工学の基礎基盤を整え, 科学技術先進国のトップの工学部・工学系研究科として学生が学び, かつ教員が教授するための指標を確固たるものとすることを目的として, 時代に左右されない工学基礎知識を体系的に本工学教程としてとりまとめた. 本工学教程は, 東京大学工学部・工学系研究科のディシプリンの提示と教授指針の明示化であり, 基礎 (2 年生後半から 3 年生を対象), 専門基礎 (4 年生から大学院修士課程を対象), 専門 (大学院修士課程を対象) から構成される. したがって, 工学教程は, 博士課程教育の基盤形成に必要な工学知の徹底教育の指針でもある. 工学教程の効用として次のことを期待している.

- 工学教程の全巻構成を示すことによって, 各自の分野で身につけておくべき学問が何であり, 次にどのような内容を学ぶことになるのか, 基礎科目と自身の分野との間で学んでおくべき内容は何かなど, 学ぶべき全体像を見通せるようになる.
- 東京大学工学部・工学系研究科のスタンダードとして何を教えるか, 学生は何を知っておくべきかを示し, 教育の根幹を作り上げる.
- 専門が進んでいくと改めて, 新しい基礎科目の勉強が必要になることがある. そのときに立ち戻ることができる教科書になる.
- 基礎科目においても, 工学部的な視点による解説を盛り込むことにより, 常に工学への展開を意識した基礎科目の学習が可能となる.

東京大学工学教程編纂委員会　　委員長　大久保　達也

幹事　吉村　　忍

基礎系 物理学

# 刊行にあたって

物理学関連の工学教程は全 13 巻を予定しており，その相互関連は次ページの図に示すとおりである．この図における「基礎」，「専門基礎」，「専門」の分類は，物理学に近い分野を専攻する学生を対象とした目安であり，矢印は各分野の相互関係および学習の順序のガイドラインを示している．その他の工学諸分野を専攻する学生は，そのガイドラインを参考に，適宜選択し，学習を進めて欲しい．「基礎」は，教養学部から 3 年程度の内容ですべての学生が学ぶべき基礎的事項であり，「専門基礎」は，4 年生から大学院で学科・専攻ごとの専門科目を理解するために必要とされる内容である．「専門」は，さらに進んだ大学院レベルの高度な内容である．工学教程全体の中では，数学で学ぶ論理の世界と現実の世界とを結び付けるのが物理学であり，ハードウェアに関わる全ての工学分野の基礎となる分野である．

＊　　　＊　　　＊

量子力学は，ありとあらゆる自然現象を記述する理論体系であり，現代物理学の根幹を成すものである．工学的観点からも，微細領域に関わる技術はもちろん，量子力学由来の特性を持つ新材料や，量子力学の原理を活用した情報処理など，その重要性が高まっている．この「量子力学 II」では，「量子力学 I」の基礎的な内容に続く形で，様々な場面で量子力学を理論的に取り扱う手法について述べている．まず，実験との直接的な対応がつけやすい散乱理論について解説する．続いて，相対論を考慮した量子力学の理論，複数の粒子からなる系を扱う手法，電磁場を量子系として取り扱う手法について学ぶ．具体的な事例として，原子の電子状態の記述についてまとめている．また，数学の重要な技法である群論を用いて，量子系の持つ対称性から導かれる普遍的な性質についても学ぶ．

東京大学工学教程編纂委員会<br>物理学編集委員会

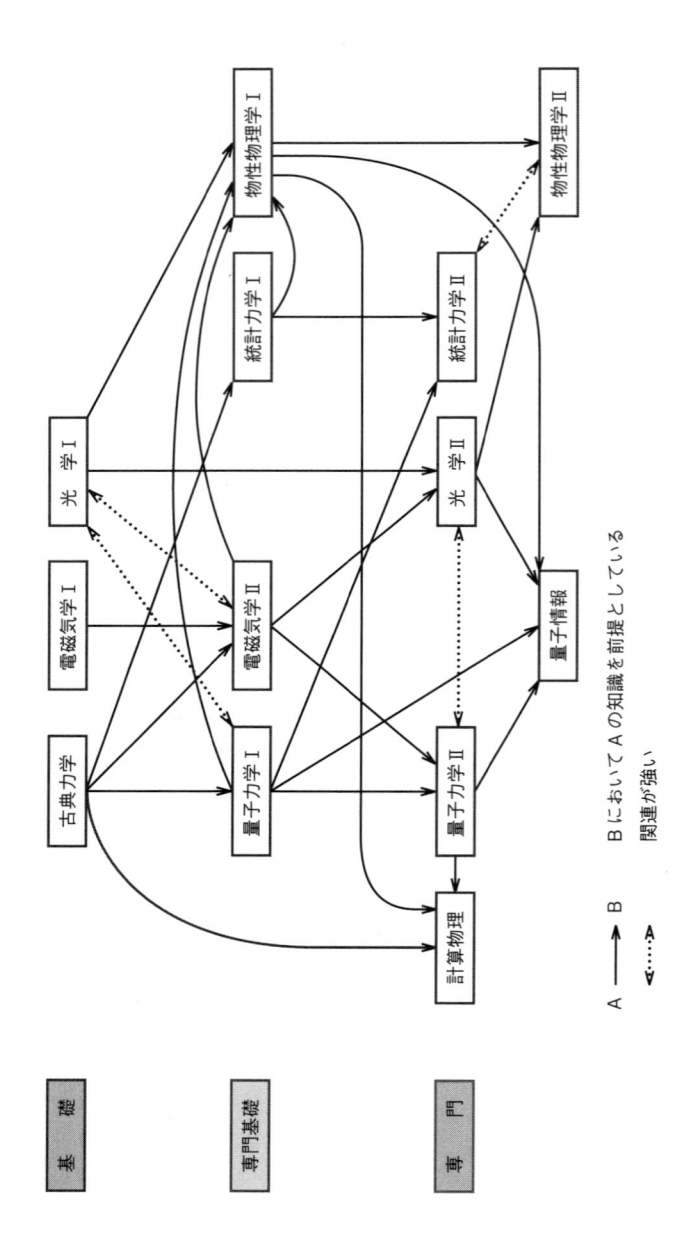

# 目　　次

# は じ め に

　20世紀前半に確立した量子力学は，さまざまな自然現象の微視的側面をその根本法則から理解することに成功し，また20世紀後半の爆発的なテクノロジーの発展の基礎を支えてきた．今世紀のナノサイエンス，ナノテクノロジーの進展においても，量子論の重要性は増しこそすれ減じることはないだろう．微視的な世界では，粒子は波であり波は粒子である．この二面性を記述する数学的枠組みが量子力学といえる．古典論において粒子と認識されていた電子の波動性，波と認識されていた電磁場の粒子性が，自然現象にどのように反映されているかを理解することは，自然の微視的理解の基礎を成す．また粒子同士の相互作用は複数の波の干渉作用でもあり，それが量子多体系すなわち物質における自然現象の根幹である．そこでのいまだ解明できていない豊かな諸現象を，量子論に基づいて明らかにしていくことは，人類の知識のフロンティアを広げることであり，その成果は新たなテクノロジーの発展につながるだろう．

　本工学教程では量子力学は2巻から成っている．『量子力学I』においては，上述した粒子性と波動性を記述する数学的枠組みであるSchrödinger (シュレーディンガー) 方程式を中心に量子力学の基礎を説明し，その後，調和振動子，1次元矩形ポテンシャル問題，水素原子などの中心対称場の問題，摂動論などを扱っている．それを受けて『量子力学II』では，五つの章立てにより学部レベルの量子力学の集大成をめざす．1章では「散乱理論」を取り扱う．高エネルギー物理学においては散乱理論は第一義的な重要性を有するが，物性科学においても散乱理論なしには現象をつかまえることは難しい．ターゲットに対する入射波と散乱波の解析にはもちろんであるが，物質内の定常的電子状態の理解にも散乱理論は欠かせない．2章では「相対論的量子力学入門」として，スピン1/2の粒子に対するDirac (ディラック) 方程式を学ぶ．われわれが手にする普通の物質の中でも，そこでの電子の速さは光の速さに比肩し得るものになっている場合がある．そのような状況での相対論的効果は，物質の性質に大きな影響を及ぼす．自由な空間および電磁場下でのDirac方程式の解の振る舞いを調べ，Dirac粒子の特質を理解

する．3章は「多粒子系の量子力学」である．これは物性科学においては第一義的に重要な問題である．原子核，電子から構成される物質での諸現象は多数粒子の相互作用の帰結であり，それを量子論的に解明することが重要である．数学的枠組みとして，第二量子化が導入される．量子性を考えることによって初めて登場する，相互作用の特質を学ぼう．4章は「電磁場の量子化と電子・光子相互作用」である．波と認識されてきた電磁場が，調和振動子の集まりとみなせることを示し，光子の概念を導く．電磁場と電子の相互作用を光子と電子の相互作用で記述し，光放出・吸収現象の理解の基礎を示す．最後に5章で「量子力学と対称性」について説明する．考えている系には固有の対称性がある．この対称性は，系のエネルギースペクトル，異なる状態の遷移確率の特質を規定している．これを明らかにするのに，群の表現論は極めて有用である．5章はそうした対称性からみた量子力学への入門である．

　本書の内容は，東京大学工学部において学部の3年生を対象とした「量子力学第三」と，工学系研究科における大学院生を対象とした「量子力学特論」の講義内容をもとにしている．線形代数と初等解析学，古典力学と電磁気学の知識があれば誰でも読みこなせるように，丁寧に書いたつもりである．一つひとつの式の導出は，物理学を学ぶうえで大事なことだと考えている．その導出を追うことによって，数式という抽象の中に写された自然を感じていただければと思う．本書の執筆にあたって，先人たちの多くの量子力学の教科書を参考にした[1-4]．敬意の念とともに感謝したい．そして最も感謝すべきは，私の講義に出席し試験を受け，巣立っていった東京大学工学部の学生たちであろう．彼らの真摯な，そして"興味深い"反応には多くを気づかされた．この学生たちの存在がなければ，本書は成立しなかったであろう．

# 1 散 乱 理 論

　散乱理論は，素粒子・原子核物理学における基本現象の理解と解析に必須であり，また物性物理学・工学における，X線，粒子線の構造解析に欠かせない．また，物質内のそれぞれの電子状態は，電子波の原子核による散乱の帰結であり，ナノサイエンスにおける波の伝播は，その物性を左右している．本章では，こうした散乱現象を量子論的に扱う基本的な手法と，それにより得られる結果を概観する．

## 1.1　1次元系での散乱

　最初に1次元系での散乱問題を概観する．これは，原子ワイヤーでの電気伝導，あるいは走査型トンネル顕微鏡[*1]などでの電子波の振る舞いを記述するのに適当な系であるが，ここでは3次元の問題につながる転送行列，散乱行列を用いて定式化する．考えようとしているのは図1.1にあるような1次元ポテンシャルに左から粒子の波が入射する問題である．Schrödinger (シュレーディンガー) 方程式は，

$$i\hbar\frac{\partial}{\partial t}\Psi(x,t) = H\Psi(x,t) \tag{1.1}$$

であり，ここで，

$$H = -\frac{\hbar^2}{2m}\frac{d^2}{dx^2} + V(x) \qquad V(x) = \begin{cases} V_0 & (|x| \le a) \\ 0 & (|x| \ge a) \end{cases}$$

である．粒子は定常状態にいるとすると，

$$\Psi(x,t) = e^{-i(E/\hbar)t}\Psi(x)$$

であり，時間に依存しない Schrödinger 方程式

$$H\Psi(x) = E\Psi(x) \tag{1.2}$$

を得る．

---

[*1]　表面に探針を立て，バイアス電圧下での表面との間のトンネル電流を測ることにより，表面原子構造を観察する顕微鏡．

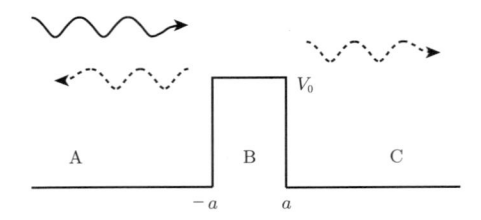

図 **1.1** 1 次元ポテンシャル問題 (図は $V_0 > 0$ の場合)

## 1.1.1 転送行列の方法

### a. 転送行列，散乱状態，束縛状態

式 (1.2) を解くのに転送行列を用いると便利である．図 1.1 にあるように，領域 A: $(-\infty, -a)$，B: $(-a, a)$，C: $(a, \infty)$ のそれぞれでポテンシャルは定数 ($V_B = V_0$, $V_A = V_C = 0$) なので，それぞれの領域での波動関数 $\Psi_r$ はある定数 $k_r (r = A, B, C)$ を用いて，

$$\Psi_r(x) = \alpha_r^+ e^{ik_r x} + \alpha_r^- e^{-ik_r x}, \qquad k_r = \frac{\sqrt{2m(E - V_r)}}{\hbar} \tag{1.3}$$

と書ける．二つの領域の境界 $x = \xi$ での波動関数の接続条件は，左の波動関数を $\Psi_1$，右を $\Psi_2$ とすると，$\Psi_1(\xi) = \Psi_2(\xi)$ および $\Psi_1'(\xi) = \Psi_2'(\xi)$ である (工学教程『量子力学 I』5 章参照). 行列

$$\boldsymbol{M}_\xi(k) = \left( \begin{array}{cc} e^{ik\xi} & e^{-ik\xi} \\ k e^{ik\xi} & -k e^{-ik\xi} \end{array} \right)$$

を定義すると，この接続条件は，

$$\boldsymbol{M}_\xi(k_1) \left( \begin{array}{c} \alpha_1^+ \\ \alpha_1^- \end{array} \right) = \boldsymbol{M}_\xi(k_2) \left( \begin{array}{c} \alpha_2^+ \\ \alpha_2^- \end{array} \right) \tag{1.4}$$

となる．これはさらに，

$$\left( \begin{array}{c} \alpha_1^+ \\ \alpha_1^- \end{array} \right) = \boldsymbol{T}_\xi(k_1, k_2) \left( \begin{array}{c} \alpha_2^+ \\ \alpha_2^- \end{array} \right) \tag{1.5}$$

とも書ける．ここで登場した行列 $\boldsymbol{T}$ は，

$$\boldsymbol{T}_\xi(k_1, k_2) = \boldsymbol{M}_\xi^{-1}(k_1) \boldsymbol{M}_\xi(k_2) \tag{1.6}$$

であり，これを**転送行列**と呼ぶ．いまの問題 (図 1.1) の場合，波動関数の接続条件は，

$$\begin{pmatrix} \alpha_{\rm A}^+ \\ \alpha_{\rm A}^- \end{pmatrix} = \boldsymbol{T} \begin{pmatrix} \alpha_{\rm C}^+ \\ \alpha_{\rm C}^- \end{pmatrix} \tag{1.7}$$

とまとめられる．ここで，

$$\boldsymbol{T} = \boldsymbol{T}_{-a}(k_o, k_i)\boldsymbol{T}_a(k_i, k_o), \qquad k_o = \sqrt{2mE}/\hbar, \qquad k_i = \sqrt{2m(E - V_0)}/\hbar$$

である．

　散乱問題を具体的に解いて波動関数さらには観測可能な物理量を求めるには，Schrödinger 方程式を具体的に解く，あるいはそれと等価だが，接続条件から得られた転送行列を具体的に計算する必要がある．ここではその前に，波動関数に対する二つの境界条件を説明し，どのような物理的状況に対応しているのかを整理しよう．

**境界条件 I** : $x \to \infty$ で $\Psi(x) = \alpha_{\rm C}^+ e^{ikx}$

　この場合，$x \to \infty$ での時間に依存する波動関数の形 (散乱体から遠く離れた場所での形を漸近形という) は，$e^{i(kx - Et/\hbar)}$ である．これは $x$ の正方向に進む，波数 $k$，振動数 $\nu = E/h$ の進行波を表している．こうした状態は散乱状態と呼ばれる．具体的には，式 (1.3) で，$\alpha_{\rm C}^- = 0$ となっていることに対応する．エネルギー $E$ が正である場合には，接続条件 (1.7) を満たすように係数 $\alpha$ を求めることが可能であり，こうした進行波の解は常に存在する．

　上の式 (1.7) を用いると，いまの境界条件は，

$$\begin{pmatrix} \alpha_{\rm A}^+ \\ \alpha_{\rm A}^- \end{pmatrix} = \boldsymbol{T} \begin{pmatrix} \alpha_{\rm C}^+ \\ 0 \end{pmatrix} = \begin{pmatrix} T_{11}\alpha_{\rm C}^+ \\ T_{21}\alpha_{\rm C}^+ \end{pmatrix}$$

に対応する．転送行列の成分から係数 $\alpha$ が定まる．その係数を用いた (あるいは転送行列の成分を用いた) 以下の表式

$$\mathcal{R} = \frac{\alpha_{\rm A}^-}{\alpha_{\rm A}^+} = \frac{T_{21}}{T_{11}} \tag{1.8}$$

$$\mathcal{T} = \frac{\alpha_{\rm C}^+}{\alpha_{\rm A}^+} = \frac{1}{T_{11}} \tag{1.9}$$

は散乱理論において基本的に重要な量であり，$\mathcal{R}$ を反射係数，$\mathcal{T}$ を透過係数と呼ぶ．それぞれの絶対値の 2 乗は，粒子描像での反射成分および透過成分の割合を示しており，反射率 $|\mathcal{R}|^2$，透過率 $|\mathcal{T}|^2$ と呼ばれる．

粒子は，消えたり増えたりはしないので，透過率と反射率の和は 1 になっているはずである．これは以下のように一般的に示せる．ポテンシャル $V$ は実数なので，$\Psi(x)$ が式 (1.2) の解ならば，その複素共役 $\Psi^*(x)$ も解である．また Schrödinger 方程式は 1 次の微分を含まないので，その Wronski (ロンスキー) 行列式 $W(\Psi(x), \Psi^*(x))$ は $x$ に依存しない[*2]．したがって，$W(\infty) = W(-\infty)$ である．しかるに，無限遠での漸近形は (全体を適当に規格化して)，

$$\Psi(x) = \begin{cases} e^{ikx} + \mathcal{R}e^{-ikx} & (x = -\infty) \\ \mathcal{T}e^{ikx} & (x = \infty) \end{cases}$$

である．この形を用いて Wronski 行列式を計算してみると，$|\mathcal{R}|^2 + |\mathcal{T}|^2 = 1$ を得る．

$x$ 方向の流れの密度 $J_x$ は，

$$J_x = \frac{\hbar}{2mi}\left(\Psi^*\frac{d\Psi}{dx} - \Psi\frac{d\Psi^*}{dx}\right) = \frac{\hbar}{2mi}W(\Psi^*, \Psi)$$

であることに注意すれば，透過率と反射率の和が 1 であるということは，流れの密度が保存されていることと同値である．

$$\frac{dJ_x}{dx} = 0$$

**境界条件 II** : $\int_{-\infty}^{\infty}|\Psi| < \infty$

上で述べた散乱状態はこの境界条件 II を満足していない．空間のあらゆる場所

---

[*2]   $f(x)$ についての微分方程式 $f'' + p(x)f' + q(x)f = 0$ の二つの解，$f_1$, $f_2$ について，Wronski 行列式を，

$$W(f_1, f_2) \equiv \det\begin{pmatrix} f_1 & f_2 \\ f_1' & f_2' \end{pmatrix}$$

とすると，その微分は，

$$W' = \det\begin{pmatrix} f_1 & f_2 \\ f_1'' & f_2'' \end{pmatrix} = \det\begin{pmatrix} f_1 & f_2 \\ -pf_1' - qf_1 & -pf_2' - qf_2 \end{pmatrix} = -pW$$

である．

に有限の振幅をもつために無限の領域での波動関数の積分は発散する. 一方, 『量子力学 I』で登場した束縛された状態は, 上記の積分値は有限である. つまり, このような境界条件を満たす解は束縛状態に対応している. そのような束縛状態のエネルギー値は負である. 転送行列を詳しく調べれば, エネルギーの値 $E$ はある離散的な値しか許されないことも導かれる (式 (1.15) 参照). エネルギーが負の場合, $k_0$ は純虚数であり,

$$k_\mathrm{o} = i\kappa, \qquad \kappa = \frac{\sqrt{2m|E|}}{\hbar}$$

である. さらに波動関数が, いま考えている境界条件を満たすためには, 指数関数的に発散しないことが必要であり,

$$\alpha_\mathrm{A}^+ = 0, \qquad \text{および}, \qquad \alpha_\mathrm{C}^- = 0$$

が必要である. 式 (1.7) に代入すると,

$$\begin{pmatrix} 0 \\ \alpha_\mathrm{A}^- \end{pmatrix} = \boldsymbol{T} \begin{pmatrix} \alpha_\mathrm{C}^+ \\ 0 \end{pmatrix}$$

である. この式が満たされるためには,

$$T_{11} = 0 \tag{1.10}$$

が満たされなければならない. もう一つの条件式は領域 A と領域 C での波動関数の減衰の程度を決定する. $T_{11} = 0$ のとき, 式 (1.8), (1.9) で与えられる, 反射係数, 透過係数は発散する. すなわち, 束縛状態のエネルギー $E$ は, エネルギーの関数としての反射係数, 透過係数の極として求められる.

### 1.1.2　1 次元箱型ポテンシャルでの散乱問題

次に, 転送行列を具体的に計算して, 式 (1.2) で定義される 1 次元 (箱型) ポテンシャル問題を解いてみよう. 一つの境界での転送行列 (1.6) の具体的な形は,

$$\boldsymbol{T}_\xi(k_1, k_2) = \frac{1}{2k_1} \begin{pmatrix} (k_1 + k_2)e^{-i(k_1-k_2)\xi} & (k_1 - k_2)e^{-i(k_1+k_2)\xi} \\ (k_1 - k_2)e^{i(k_1+k_2)\xi} & (k_1 + k_2)e^{i(k_1-k_2)\xi} \end{pmatrix}$$

と計算できる. したがって, 式 (1.7) で与えられる, いまの箱型ポテンシャル問題

での転送行列 $\boldsymbol{T}$ の各成分は,

$$T_{11} = \frac{e^{2ik_o a}}{4k_i k_o} \left[ (k_i + k_o)^2 e^{-2ik_i a} - (k_i - k_o)^2 e^{2ik_i a} \right] \tag{1.11}$$

$$T_{12} = \frac{1}{4k_i k_o} (k_i^2 - k_o^2)(e^{-2ik_i a} - e^{2ik_i a}) \tag{1.12}$$

$$T_{21} = -\frac{1}{4k_i k_o} (k_i^2 - k_o^2)(e^{-2ik_i a} - e^{2ik_i a}) \tag{1.13}$$

$$T_{22} = \frac{e^{-2ik_o a}}{4k_i k_o} \left[ (k_i + k_o)^2 e^{2ik_i a} - (k_i - k_o)^2 e^{-2ik_i a} \right] \tag{1.14}$$

と計算できる.

(1.8) の表式より, $T_{21} = 0$ の場合には反射率は 0 となる. したがって透過率は 1 となり, 完全透過である. 式 (1.13) より, これは,

$$\sin 2k_i a = 0$$

すなわち, 入射エネルギー $E$ が,

$$\sin \left( \frac{2a\sqrt{2m(E - V_0)}}{\hbar} \right) = 0$$

を満たすとき, 粒子波は完全透過する. 箱型ポテンシャルの幅と高さが与えられれば, 透過率は入射エネルギーの値に対して振動し, この条件を満たす離散的なエネルギー値で最大値 1 となる.

束縛状態が出現する条件は式 (1.10) より, $T_{11} = 0$ である. $k_o = i\kappa$ とおき, 式 (1.11) から, この条件を書き下すと,

$$\left( \frac{k_i + i\kappa}{k_i - i\kappa} \right)^2 = e^{4ik_i a} \tag{1.15}$$

となる. $k_i$, $\kappa$ はエネルギー $E$ で表されているので, この条件式は束縛エネルギー $E(< 0)$ を定める条件式となっている.

$V_0 > 0$ で, $V_0 > E > 0$ の場合, 古典的には粒子はポテンシャル障壁を越えられない. しかし, 式 (1.9), (1.11) から明らかなように, 量子論では透過率は 0 ではない. ポテンシャル障壁よりも低いエネルギーでも粒子が透過する現象をトンネル効果という. 入射粒子のエネルギーが十分小さい場合 ($|k_o| << |k_i| = \kappa = \sqrt{2m(V_0 - E)}/\hbar$) に計算すると,

$$|\mathcal{T}|^2 \approx \frac{16k_o^2}{\kappa^2} \left( \frac{1}{1 - e^{-4\kappa a}} \right)^2 e^{-4\kappa a} \tag{1.16}$$

となる. 箱型ポテンシャル障壁の厚さが増えると, 透過率は指数関数的に減少する.

### 1.1.3　転送行列と散乱行列 (S 行列)

いままでは，散乱体 (箱型ポテンシャル障壁) に対して左から粒子が入射し，左に反射あるいは右に透過する場合を考えていた．これを一般化すると，いろいろな方向から粒子が入射し，それが散乱体の性質に応じて，さまざまな方向に散乱される状況を考えることができる．1 次元系では，左右から入射し左右に散乱されるという，図 1.2 のような状況である．

図 **1.2**　1 次元の一般的な散乱問題

このとき左側の波動関数は $\alpha_i e^{ikx} + \alpha_r e^{-ikx}$，右側の波動関数は $\alpha_o e^{ikx} + \alpha_{i'} e^{-ikx}$ と書ける．1.1.1 項で示した確率の保存を，この場合に適用すると，

$$|\alpha_i|^2 - |\alpha_r|^2 = |\alpha_o|^2 - |\alpha_{i'}|^2$$

を得る．また式 (1.7) で定義された転送行列 $\boldsymbol{T}$ は，

$$\begin{pmatrix} \alpha_i \\ \alpha_r \end{pmatrix} = \boldsymbol{T} \begin{pmatrix} \alpha_o \\ \alpha_{i'} \end{pmatrix}$$

となる．したがって，上の確率の保存の式は，

$$|\alpha_i|^2 - |\alpha_r|^2 = (\alpha_o^*, \alpha_{i'}^*) \boldsymbol{T}^\dagger \boldsymbol{J} \boldsymbol{T} \begin{pmatrix} \alpha_o \\ \alpha_{i'} \end{pmatrix} = |\alpha_o|^2 - |\alpha_{i'}|^2$$

と書き換えられる．ここで，

$$\boldsymbol{J} \equiv \begin{pmatrix} 1 & 0 \\ 0 & -1 \end{pmatrix}$$

を導入した．これより確率の保存を転送行列で表すと，

$$\boldsymbol{T}^\dagger \boldsymbol{J} \boldsymbol{T} = \boldsymbol{J}$$

となる．

転送行列と等価な情報を含む，以下のような**散乱行列 (S 行列)** を定義すること

もできる.

$$\begin{pmatrix} \alpha_r \\ \alpha_o \end{pmatrix} = S \begin{pmatrix} \alpha_i \\ \alpha_{i'} \end{pmatrix} \tag{1.17}$$

これは，いろいろな入射波がそれぞれに散乱されて散乱波となる状況を表している．上の確率の保存則を散乱行列で表すと，そのユニタリ性に帰着する．すなわち，

$$|\alpha_r|^2 + |\alpha_o|^2 == (\alpha_i^*, \alpha_{i'}^*) S^\dagger S \begin{pmatrix} \alpha_i \\ \alpha_{i'} \end{pmatrix} = |\alpha_i|^2 + |\alpha_{i'}|^2$$

が任意の $\alpha_i$, $\alpha_{i'}$ に対して成り立っているので，

$$S^\dagger S = 1$$

である．

散乱行列と転送行列の間には，当然のことであるが 1 対 1 の関係が存在する．散乱行列は一般的に，

$$S = \begin{pmatrix} r & t' \\ t & r' \end{pmatrix} \tag{1.18}$$

の形をしている．すると，転送行列は，

$$T = \begin{pmatrix} t^{-1} & -t^{-1}r' \\ rt^{-1} & (t'^{\dagger})^{-1} \end{pmatrix} \tag{1.19}$$

となる[*3]．証明からわかるように，式 (1.18), (1.19) で与えられる関係は，$t$, $r$, $t'$, $r'$ が行列である場合にも成り立つ式である．ここで証明した散乱行列のユニタリ性，転送行列と散乱行列の関係は，散乱体の特徴によらない一般的な性質で

---

[*3]

$$S^\dagger S = \begin{pmatrix} r^\dagger r + t^\dagger t & r^\dagger t' + t^\dagger r' \\ t'^\dagger r + r'^\dagger t & t'^\dagger t' + r'^\dagger r' \end{pmatrix} = \begin{pmatrix} 1 & 0 \\ 0 & 1 \end{pmatrix}$$

および，

$$SS^\dagger = \begin{pmatrix} rr^\dagger + t't'^\dagger & rt^\dagger + t'r'^\dagger \\ tr^\dagger + r't'^\dagger & tt^\dagger + r'r'^\dagger \end{pmatrix} = \begin{pmatrix} 1 & 0 \\ 0 & 1 \end{pmatrix}$$

が成り立っている．一方，散乱行列の定義より，

$$\alpha_r = r\alpha_i + t'\alpha_{i'}$$
$$\alpha_o = t\alpha_i + r'\alpha_{i'}$$

である．これらより，式 (1.19) を得る．

あることに注意されたい.

## 1.2　断　面　積

　1次元の散乱問題での基本的な量は, 透過率と反射率であった. 3次元の散乱問題では, 入射した波が, どの方向にどのように散乱されるかを記述するのは散乱振幅および散乱断面積である. 実際, それは実験的に測定される量であるが, 以下のように定義される.

　入射する粒子波は具体的には, 粒子線 (電子線, X 線等) の形で入射してくる. 波動性と粒子性の両面があることは量子力学のそもそもの存在理由である. 粒子線の強度が, 粒子線に垂直な単位面積を単位時間に $N$ 個ずつ通過するように準備されているとする. そのときに $f$ というチャンネル, 言い換えれば最終状態に, 単位時間あたり散乱される粒子の数が $N\sigma_f$ 個であるとき, $\sigma_f$ を $f$ という最終状態あるいはチャンネルへの断面積という (図 1.3).

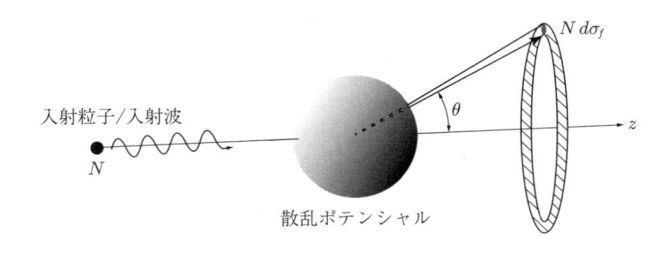

**図 1.3**　散乱断面積の模式図
　　　単位時間, 単位面積に $N$ 個入射した粒子が, 散乱ポテンシャルにより, チャンネル $f$ (図では中心力ポテンシャルにより散乱角 $\theta$ の方向に散乱されるチャンネル) に $N\sigma_f$ 個 (図では $Nd\sigma_f$ 個) 遷移した場合, その比 $\sigma_f$ を散乱断面積という.

　もう少し具体的に, 中心力のポテンシャル場により粒子線が散乱される問題を考えよう. その場合, $f$ としては, 散乱角 $\theta$ で定義される微小立体角 $d\Omega$ へ散乱される状態を考えるのが妥当である. この場合の断面積を計算するには, 1次元散乱問題のときと同様に, 散乱体から遠く離れた場所での粒子の波動関数の形 (漸近形) を知る必要がある. 1.4 節でその導出を行うが, 本節ではその漸近形が,

$$\Psi(\boldsymbol{r}) = e^{ikz} + \frac{e^{ikr}}{r} f(\theta) + O\left(\frac{1}{r^2}\right) \tag{1.20}$$

となるとしよう．ただし，粒子線の入射方向を $z$ 軸に選び，入射波の波数を $k$ と
している (図 1.3)．式 (1.20) の第 1 項は入射波を表し，第 2 項が散乱された外向
きの球面波を表している．入射波の係数が 1 であることは，単位体積あたりに 1
個の入射粒子がいるという規格化に相当している．入射波の波動関数 $e^{ikz}$ を確率
密度の流れ

$$j_z = \frac{\hbar}{2mi}\left(\Psi^* \frac{d\Psi}{dz} - \Psi \frac{d\Psi^*}{dz}\right)$$

に代入すると，入射波の速度 $v$ は，$v = j_z = \hbar k/m$ となり，これより $N = v$ で
ある．

　一方，散乱波 $(e^{ikr}/r)f(\theta)$ の波動関数を，今度は動径方向の確率密度の流れ

$$j_r = \frac{\hbar}{2mi}\left(\Psi^* \frac{d\Psi}{dr} - \Psi \frac{d\Psi^*}{dr}\right)$$

に代入して計算すると，

$$j_r = \frac{\hbar k}{m} \frac{|f(\theta)|^2}{r^2} = N \frac{|f(\theta)|^2}{r^2} \tag{1.21}$$

となる．$d\Omega$ という立体角に散乱される断面積 $d\sigma_f$ を求めるには，散乱中心を原
点とする半径 $r$ の大きな球をとり，その球面上の立体角 $d\Omega$ に対応する表面積 $dS$
に単位時間あたりに散乱される粒子数を数えればよい．それは，

$$N d\sigma_f = \lim_{r\to\infty} j_r dS = \lim_{r\to\infty} r^2 j_r d\Omega = N|f(\theta)|^2 d\Omega \tag{1.22}$$

となる．したがって求める**断面積**は，

$$d\sigma_f = |f(\theta)|^2 d\Omega \tag{1.23}$$

と表される．また微分断面積は，

$$\frac{d\sigma_f}{d\Omega} = |f(\theta)|^2 \tag{1.24}$$

と定義される．ここで登場した関数 $f(\theta)$ は**散乱振幅**と呼ばれる量である．

## 1.3 摂 動 論

散乱現象は，散乱体がない場合の一つの固有状態から別の固有状態に，散乱体の影響を受けて遷移する現象と捉えられる．したがって，散乱体の影響を摂動と考えて，摂動論を用いて散乱問題を定式化できる．本節では，無限次摂動論の一般的定式化を行い，ハミルトニアン (Hamiltonian) を用いた断面積の量子力学的表式を与えよう．これは『量子力学 I』で学んだ Fermi (フェルミ) の黄金則の一般化である．

Schrödinger 方程式は，ハミルトニアン $H$ を用いて，

$$i\hbar\frac{\partial\Psi(t)}{\partial t} = H\Psi(t) \tag{1.25}$$

である．ここで波動関数の座標あるいはスピン部分の依存性はあらわに書いていない．多粒子系の場合には，粒子数に応じた座標・スピン変数の関数である．ある物理量に対応する演算子を $O$ と書くと，$\Psi(t)$ で表される状態での物理量の平均値 $\langle O\rangle$ は，一般的には時間に依存して，

$$\langle O\rangle(t) = \langle\Psi(t)|O|\Psi(t)\rangle \tag{1.26}$$

となる．これを **Schrödinger 表示**という．一方，式 (1.25) より，異なる時刻 $t$ と $t_0$ での波動関数は，

$$\Psi(t) = e^{-iH(t-t_0)/\hbar}\Psi(t_0) \tag{1.27}$$

なる関係があることがわかる．これを式 (1.26) に代入すると，

$$\langle O\rangle(t) = \langle\Psi_{\rm H}|O_{\rm H}(t)|\Psi_{\rm H}\rangle \tag{1.28}$$

となる．ここで，

$$\Psi_{\rm H} \equiv \Psi(t_0) \tag{1.29}$$

$$O_{\rm H}(t) \equiv e^{iH(t-t_0)/\hbar}\, O\, e^{-iH(t-t_0)/\hbar} \tag{1.30}$$

と定義される．この定義より明らかに，

$$\frac{\partial\Psi_{\rm H}}{\partial t} = 0\ , \qquad \frac{\partial O_{\rm H}}{\partial t} = \frac{i}{\hbar}[H, O_{\rm H}(t)]$$

である．Schrödinger 表示では，波動関数が時刻とともに変化し，物理量の時間変化は波動関数の時間変化で記述されている．一方，いま定義した $\Psi_{\rm H}$ と $O_{\rm H}$ を

用いる表示では，波動関数は時間変化せず演算子が時刻とともに変化して，物理量の時間変化を記述する．この表示を **Heisenberg** (ハイゼンベルグ) **表示**という (『量子力学 I』11.2, 11.3 節参照)．

もう一つの便利な表示が**相互作用表示**である．これはハミルトニアンを，

$$H = H_0 + H_{\text{int}}$$

のように二つの部分に分けたとき，$H_0$ のもとでの運動がわかっているときに有用である．散乱問題では，$H_0$ は散乱体のない場合のハミルトニアン，$H_{\text{int}}$ が散乱体を記述するハミルトニアンに相当する．ユニタリ変換 $\exp(iH_0t)$ を導入し，

$$\Phi(t) = e^{iH_0t/\hbar}\Psi(t) \tag{1.31}$$

すると，式 (1.25) は，

$$i\hbar\frac{\partial\Phi}{\partial t} = H_{\text{int}}(t)\Phi(t) \tag{1.32}$$

という形に変換される．ここで，

$$H_{\text{int}}(t) = e^{iH_0t/\hbar}H_{\text{int}}e^{-iH_0t/\hbar} \tag{1.33}$$

である．任意の演算子 $O$ についても，

$$O(t) = e^{iH_0t/\hbar}Oe^{-iH_0t/\hbar} \tag{1.34}$$

という演算子を定義することができる．この演算子の時間微分は，

$$\frac{\partial O(t)}{\partial t} = \frac{i}{\hbar}[H_0, O(t)] \tag{1.35}$$

となることがわかる．この $\Phi(t)$, $O(t)$ を用いた記述が相互作用表示である．この表示では，波動関数と演算子の双方が時間依存性をもっており，状態ベクトル (波動関数) は $H_{\text{int}}(t)$ なるハミルトニアンで記述される系の Schrödinger 方程式の形をしており，演算子は相互作用のない系での Heisenberg 方程式の形となっている．

いま，二つの時刻，$t_0$, $t$ における相互作用表示の $\Phi$ を結びつける変換 $U(t, t_0)$ を，

$$\Phi(t) = U(t, t_0)\Phi(t_0) \qquad (t > t_0) \tag{1.36}$$

により定義する．そうすると明らかに，

$$U(t_0, t_0) = 1 \tag{1.37}$$

が成り立ち，また式 (1.36) を式 (1.32) に代入することにより，

$$ i\hbar \frac{\partial}{\partial t} U(t, t_0) = H_{\text{int}}(t) U(t, t_0) \tag{1.38} $$

なる $U(t, t_0)$ の従うべき方程式が得られる．この方程式を積分し，初期条件 (1.37) を用いると，次の積分方程式が得られる．

$$ U(t, t_0) = 1 - \frac{i}{\hbar} \int_{t_0}^{t} dt' H_{\text{int}}(t') U(t', t_0) \tag{1.39} $$

この $U$ を変換関数あるいは変換行列と呼ぶ．

さて，$t = t_0$ で $\Phi = \Phi_i$ であったとして，$t = t$ で $\Phi_f$ なる状態にある確率は，

$$ |(\Phi_f, U(t, t_0)\Phi_i)|^2 = |U(t, t_0)_{fi}|^2 $$

で与えられる．したがって，単位時間あたりの遷移確率は，

$$ p = \frac{1}{t - t_0} |U(t, t_0)_{fi}|^2 $$

で与えられる．これは一般には $t$ と $t_0$ に依存する．しかし $t - t_0 \to \infty$ の極限では，ある一定の値に収束する．実際の散乱問題の状況では，散乱体と相互作用している時間スケールは，遠方から粒子が入射してくる時間スケールおよび散乱後に終状態に到達する時間スケールに比べて，通常は極めて短い．したがって実際の測定にかかる量は，

$$ p = \lim_{T \to \infty} \frac{1}{2T} |U(T, -T)_{fi}|^2 \tag{1.40} $$

である．そこでわれわれが必要とするものは，略記すると，$U(\infty, -\infty)$ である．

これを計算するためには積分方程式 (1.39) を逐次代入法で解けばよい．すなわち，第 0 近似では，$U(t, -T)$ は 1 である．式 (1.39) の右辺第 2 項の積分中の $U$ を 1 で置き換えると，第 1 近似の $U$ として，

$$ U(t, -T) \sim 1 - \frac{i}{\hbar} \int_{-T}^{t} dt' H_{\text{int}}(t') $$

を得る．第 2 近似の $U$ はこの第 1 近似の $U$ を式 (1.39) に代入すればよい．こうした逐次代入を繰り返すと，結局，

$$ U(t, -T) = 1 - \frac{i}{\hbar} \int_{-T}^{t} dt' H_{\text{int}}(t') $$
$$ + \left(-\frac{i}{\hbar}\right)^2 \int_{-T}^{t} dt' H_{\text{int}}(t') \int_{-T}^{t'} dt'' H_{\text{int}}(t'') $$

$$+ \left(-\frac{i}{\hbar}\right)^3 \int_{-T}^{t} dt' H_{\mathrm{int}}(t') \int_{-T}^{t'} dt'' H_{\mathrm{int}}(t'') \int_{-T}^{t''} dt''' H_{\mathrm{int}}(t''')$$
$$+ \cdots \tag{1.41}$$

なる $U$ の表式を得る．ここで $t = T$ とし，初期状態 $i$ と終状態 $f$ の間の行列要素をとると，

$$U(T, -T)_{fi} = \delta_{fi} - \frac{i}{\hbar} \int_{-T}^{T} dt' H_{\mathrm{int}}(t')_{fi}$$
$$+ \left(-\frac{i}{\hbar}\right)^2 \int_{-T}^{T} dt' \sum_n H_{\mathrm{int}}(t')_{fn} \int_{-T}^{t'} dt'' H_{\mathrm{int}}(t'')_{ni}$$
$$+ \cdots \tag{1.42}$$

となる．

　次は $t$ 積分を実行しよう．状態 $n$, $n'$ は非摂動ハミルトニアン $H_0$ の固有状態である．初期状態，終状態も $H_0$ の固有状態と考えている．そうすると，たとえば，

$$H_{\mathrm{int}}(t)_{fi} = \langle f | e^{iH_0 t/\hbar} H_{\mathrm{int}} e^{-iH_0 t/\hbar} | i \rangle$$
$$= e^{iE_f t/\hbar} (H_{\mathrm{int}})_{fi} e^{-iE_i t/\hbar}$$
$$= e^{i(E_f - E_i)t/\hbar} (H_{\mathrm{int}})_{fi}$$

となる．この結果を式 (1.42) に代入して積分を実行すると，右辺第 2 項は，

$$-\frac{i}{\hbar} \int_{-T}^{T} dt' H_{\mathrm{int}}(t')_{fi} = \frac{2i \sin[(E_f - E_i)T/\hbar]}{E_i - E_f} (H_{\mathrm{int}})_{fi}$$

と計算できる．展開式 (1.42) の第 3 項以降の表式は複雑になる．しかしこの場合も，$T \to \infty$ で 0 になる項を無視すると，最終的な結果を閉じた形に書き表すことができる．そのためには，正の微小量 $\epsilon$ を用いた収束因子 $e^{\epsilon t'}$ を導入し，積分した後で，$\epsilon \to 0$ の極限をとればよい．それは物理的には，相互作用が断熱的に導入されたということに対応している．つまり，Schrödinger 表示での相互作用のハミルトニアン $H_{\mathrm{int}}$ は $t = -\infty$ の時刻には存在せず，ゆっくりと時間を掛けて導入されたとする．すなわち，$\epsilon$ を正の微小量として，

$$H_{\mathrm{int}} = \begin{cases} e^{\epsilon t/\hbar} H_{\mathrm{int}} & (t < 0) \\ H_{\mathrm{int}} & (t \geq 0) \end{cases}$$

と考え，最終的な結果において，$\varepsilon \to 0$ とするのである．このように $\varepsilon$ を導入すると，式 (1.42) 右辺の第 3 項は，

$$\sum_n \left(-\frac{i}{\hbar}\right) \int_{-T}^{T} dt'\, e^{i(E_f - E_n)t'/\hbar}\, e^{\epsilon t'\theta(-t')/\hbar}$$

$$\times \frac{e^{i(E_n - E_i)t'/\hbar} e^{\epsilon t'\theta(-t')/\hbar} - e^{-i(E_n - E_i)T/\hbar} e^{-\epsilon T/\hbar}}{E_i - E_n + i\epsilon} (H_{\text{int}})_{fn} (H_{\text{int}})_{ni}$$

となる．最後の表式で分子の第 2 項は第 1 項に比べて余分な因子 $e^{-\varepsilon T/\hbar}$ が付いているので，$T \to \infty$ の極限で第 1 項に対して無視できる．式 (1.42) の第 4 項以下でも，$t''$ 以下の多重積分の積分下限から，因子 $e^{-\varepsilon T/\hbar}$ が余分に出現し，それらの項を無視できる．したがって，

$$U(T, -T)_{fi} = \delta_{fi} + \frac{2i \sin((E_f - E_i)T/\hbar)}{E_i - E_f} T_{fi}$$

となる．ここで $T_{fi}$ は，

$$T_{fi} = (H_{\text{int}})_{fi} + \sum_n \frac{(H_{\text{int}})_{fn}(H_{\text{int}})_{ni}}{E_i - E_n + i\epsilon}$$

$$+ \sum_n \sum_{n'} \frac{(H_{\text{int}})_{fn}(H_{\text{int}})_{nn'}(H_{\text{int}})_{n'i}}{(E_i - E_n + i\epsilon)(E_i - E_{n'} + i\epsilon)} + \cdots \tag{1.43}$$

で定義される **T 行列** である．これより，$f \neq i$ のとき，

$$|U(T, -T)_{fi}|^2 = \frac{4\sin^2((E_f - E_i)T/\hbar)}{(E_i - E_f)^2} |T_{fi}|^2 \tag{1.44}$$

である．

　もう少し式変形を行おう．式 (1.44) の右辺の $|T_{fi}|^2$ を除いた項は，

$$\frac{4\sin^2((E_f - E_i)T/\hbar)}{(E_i - E_f)^2} = \frac{4\sin((E_f - E_i)T/\hbar)}{(E_f - E_i)} \frac{\sin((E_f - E_i)T/\hbar)}{(E_f - E_i)}$$

と分解できる．ここで $\delta$ 関数の表式の一つである，

$$\delta(x) = \lim_{\lambda \to \infty} \frac{1}{\pi} \frac{\sin \lambda x}{x}$$

を用いると，$T \to \infty$ としたとき，上の式は，

$$4 \left.\frac{\sin((E_f - E_i)T/\hbar)}{(E_f - E_i)}\right|_{E_f = E_i} \times \frac{\pi}{\hbar} \delta\left(\frac{E_f - E_i}{\hbar}\right)$$

である．最初の部分は，$\delta$ 関数の存在のために $E_f = E_i$ での値を用いればよいので，正弦関数を展開できる．したがって，

$$4\frac{(E_f - E_i)T}{\hbar(E_f - E_i)} \times \pi\delta(E_f - E_i) = \frac{2\pi}{\hbar}\delta(E_f - E_i)2T$$

となる．遷移確率の表式 (1.40) にこれを代入すれば，単位時間あたりの遷移確率として，

$$p_{fi} = \lim_{T \to \infty}\frac{1}{2T}|U(T, -T)_{fi}|^2 = \frac{2\pi}{\hbar}\delta(E_f - E_i)|T_{fi}|^2 \tag{1.45}$$

が得られる．$T$ 行列 (1.43) を最初の項 $H_{\text{int}}$ で近似すれば，これは通常の摂動論で登場する Fermi の黄金律にほかならない (『量子力学 I』8.5 節).

ここで **S 行列**を次のように定義する.

$$S = U(\infty, -\infty) = \lim_{T \to \infty}U(T, -T) \tag{1.46}$$

これを用いれば，

$$S_{fi} = \delta_{fi} - 2\pi i\delta(E_f - E_i)T_{fi} \tag{1.47}$$

と書くこともできる.

遷移確率 (1.45) と断面積は次のような関係にある．断面積 $\sigma_{fi}$ は，単位面積あたり $N$ 個の粒子が状態 $i$ として入射してくる場合に，終状態 $f$ に $N\sigma_{fi}$ 個の粒子が散乱 (遷移) する状況として定義される．一方，式 (1.45) は全空間 (体積 $V$) に粒子 1 個が存在する場合の，その粒子に対する遷移確率である．この場合には，$N = v/V$ と考えられる．ここで $v$ は入射粒子の (散乱体に対する相対) 速度である．ゆえに，

$$\sigma_{fi} = \frac{Vp_{fi}}{v} \tag{1.48}$$

である．ここでは省略するが，右辺の表式は体積 $V$ にはよらないことが，$T$ 行列の $V$ 依存性を調べることから示すことができる.

## 1.4　散乱問題と因果律

Schrödinger 方程式の解は，一般に束縛状態と散乱状態に分かれる．それらは波動関数の境界条件の違いに起因する．1.2 節では散乱状態の波動関数の漸近形が式 (1.20) のように書かれることを仮定して，散乱振幅と断面積の関係を導いた．実

は，波動関数がこのような漸近形をもつことは，因果律と密接に結びついている．本節ではそれを示す．

ここでいう因果律とは，**巨視的因果律**といわれるものである．散乱体は散乱ポテンシャル $V(r)$ で表されるとしよう[*4]．巨視的因果律とは，"ポテンシャル $V$ を時間 $t$ の関数 $V(t)$ とみなしたときに，ある時刻 $T$ 以前で $V(t) = 0$ ならば，$T$ 以前では散乱波は存在しない．すなわち波動関数の散乱波を表す部分 $\Psi_{\text{scatt}}(t)$ は 0 である"，と言い表される．

散乱問題における因果律を上のように導入し，得られた結果において $T \to -\infty$ とする．このような極限をとってよいというのが**断熱仮説**である．

時間に依存する波動関数 $\Psi(t, r)$ [*5]が満たす Schrödinger 方程式から出発する．

$$i\hbar\frac{\partial}{\partial t}\Psi(t, r) = [H_0 + V(t, r)]\Psi(t, r) \tag{1.49}$$

ここで $V(t, r)$ は因果律を用いるために，

$$V(t, r) = \begin{cases} V(r) & (t > T) \\ 0 & (t < T) \end{cases} \tag{1.50}$$

のように設定する．$t < T$ では粒子は非摂動ハミルトニアンに従って運動する．

$$i\hbar\frac{\partial}{\partial t}\Psi(t, r) = H_0\Psi(t, r) \tag{1.51}$$

この状態は散乱体の影響を受けていない入射波を表しているので，これを $\Psi_{\text{in}}$ と書こう．一般の時刻における波動関数は，

$$\Psi(t, r) = \Psi_{\text{in}}(t, r) + \Psi_{\text{scatt}}(t, r) \tag{1.52}$$

である．この形を，式 (1.49) に代入すると，

$$\left(i\hbar\frac{\partial}{\partial t} - H_0\right)\Psi_{\text{scatt}}(t, r) = V(t, r)\Psi(t, r) \tag{1.53}$$

を得る．$t < T$ で $\Psi_{\text{scatt}}(t) = 0$ であるという因果律を満たすように，式 (1.53) に対する以下のような Green（グリーン）関数を導入する．

$$\left(i\hbar\frac{\partial}{\partial t} - H_0\right)K_{\text{ret}}(t, r; t', r') = \delta(t - t')\delta(r - r') \quad (t > t') \tag{1.54}$$

---

[*4] 以下の議論で $V(r)$ は通常の局所的なポテンシャルに制限する必要はない．一般的な摂動演算子と考えて問題はない．

[*5] 波動関数の時刻以外の依存性をまとめて $r$ と書いた．実際は，スピンその他の自由度に依存してもよい．

$$K_{\mathrm{ret}}(t, \boldsymbol{r}; t', \boldsymbol{r}') = 0 \qquad (t < t') \qquad (1.55)$$

これは遅延 **Green 関数**と呼ばれるものである．これを用いると，式 (1.53) の解は形式的に，

$$\Psi_{\mathrm{scatt}}(t, \boldsymbol{r}) = \int d\boldsymbol{r}' \int_{-\infty}^{\infty} dt' K_{\mathrm{ret}}(t, \boldsymbol{r}; t', \boldsymbol{r}') V(t', \boldsymbol{r}') \Psi(t', \boldsymbol{r}') \qquad (1.56)$$

と与えられる．Schrödinger 方程式を満たすことは，式 (1.53) に代入してみればすぐわかる．また，$t < T$ に対して $0$ になることは，散乱ポテンシャル (1.50)，遅延 Green 関数 (1.55) の定義から明らかである．そこで断熱仮説に従って，$T \to -\infty$ とすると，$V(t, \boldsymbol{r})$ の $t$ 依存性はなくなり，$V(\boldsymbol{r})$ という位置座標のみの関数となるので，

$$\Psi_{\mathrm{scatt}}(t, \boldsymbol{r}) = \int d\boldsymbol{r}' \int_{-\infty}^{\infty} dt' K_{\mathrm{ret}}(t, \boldsymbol{r}; t', \boldsymbol{r}') V(\boldsymbol{r}') \Psi(t', \boldsymbol{r}') \qquad (1.57)$$

となる．また，$H_0$ で記述される系が空間的，時間的に一様であるならば，$K_{\mathrm{ret}}$ は，

$$K_{\mathrm{ret}}(t, \boldsymbol{r}; t', \boldsymbol{r}') = K_{\mathrm{ret}}(t - t', \boldsymbol{r} - \boldsymbol{r}') \qquad (1.58)$$

の形に書ける．

式 (1.57) は Schrödinger 方程式と因果律とを組み合わせて得られたものだが，これに $\Psi_{\mathrm{in}}$ を加えたものが，全体の波動関数を決定する積分方程式である．

$$\begin{aligned} \Psi(t, \boldsymbol{r}) = \ &\Psi_{\mathrm{in}}(t, \boldsymbol{r}) \\ &+ \int d\boldsymbol{r}' \int_{-\infty}^{\infty} dt' K_{\mathrm{ret}}(t - t', \boldsymbol{r} - \boldsymbol{r}') V(\boldsymbol{r}') \Psi(t', \boldsymbol{r}') \end{aligned} \qquad (1.59)$$

ここで，以下の定常状態を考える．

$$\begin{aligned} \Psi_{\mathrm{in}}(t, \boldsymbol{r}) &= e^{-iEt/\hbar} \Psi_{\mathrm{in}}(\boldsymbol{r}) \\ \Psi(t, \boldsymbol{r}) &= e^{-iEt/\hbar} \Psi(\boldsymbol{r}) \end{aligned} \qquad (1.60)$$

すると，式 (1.59) は，

$$\Psi(\boldsymbol{r}) = \Psi_{\mathrm{in}}(\boldsymbol{r}) + \int d\boldsymbol{r}' G(\boldsymbol{r} - \boldsymbol{r}'; E) V(\boldsymbol{r}') \Psi(\boldsymbol{r}') \qquad (1.61)$$

と，時間によらない形に書き直せる．ただし，

$$G(\boldsymbol{r} - \boldsymbol{r}'; E) = \int_{-\infty}^{\infty} dt' e^{iE(t-t')/\hbar} K_{\mathrm{ret}}(t - t', \boldsymbol{r} - \boldsymbol{r}') \qquad (1.62)$$

である.

　さて，波動関数の具体的な形を知るためには，$K_{\mathrm{ret}}$ を求めなければならない.
そこで次のような Fourier (フーリエ) 変換を考える.

$$K_{\mathrm{ret}}(t - t', \boldsymbol{r} - \boldsymbol{r}') = \frac{1}{(2\pi)^4} \int d\boldsymbol{k} \int d\omega \; e^{i\boldsymbol{k}\cdot(\boldsymbol{r}-\boldsymbol{r}')-i\omega(t-t')} K(\boldsymbol{k}, \omega) \tag{1.63}$$

これを式 (1.54) に代入し，

$$\delta(t - t')\delta(\boldsymbol{r} - \boldsymbol{r}') = \frac{1}{(2\pi)^4} \int d\boldsymbol{k} \int d\omega \; e^{i\boldsymbol{k}\cdot(\boldsymbol{r}-\boldsymbol{r}')-i\omega(t-t')}$$

を用いると，

$$\left(\hbar\omega - \frac{\hbar^2 k^2}{2m}\right) K(\boldsymbol{k}, \omega) = 1 \tag{1.64}$$

を得る．ただし，ここで $H_0 = -(\hbar^2/2m)\boldsymbol{\nabla}^2$ という自由粒子のハミルトニアンを
用いた．さて，この方程式の解で，遅延性の条件を満たすものは $\epsilon$ を正の微小量
として，

$$K(\boldsymbol{k}, \omega) = \frac{1}{\hbar\omega - \hbar^2 k^2/2m + i\epsilon} \tag{1.65}$$

である[*6].

　求めた $K_{\mathrm{ret}}$ を式 (1.62) に代入すると，

$$\begin{aligned}
G(\boldsymbol{r} - \boldsymbol{r}'; E) &= \frac{1}{(2\pi)^4} \int dt' \; e^{iE(t-t')/\hbar} \int d\boldsymbol{k}' \int d\omega \; e^{i\boldsymbol{k}'\cdot(\boldsymbol{r}-\boldsymbol{r}')} \; e^{-i\omega(t-t')} \\
&\quad \times \frac{1}{\hbar\omega - \hbar^2 k'^2/2m + i\epsilon} \\
&= \frac{1}{(2\pi)^3} \int d\boldsymbol{k}' \int d\omega \delta\left(\omega - \frac{E}{\hbar}\right) e^{i\boldsymbol{k}'\cdot(\boldsymbol{r}-\boldsymbol{r}')} \frac{1}{\hbar\omega - \hbar^2 k'^2/2m + i\epsilon} \\
&= \frac{2m}{\hbar^2(2\pi)^3} \int d\boldsymbol{k}' \; e^{i\boldsymbol{k}'\cdot(\boldsymbol{r}-\boldsymbol{r}')} \frac{1}{k^2 - k'^2 + i\epsilon}
\end{aligned}$$

---

[*6]　式 **(1.65)** の遅延性の証明：式 (1.65) を用いると，$K_{\mathrm{ret}}$ は，

$$K_{\mathrm{ret}}(t - t', \boldsymbol{r} - \boldsymbol{r}') = \frac{1}{(2\pi)^4} \int d\boldsymbol{k} \; e^{i\boldsymbol{k}\cdot(\boldsymbol{r}-\boldsymbol{r}')} \int d\omega \; \frac{e^{-i\omega(t-t')}}{\hbar\omega - \hbar^2 k^2/2m + i\epsilon}$$

である．$\omega$ 積分を実行する際，分母の極は複素平面上の下半面にある．積分路として上半面の半
円をとると，Cauchy (コーシー) の定理により積分値は 0 である．一方，$t - t' < 0$ のとき，
$\exp[-i\omega(t - t')]$ は上半面で指数関数的に減少し，積分路の半円の半径を $\infty$ にすると，半円
上での積分は 0 となる．したがって，$-\infty$ から $\infty$ まで $\omega$ 軸上の積分は 0 である．すなわち
$t - t' < 0$ では $K_{\mathrm{ret}} = 0$，遅延性が示された．

となる. ここで, $E = \hbar^2 k^2/(2m)$ とおいた. 最後の積分は初等的に実行でき,

$$G(\boldsymbol{r} - \boldsymbol{r}'; E) = -\frac{m}{2\pi\hbar^2}\frac{e^{ik|\boldsymbol{r}-\boldsymbol{r}'|}}{|\boldsymbol{r}-\boldsymbol{r}'|} \tag{1.66}$$

を得る. これより波動関数を定める積分方程式 (1.61) は,

$$\Psi(\boldsymbol{r}) = \Psi_{\rm in}(\boldsymbol{r}) - \frac{m}{2\pi\hbar^2}\int d\boldsymbol{r}'\frac{e^{ik|\boldsymbol{r}-\boldsymbol{r}'|}}{|\boldsymbol{r}-\boldsymbol{r}'|}V(\boldsymbol{r}')\Psi(\boldsymbol{r}') \tag{1.67}$$

となる.

波動関数の漸近形を求めるには, 散乱体が粒子に影響を及ぼす距離 (力の到達距離) $R$ に比べて, 十分遠いところ, すなわち $|\boldsymbol{r}| \gg R$ での波動関数の形を調べればよい. 式 (1.67) の右辺第 2 項の被積分関数が値をもつのは, 散乱ポテンシャル $V(\boldsymbol{r}')$ が有限の値をもつ領域なので, $|\boldsymbol{r}| \gg R > |\boldsymbol{r}'|$ としてよい. 展開すると,

$$|\boldsymbol{r} - \boldsymbol{r}'| = [r^2 + r'^2 - 2rr'\cos\varphi]^{1/2} \approx r\left(1 - \frac{r'}{r}\cos\varphi\right)$$

$$\frac{1}{|\boldsymbol{r} - \boldsymbol{r}'|} = [r^2 + r'^2 - 2rr'\cos\varphi]^{-1/2} \approx \frac{1}{r}\left(1 + \frac{r'}{r}\cos\varphi\right)$$

である. ここで, $\varphi$ は $\boldsymbol{r}$ と $\boldsymbol{r}'$ の成す角度である (図 1.4). 結局, 展開の最初の項をとると,

$$\Psi(\boldsymbol{r}) \approx \Psi_{\rm in}(\boldsymbol{r}) - \frac{m}{2\pi\hbar^2}\frac{e^{ikr}}{r}\int d\boldsymbol{r}' e^{-i\boldsymbol{k}_f\cdot\boldsymbol{r}'}V(\boldsymbol{r}')\Psi(\boldsymbol{r}') \tag{1.68}$$

となる. ここで $\boldsymbol{k}_f = k\boldsymbol{r}/|\boldsymbol{r}|$ であり, 散乱波の波数ベクトルに対応している.
さらに,

$$\Psi_{\rm in}(\boldsymbol{r}) = e^{ikz}$$

と, $z$ 方向に入射する波を考えると, 式 (1.68) の漸近形は,

$$\Psi \approx e^{ikz} + \frac{e^{ikr}}{r}f(\theta)$$

$$f(\theta) = -\frac{m}{2\pi\hbar^2}\int d\boldsymbol{r}' e^{-i\boldsymbol{k}_f\cdot\boldsymbol{r}'}V(\boldsymbol{r}')\Psi(\boldsymbol{r}') \tag{1.69}$$

となり, 1.2 節で仮定した漸近形 (1.20) が証明できた. この漸近形は Schrödinger 方程式と因果律から導かれることに注意しよう.

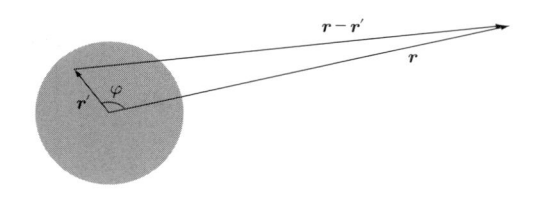

図 **1.4**　$|r| \gg R > r'$ での波動関数の漸近形を求める

## 1.5　Born　近　似

　前節で求めた散乱振幅の表式 (1.69) は，因果律から導かれる正しい式であるが，その右辺には波動関数 $\Psi$ が登場しており，その波動関数は積分方程式 (1.67) を解いて得られるものである．そこで，式 (1.69) の右辺の $\Psi(r)$ を $\Psi_{\mathrm{in}}(r) = e^{i k_i \cdot r}$ で近似することが考えられる．すなわち，

$$f(\theta) = -\frac{m}{2\pi\hbar^2} \int dr' e^{-i q \cdot r'} V(r') \tag{1.70}$$

である．ここで，粒子が $k_i$ の波数をもって入射し，散乱されて波数 $k_f$ に変化したわけなので，散乱ベクトル

$$q = k_f - k_i$$

を定義した．散乱角 $\theta$ とは，

$$q = \sqrt{k_f^2 + k_i^2 - 2k_f k_i \cos\theta} = 2k \sin\frac{\theta}{2}$$

なる関係がある．ここで $k_f = k_i = k$ と仮定した．これはエネルギーの散逸 (減少) を伴わない弾性散乱の場合である．これより散乱角 $\theta$ で定義される立体角への散乱断面積は，

$$\frac{d\sigma(\theta)}{d\Omega} = \frac{m^2}{4\pi^2\hbar^4} \left| \int dr' e^{-i q \cdot r'} V(r') \right|^2 \tag{1.71}$$

で与えられる．

　この近似は，粒子がポテンシャルによって 1 回だけ散乱されることに対応している．したがって，ポテンシャル $V(r)$ が弱い場合には良い近似となるであろう．また，入射粒子が高エネルギーで入射し，短い時間の間に散乱される場合にも良い近似となる．これを **Born** (ボルン) 近似という．

中心力ポテンシャル $V(\boldsymbol{r}) = V(r)$ の場合には，式 (1.70) はさらに簡単になる．角度部分の積分が実行できて，

$$f(\theta) = -\frac{2m}{\hbar^2} \int_0^\infty V(r) \frac{\sin qr}{q} r dr \tag{1.72}$$

である．

例として，湯川ポテンシャル

$$V(r) = A \frac{e^{-\mu r}}{r}$$

を考えると，

$$f(\theta) = -\frac{2mA}{\hbar^2 q} \int_0^\infty e^{-\mu r} \sin qr dr = -\frac{2mA}{\hbar^2} \frac{1}{\mu^2 + 4k^2 \sin^2(\theta/2)}$$

を得る．

特に，$A = -Ze^2$，$\mu = 0$ とおけば，湯川ポテンシャルは Coulomb (クーロン) ポテンシャルに帰着する．その場合，散乱振幅は，

$$f(\theta) = \frac{mZe^2}{2\hbar^2 k^2 \sin^2(\theta/2)} \tag{1.73}$$

となり，散乱断面積は，

$$\frac{d\sigma}{d\Omega} = \frac{m^2 Z^2 e^4}{4\hbar^4 k^4 \sin^4(\theta/2)} = \frac{Z^2 e^4}{4m^2 v^4 \sin^4(\theta/2)} \tag{1.74}$$

となる．この結果は量子力学を用いて得られたものであるが，実は偶然にも古典力学を用いて得られる散乱断面積と等しい．古典力学による表式は Rutherford (ラザフォード) によって得られており，Rutherford の公式と呼ばれる．Rutheford はこの公式を用いて，$\alpha$ 線が金属で散乱される実験データを見事に説明した (1911年)．それをもとに金属を構成している原子の正の電荷は，ある一点に集中している (原子核) という原子模型を提唱した (Rutherford 模型あるいは長岡半太郎の模型 (1903 年))．相対論的量子力学によると，Rutherford 公式には，スピン自由度による補正と Lorentz (ローレンツ) 収縮による補正が加わる．

## 1.6　散乱振幅の部分波展開

散乱問題において，波はあるエネルギー (あるいは対応する波数) をもって入射する．系が何らかの対称性をもち，エネルギーのほかにも良い量子数があるなら

ば，入射波をその量子数で指定されるいくつかの部分波に展開し，それぞれの部分波がどのように散乱ポテンシャルによって散乱されるかを議論することが有用である.

　本節では散乱ポテンシャルが球対称な場合の部分波展開を調べる. この場合，角運動量が良い量子数になる. $e^{ikz}$ という波動関数で記述される波が入射してきた場合の散乱を考える. 波動関数の漸近形はこの入射波と散乱波 $e^{ikr}f(\theta)/r$ の和

$$\Psi \approx e^{ikz} + \frac{e^{ikr}}{r}f(\theta) ,$$

の形に書けることは 1.4 節で導いた. $e^{ikz}$ は自由運動の固有状態なので，一般的に球面調和関数 $Y_{lm}(\theta,\varphi)$ と球 Bessel (ベッセル) 関数 $j_l(kr)$, $n_l(kr)$ の積で展開できる (付録 A 参照). ただし $e^{ikz} = e^{ikr\cos\theta}$ なので，展開には $Y_{l0} = P_l(\cos\theta)/\sqrt{2\pi}$ ($P_l$: Legendre (ルジャンドル) 多項式) の項のみが出現し，また原点で正則なので $j_l(kr)$ で展開できる. すなわち $c_l$ を係数として，

$$e^{ikz} = \sum_{l=0}^{\infty} c_l j_l(kr) P_l(\cos\theta) \tag{1.75}$$

と展開される. 磁気量子数 $m = 0$ の始状態 $e^{ikz}$ が，球対称ポテンシャルによって散乱されるので，終状態 (散乱波) もまた $m = 0$ の状態である. したがって，入射波と散乱波から構成される一般的な波動関数 $\Psi(\boldsymbol{r})$ も $P_l(\cos\theta)$ で展開される. 動径波動関数は，少なくとも散乱体から遠く離れた場所では，一般的に $j_l(z)$ と $n_l(z)$ で表されるので，

$$\Psi(\boldsymbol{r}) = \sum_{l=0}^{\infty} [A_l j_l(kr) + B_l n_l(kr)] P_l(\cos\theta) \tag{1.76}$$

である.

　まず，入射波の展開 (1.75) の係数を定めておこう. そのためには，両辺の $(r\cos\theta)^n$ の係数を比べるのが手っ取り早い. 左辺での $(r\cos\theta)^n$ の項は，

$$\frac{(ikr\cos\theta)^n}{n!}$$

である. 右辺の $l$ 和のうち，$P_l(\cos\theta)$ は $l$ 次の多項式なので，$l < n$ の項からは $(\cos\theta)^n$ の項は現れない. また $R_{kl}(r)$ あるいは $j_l(kr)$ を多項式展開すると，その最低次の項は $r^l$ である (付録 A 参照). したがって，$l$ 和のうち，$l > n$ の項から

は $r^n$ は現れない．結局，右辺の和の中で，$l = n$ の項からのみ問題にしている $(r\cos\theta)^n$ が出現する．そこで，

$$P_l(\cos\theta) = \frac{(2l)!}{2^l(l!)^2}\left[\cos^l\theta - \frac{l(l-1)}{2(2l-1)}\cos^{l-2}\theta + \cdots\right]$$

および，$j_l(kr)$ の多項式展開の第 1 項 (A.15) を用い，式 (1.75) の両辺での $(r\cos\theta)^n$ の項の係数を等しいとおくと，

$$c_n = i^n(2n+1)$$

を得る．さらに球 Bessel 関数の漸近形 (A.17) を用いると，$e^{ikz}$ の遠方での漸近形として，

$$e^{ikz} \approx \sum_0^\infty i^l(2l+1)P_l(\cos\theta)\frac{1}{kr}\sin\left(kr - \frac{\pi l}{2}\right) \tag{1.77}$$

を得る．

　次は，入射波と散乱波を合わせた一般的な波動関数 (1.76) である．係数 $A_l$，$B_l$ の代わりに，$a_l$，$\delta_l$ を導入して，

$$\Psi(\boldsymbol{r}) = \sum_{l=0}^\infty a_l[\cos\delta_l j_l(kr) - \sin\delta_l n_l(kr)]P_l(\cos\theta) \tag{1.78}$$

という形にも書ける．ここで $r \to \infty$ での漸近形を考える．式 (A.17) を用いると，

$$\Psi(\boldsymbol{r}) \approx \sum_{l=0}^\infty a_l P_l(\cos\theta)\frac{1}{kr}\sin\left(kr - \frac{\pi l}{2} + \delta_l\right) \tag{1.79}$$

を得る．

　式 (1.77)，(1.79) を書き直すと，

$$e^{ikz} \approx \sum_0^\infty i^l(2l+1)P_l(\cos\theta)\frac{1}{kr}\frac{1}{2i}[e^{i[kr-(\pi l)/2]} - e^{-i[kr-(\pi l)/2]}]$$

および，

$$\Psi(\boldsymbol{r}) \approx \sum_{l=0}^\infty a_l P_l(\cos\theta)\frac{1}{kr}\frac{1}{2i}[e^{i[kr-(\pi l)/2+\delta_l]} - e^{-i[kr-(\pi l)/2+\delta_l]}]$$

となる．$\Psi(\boldsymbol{r}) - e^{ikz}$ は漸近的に $f(\theta)e^{ikr}/r$ となる．したがって，$\Psi(\boldsymbol{r}) - e^{ikz}$ の漸近形を上式のように展開した場合，$e^{-ikr}/r$ の係数は 0 にならなければいけな

い．したがって，

$$a_l e^{-i\delta l} = i^l(2l+1)$$

である．これより，

$$\Psi(\boldsymbol{r}) \approx \sum_{l=0}^{\infty} i^l(2l+1)P_l(\cos\theta)e^{i\delta_l}\frac{1}{kr}\sin\left(kr - \frac{\pi l}{2} + \delta_l\right) \tag{1.80}$$

を得る．この形からわかるように，散乱を受けた波の $l$ 成分は，入射波の対応する位相 $kr - \pi l/2$ に比べて $\delta_l$ だけずれている．この $\delta_l$ のことを**位相のずれ**と呼ぶ．

式 (1.77), (1.80) を少し書き直すと，

$$e^{ikz} \approx \frac{i}{2kr}\sum_0^{\infty}(2l+1)P_l(\cos\theta)[(-1)^l e^{-ikr} - e^{ikr}]$$

$$\Psi(\boldsymbol{r}) \approx \frac{i}{2kr}\sum_0^{\infty}(2l+1)P_l(\cos\theta)[(-1)^l e^{-ikr} - e^{2i\delta_l}e^{ikr}]$$

となる．これより，

$$\Psi(\boldsymbol{r}) - e^{ikz} \approx \frac{e^{ikr}}{r}f(\theta) \tag{1.81}$$

と書け，ここで，

$$f(\theta) = \frac{1}{2ik}\sum_0^{\infty}(2l+1)P_l(\cos\theta)(S_l - 1) = \frac{1}{k}\sum_0^{\infty}(2l+1)P_l(\cos\theta)e^{i\delta_l}\sin\delta_l \tag{1.82}$$

と求められる．ただし，$S_l = e^{2i\delta_l}$ とした．散乱振幅 (1.69) はこのように $l$ の展開式で表すことができ，その際には，位相のずれ $\delta_l$ が登場する．これを散乱振幅の**部分波展開**，あるいは Faxen–Holtsmark（ファクセン–ホルツマルク）の公式と呼ぶ．

散乱の全断面積 $\sigma$ は以下のように定義できる．

$$\sigma = \int d\Omega |f(\theta)|^2 \tag{1.83}$$

これは Legendre 多項式の直交性を用いると，

$$\sigma = \int d\Omega |f(\theta)|^2 = \sum_{l=0}^{\infty}\sigma_l = \frac{4\pi}{k^2}\sum_{l=0}^{\infty}(2l+1)\sin^2\delta_l \tag{1.84}$$

を得る．ここで，$\sigma_l$ は部分断面積と呼ばれる量である．一方，(1.82) の表式より，

$$\mathrm{Im}f(0) = \frac{1}{k}\sum_{l=0}^{\infty}(2l+1)\sin^2\delta_l$$

を得る $(P_l(1) = 1)$. したがって,

$$\sigma = \frac{4\pi}{k} \mathrm{Im} f(0) \tag{1.85}$$

を得る. この全断面積と前方散乱の散乱振幅との関係は, 散乱ポテンシャルが何であれ成立する一般的な関係式であり, **光学定理**と呼ばれる.

　本節で展開した散乱状態を「位相のずれ」で記述する方法の根拠は, 散乱ポテンシャルがある有効到達距離 $R_0$ をもち, それより遠方では波動関数は限りなく自由粒子の波動関数に近づくと考えていることにある. 通常の電磁気的相互作用では, この仮定は実際上ほとんど満たされる. その場合, $l$ 波に対する位相のずれ $\delta_l$ がわかりさえしたら, 散乱振幅, 散乱断面積が式 (1.82), (1.84) で表される.

　それでは, 散乱ポテンシャルの有効到達距離 $R_0$ の内側での波動関数と, この位相のずれとの関係はどうなっているのだろうか. 実は, そこには想像以上に簡単な関係式が存在する. いま, 全体の波動関数は, 有効到達距離 $R_0$ の外側では, 式 (1.78) のように表されている. 一方, $R_0$ の内側でも同様の Legendre 多項式による展開が成り立っている.

$$\Psi(\boldsymbol{r}) = \sum_{l=0}^{\infty} f_l(r) P_l(\cos\theta)$$

具体的に $f_l(r)$ の形を求めるためには, $V(r)$ のもとでの Schrödinger 方程式を解く必要がある. しかし, 位相のずれを求めるだけならば, $r = R_0$ での値さえわかればよいことが, 以下のようにして導かれる. 波動関数とその一階微分は, 空間のすべての点で連続でなければならないので, 両者は半径 $R_0$ の球面上で滑らかにつながる. 異なる次数の Legendre 多項式は角度積分によって $0$ になるので, 結局, 各 $l$ 波成分に対する動径部分の波動関数が, $r = R_0$ で滑らかにつながらなければならない. ここで,

$$\frac{1}{k}\frac{d}{dr}[\log f_l(r)] = \frac{1}{k}\frac{f_l'(r)}{f_l(r)} \tag{1.86}$$

なる量を考えよう. これは波動関数の**対数微分**と呼ばれる (係数 $1/k$ は後の表式の便利のために付けた). 波動関数とその微分が滑らかにつながるということは, この対数微分が滑らかにつながるということである. ゆえに,

$$D_l \equiv \frac{1}{k}\frac{f_l'(R_0)}{f_l(R_0)} \tag{1.87}$$

なる $r = R_0$ での内側の波動関数の対数微分がわかれば，外側の波動関数の対数微分はこれと等しくなければならない．すなわち，

$$D_l = \frac{\cos\delta_l j_l'(kR_0) - \sin\delta_l n_l'(kR_0)}{\cos\delta_l j_l(kR_0) - \sin\delta_l n_l(kR_0)} = \frac{j_l'(kR_0) - \tan\delta_l n_l'(kR_0)}{j_l(kR_0) - \tan\delta_l n_l(kR_0)}$$

を得る．これを $\tan\delta_l$ について逆に解くと，

$$\tan\delta_l = \frac{D_l j_l(kR_0) - j_l'(kR_0)}{D_l n_l(kR_0) - n_l'(kR_0)} \tag{1.88}$$

を得る．すなわち，位相のずれだけに注目するならば，それは散乱領域の境界での波動関数の対数微分 $D_l$ によって定まり，内部の波動関数ひいては散乱ポテンシャルの詳細には依存しない．

## 1.7　$s$ 波 散 乱

　前節で行った部分波展開は，$l$ の和が比較的少数ですむ場合に，特に有効である．それがどんな場合かは，中心力場 $V(r)$ の問題での，動径部分の波動関数 $R_{kl}(r)$ が満たすべき方程式 (A.1) から考察できる．式 (A.1) より，$l$ 波成分は中心力場 $V(r)$ に加えて遠心力場を感じることがわかる．すなわち，

$$V(r) + \frac{\hbar^2 l(l+1)}{2mr^2}$$

なる有効ポテンシャルを感じる．第 2 項は斥力ポテンシャルであり，角運動量成分 $l$ が大きくなればなるほど，その斥力は強くなる．$l$ 波成分は，$l$ が大きい場合，

$$\frac{\hbar^2 k^2}{2m} = \frac{\hbar^2 l(l+1)}{2mr_l^2}$$

で決まる $r_l$ より外側に振幅をもつので，中心力場 $V(r)$ の影響を受けにくく，位相のずれ $\delta_l$ は小さくなる．入射波のエネルギーが小さくなればなるほど (低エネルギー散乱)，その傾向は顕著となる．$l = 0$ の成分に関する散乱を $s$ 波散乱という．その場合，動径方向の波動関数 $R_{k0}(r)$ が満たすべき方程式は，式 (A.1) より，

$$\frac{1}{r^2}\frac{d}{dr}\left(r^2\frac{dR_{kl}}{dr}\right) + \left[k^2 - \frac{2m}{\hbar^2}V(r)\right]R_{kl} = 0 \tag{1.89}$$

である．以下では，二つの簡単な例について $s$ 波散乱を調べてみよう．

**剛体球ポテンシャル**：剛体球ポテンシャルとは，

$$V(r) = \begin{cases} \infty & (r < a) \\ 0 & (r > a) \end{cases}$$

で与えられるポテンシャルである．この場合，$r < a$ で $R_{k0} = 0$ であり，したがって波動関数の連続性より，$R_{k0}(a) = 0$ である．いま，$r > a$ ではポテンシャルは $0$ なので，波動関数はその漸近形 (1.80) が正しい形である．すなわち，

$$R_{k0}(r) = \frac{\sin(kr + \delta_0)}{kr} e^{i\delta_0}$$

である．これより，

$$\delta_0 = -ka$$

を得る．散乱振幅，断面積は，

$$f(\theta) \approx f_{l=0}(\theta) = -\frac{e^{-ika} \sin(ka)}{k}$$

$$\sigma \approx \sigma_{l=0} = \frac{4\pi \sin^2(ka)}{k^2} \tag{1.90}$$

となり，波動関数は，

$$R_{k0}(r) \approx \frac{\sin[k(r-a)]}{r} e^{-ika} \tag{1.91}$$

である．等方的な散乱が起こり，自由電子の運動に比べて，剛体球の半径に比例した位相のずれが生じることがわかる．

**箱型ポテンシャル**：箱型ポテンシャルは，定数 $V_0$ を用いて，

$$V(r) = \begin{cases} V_0 & (r < a) \\ 0 & (r > a) \end{cases}$$

と表される．規格化定数を適当にとると，$s$ 波成分の解は，

$$R_{k0}(r) = \begin{cases} A \sin k_i r / (kr) & (r < a) \\ \sin(kr + \delta_0) \, e^{i\delta_0} \, / (kr) & (r > a) \end{cases} \tag{1.92}$$

となる．ここで，$A$ は波動関数とその微分の接続から定められる定数，$\delta_0$ は $s$ 波散乱に対する位相のずれ，また，

$$k_i = \sqrt{k^2 - \frac{2mV_0}{\hbar^2}}$$

である．波動関数およびその微分が $r = a$ で連続である条件から，

$$k_i \cot(k_i a) = k \cot(ka + \delta_0)$$

が得られる．これを $\cot \delta_0$ について解くと，

$$\cot \delta_0 = \frac{\cot(ka) \; k_i \cot(k_i a) + k}{k \cot(ka) - k_i \cot(k_i a)} \tag{1.93}$$

となる．ここで，$V_0 \to \infty$ とすると，$k_i = i\kappa \approx i\sqrt{2mV_0}/\hbar$ に対して，$k$ を無視することができ，式 (1.93) は，

$$\cot \delta_0 = -\frac{1}{ka}$$

となる．$ka$ は小さい量と考えているので，これは，

$$\delta_0 = -ka$$

となり，前述の剛体球ポテンシャルの結果と一致する．

低エネルギー散乱 $k \sim 0$ の場合をもう少し調べよう．この場合，

$$\cot(ka) \approx \frac{1}{ka}, \qquad k_i^2 \approx -\frac{2mV_0}{\hbar^2}$$

と近似できる．したがって接続条件 (1.93) は，

$$k \cot \delta_0 = \frac{1}{a} \cdot \frac{k_i a \cot(k_i a)}{1 - k_i a \cot(k_i a)} \tag{1.94}$$

となる．さらに，ポテンシャルが弱い場合，すなわち，

$$|k_i a| = \left| \frac{a\sqrt{-2mV_0}}{\hbar} \right| \ll 1$$

が成り立っている場合には，cot 関数を Taylor (テイラー) 展開でき，

$$k \cot \delta_0 \approx -\frac{3\hbar^2}{2ma^3 V_0} \tag{1.95}$$

を得る．もしポテンシャルが引力 ($V_0 < 0$) なら右辺は正，斥力 ($V_0 > 0$) なら負である．これは，漸近解の位相のずれから，ポテンシャルが引力であるか斥力であるかを判断できることを意味している．

## 1.8 S 行列と束縛状態

1.6 節で導出したように，散乱ポテンシャル $V(r)$ のもとでの波動関数は，漸近形として式 (1.80) のような形をもつ．すなわち，

$$\Psi(\boldsymbol{r}) \approx \frac{i}{2kr} \sum_{l=0}^{\infty} (-1)^l (2l+1) P_l(\cos\theta) \left[ e^{-ikr} - (-1)^l S_l e^{ikr} \right] \tag{1.96}$$

である．ここで登場した，

$$S_l = e^{2i\delta_l}$$

を S 行列と呼ぶ．1 次元散乱問題で登場した S 行列 (1.17) をみてみよう．そこでは，散乱体に入射する波と，そこから放射される波の比が S 行列であった．式 (1.96) の $S_l$ もまさにそういう意味である．また，3 次元の一般的な摂動論で登場した S 行列 (1.46) は，$\Phi(-\infty)$ と $\Phi(\infty)$ を結びつける行列であった．要するに，S 行列とは，最初の状態と最後の状態を結びつける演算子である．本節では入射エネルギーあるいは入射波数 $k$ の関数としての S 行列が束縛状態に関する情報を含んでいることを示そう．

動径方向の波動関数 $R_{kl}(r)$ の満たすべき運動方程式は式 (A.1) である．そこで，

$$A_l(k, r) = r R_{kl}(r) \tag{1.97}$$

なる関数を考えると，この $A_l(k, r)$ の満たすべき微分方程式は，

$$\frac{d^2 A_l(k, r)}{dr^2} + \left( k^2 - \frac{l(l+1)}{r^2} - \frac{2m}{\hbar^2} V(r) \right) A_l(k, r) = 0 \tag{1.98}$$

となる．この微分方程式の一般解は二つの独立な解の線形結合で表される．束縛状態を表す物理的な解として採用しているのは，規格化定数を別にして，

$$A_l(k, r) \to r^{l+1} \qquad (r \to 0) \tag{1.99}$$

のような解である．ほかの解として以下のような漸近形をもつ Jost (ヨスト) の解と呼ばれるものを考えることもできる．

$$J_l^{\pm}(k, r) \to e^{\pm ikr} \qquad (r \to \infty) \tag{1.100}$$

解 (1.99) は，この Jost の解の線形結合で書けるはずである．具体的な形を求めるには，Wronski 行列式の性質を使うとよい．$A_l(k, r)$ あるいは Jost の解が満た

している 2 階の微分方程式 (1.98) はその中に 1 階の微分を含んでいないので, 二つの任意の解による Wronski 行列式は変数 $r$ によらない. したがって,

$$W(J_l^+(k,r), J_l^-(k,r)) = W(J_l^+(k,\infty), J_l^-(k,\infty)) = -2ik \tag{1.101}$$

である. さらに, $W(J_l^\pm(k,r), A_l(k,r))$ なる Wronski 行列式を考えると, これもやはり $r$ によらない. そこで新しい関数 $J_l^\pm(k)$ を,

$$J_l^\pm(k) \equiv W(J_l^\pm(k,r), A_l(k,r)) \tag{1.102}$$

によって定義しよう. この関数のことを **Jost 関数**という. これを用いると,

$$\begin{aligned}
A_l(k,r) &= \frac{J_l^+(k)J_l^-(k,r) - J_l^-(k)J_l^+(k,r)}{J_l^+(k,r)J_l^{-\prime}(k,r) - J_l^{+\prime}(k,r)J_l^-(k,r)} \\
&= \frac{i}{2k}[\, J_l^+(k)J_l^-(k,r) - J_l^-(k)J_l^+(k,r)\,] 
\end{aligned} \tag{1.103}$$

と書ける. $r \to \infty$ での漸近形は,

$$A_l(k,r) \approx \frac{i}{2k}[\, J_l^+(k)e^{-ikr} - J_l^-(k)e^{ikr}\,] = \frac{iJ_l^+(k)}{2k}\left(e^{-ikr} - \frac{J_l^-(k)}{J_l^+(k)}e^{ikr}\right) \tag{1.104}$$

となる. この式と式 (1.96) を見比べると, **S 行列**は Jost 関数を用いて,

$$S_l(k) \equiv S_l = (-1)^l \frac{J_l^-(k)}{J_l^+(k)} = e^{2i\delta_l(k)} \tag{1.105}$$

と書けることがわかる.

いままでの議論では $k$ は正の実数であるとしていた. $k$ が負の実数の場合は, Jost の解の定義式 (1.100) で $k$ を負の実数と考え, Jost 関数の定義式 (1.102) と比べれば,

$$J_l^\pm(-k) = J_l^\mp(k)$$

なる関係式により, 負の実数に対する Jost 関数が定義できることがわかる. そこで式 (1.105) をその定義式として S 行列および位相のずれを, 負の $k$ の関数として以下のように再定義することができる.

$$S_l(-k) = [\, S_l(k)\,]^{-1}, \qquad \delta_l(-k) = -\delta_l(k) \tag{1.106}$$

さらに $k$ が虚数の場合には, Jost の解は, 漸近形として減衰波あるいは増大する波の形の解である. 定義式 (1.102) はこの場合にも確定値をもつ. すなわち, Jost

関数は複素数の $k$ に対しても，曖昧さなく定義された関数となる．式 (1.105) を定義式とすれば，S 行列および位相のずれも複素数 $k$ の関数として定義される．

　$k$ が純虚数の場合を考えよう．$\kappa$ を正の実数として，$k = i\kappa$ の場合，もともとの Schrödinger 方程式 (A.1) でのエネルギー固有値は，

$$E = \frac{\hbar^2 k^2}{2m} = -\frac{\hbar^2 \kappa^2}{2m}$$

である．$r \to \infty$ での波動関数の漸近形は，

$$
\begin{aligned}
A_l(i\kappa, r) &= \frac{1}{2\kappa} [\, J_l^+(i\kappa) J_l^-(i\kappa, r) - J_l^-(i\kappa) J_l^+(i\kappa, r) \,] \\
&\approx \frac{1}{2\kappa} [\, J_l^+(i\kappa) e^{\kappa r} - J_l^-(i\kappa) e^{-\kappa r} \,]
\end{aligned}
$$

である．したがって $\kappa$ が，

$$J_l^+(i\kappa) = 0$$

を満たせば，$A_l(i\kappa, r)$ は Schrödinger 方程式の束縛状態を表す解となる．すなわち，以下の結論が導かれる．

(1) Jost 関数に対して，$J_l^+(i\kappa) = 0$ を満たすような正の実数 $\kappa$ が存在する場合，束縛状態が存在し，そのエネルギー固有値は，$E = -\hbar^2 \kappa^2 / 2m$ である．

(2) これを S 行列で表現すると，$S_l(i\kappa) = \infty$ を満たすような実数 $\kappa$ が存在する場合，束縛状態が存在し，そのエネルギー固有値は，$E = -\hbar^2 \kappa^2 / 2m$ である．

　この 2 番目の文章を，$S_l(-i\kappa) = 0$ のときに束縛状態が存在すると言い換えることができる場合もある．しかし，注意が必要である．なぜなら，$S_l(-i\kappa) = 0$ のときには必ずしも $J_l^+(i\kappa) = 0$ ではない．$J_l^-(i\kappa) = \infty$ の場合もある．後者の場合は束縛状態が存在するとは限らない．こうした場合を redundant zero (余計な零点) と呼ぶ．

　さて，束縛状態の情報が S 行列の零点で与えられることがわかった．例として，箱型ポテンシャルの $s$ 波散乱の場合をみてみよう．S 行列は，

$$S_0(k) = \frac{e^{i\delta_0}}{e^{-i\delta_0}} = \frac{\cot \delta_0 + i}{\cot \delta_0 - i}$$

である．したがって束縛状態が出現する条件 $S_0(i\kappa) = \infty$ は，$k = i\kappa$ に対して，

$$\cot \delta_0 = i \tag{1.107}$$

である．箱型ポテンシャル問題での位相のずれ $\delta_0$ は式 (1.93) で得られている．それを導く際に，われわれは，

$$k_i \cot(k_i a) = k \cot(ka + \delta_0) = k \frac{\cot ka \ \cot \delta_0 - 1}{\cot ka + \cot \delta_0} \tag{1.108}$$

を得ている．ここで，

$$k_i = \sqrt{k^2 + \frac{2m|V_0|}{\hbar^2}}$$

である．式 (1.108) で $k = i\kappa$ とし，さらに S 行列からの束縛状態出現条件 (1.107) を代入すると，式 (1.108) は，

$$k_i \cot(k_i a) = -\kappa \tag{1.109}$$

となる．これは『量子力学 I』9.4 節で，波動関数の接続条件から得られた束縛状態出現条件と同一である．

## 1.9　Lippmann–Schwinger 方程式

1.4 節で，散乱ポテンシャル $V(\boldsymbol{r})$ のもとでの，因果律を満たす波動関数は，Green 関数 $G(\boldsymbol{r} - \boldsymbol{r}'; E)$ を用いて式 (1.61) のように書けることを導いた．Green 関数は，

$$(E - H_0)G(\boldsymbol{r} - \boldsymbol{r}'; E) = \delta(\boldsymbol{r} - \boldsymbol{r}') \tag{1.110}$$

なる関係式を満たしている．したがって，この Green 関数は演算子として，

$$\frac{1}{E - H_0 + i\epsilon} \tag{1.111}$$

と形式的に書ける．分母の微小量は因果律を満たすような境界条件を要請した結果である．これより，式 (1.61) は Dirac（ディラック）の表示を用いて（表記の煩雑さを避けるため，$\Psi_{\text{in}}$ の代わりに $\Phi$ と書こう），

$$\langle \boldsymbol{r}|\Psi \rangle = \langle \boldsymbol{r}|\Phi \rangle + \int d\boldsymbol{r}' \int d\boldsymbol{r}'' \langle \boldsymbol{r}|(E - H_0 + i\epsilon)^{-1}|\boldsymbol{r}' \rangle \langle \boldsymbol{r}'|V|\boldsymbol{r}'' \rangle \langle \boldsymbol{r}''|\Psi \rangle$$
$$= \langle \boldsymbol{r}|\Phi \rangle + \langle \boldsymbol{r}|(E - H_0 + i\epsilon)^{-1} \ V \ \Psi \rangle$$

と書き直せる．したがって，式 (1.61) は形式的に，

$$\Psi = \Phi + \frac{1}{E - H_0 + i\epsilon} V\Psi \tag{1.112}$$

と書けることになる．入射波 $\Phi$ は，$H_0$ の固有状態なので，

$$(E - H_0)\Phi = 0 \qquad (1.113)$$

を満たす．したがって，式 (1.112) の左から $E - H_0$ を演算すると，

$$(E - H_0)\Psi = V\Psi \qquad (1.114)$$

を得る．式 (1.112) と (1.114) の違いは，後者が微分方程式に対応し，前者はその微分方程式の解のうち，因果律という境界条件を満たすものに対する積分方程式に対応していることである．その境界条件を保障しているのが正の微小量 $\epsilon$ である．$H_0$ が自由粒子のハミルトニアンならば，特に束縛状態に対しては $E < 0$ であり，その場合，$E - H_0$ は負定値の演算子なので，逆演算子が一意的に定義できる．その場合，

$$\Psi = \frac{1}{E - H_0} V\Psi \qquad (1.115)$$

となり，式 (1.112) の非同次項 $\Phi$ がなくなっている．式 (1.112), (1.115) の二つをまとめて，**Lippmann–Schwinger** (リップマン–シュウィンガー) **方程式**と呼ぶ．

$H_0$ として自由粒子のハミルトニアンを想定してきたが，Lippmann–Schwinger 方程式自身は，非摂動ハミルトニアン $H_0$ の形によらず成り立っている．実際，物性科学の分野では，結晶中の電子状態 (Bloch (ブロッホ) 状態) が，不純物原子や結晶の不完全性による散乱ポテンシャルにより，どのように状態を変化させるかが，この Lippmann–Schwinger 方程式を用いて調べられている．詳しくは巻末文献[5,6]を参照のこと．また，散乱問題の一般論を議論するのにも適している．以下では，散乱行列のユニタリ性を一般的に証明してみよう．

入射波を $i$ でラベルして ($\Phi_i$，エネルギー $E_i$)，それがどのように散乱ポテンシャルで変化したかを考えよう．式 (1.112) を逐次近似で解くと，

$$\Psi_i = \left(1 + \frac{1}{E_i - H_0 + i\epsilon} V + \frac{1}{E_i - H_0 + i\epsilon} V \frac{1}{E_i - H_0 + i\epsilon} V + \cdots\right)\Phi_i \qquad (1.116)$$

となる．すでに述べたように，分母の $i\epsilon$ は散乱波が**外向波**になるような境界条件を満たさせる働きがある．逆に散乱波が**内向波**になるような境界条件を満たさせることも可能である．そのためには $i\epsilon$ を $-i\epsilon$ に変えればよい．すなわち，異なる境界条件を有する $H_0 + V$ の二つの固有波動関数を考えることができる．

$$\Psi_a^{(+)} = \Phi_a + \frac{1}{E_a - H_0 + i\epsilon} V\Psi_a^{(+)} \qquad 外向波 \qquad (1.117)$$

$$\Psi_a^{(-)} = \Phi_a + \frac{1}{E_a - H_0 - i\epsilon} V \Psi_a^{(-)} \qquad \text{内向波} \tag{1.118}$$

さて，1.3 節で遷移行列 $T$ を導入した．それは，

$$T_{fi} = \left\langle \Phi_f \mid V \left( 1 + \frac{1}{E_i - H_0 + i\epsilon} V + \cdots \right) \mid \Phi_i \right\rangle$$
$$= \langle \Phi_f \mid V \mid \Psi_i^{(+)} \rangle \tag{1.119}$$

と与えられる．$E_i = E_f$ の場合には，

$$T_{fi} = \left\langle \left( 1 + \frac{1}{E_f - H_0 - i\epsilon} V + \cdots \right) \Phi_f \mid V \mid \Phi_i \right\rangle$$
$$= \langle \Psi_f^{(-)} \mid V \mid \Phi_i \rangle \tag{1.120}$$

も得られる．つまり**遷移行列**は，外向波を用いても内向波を用いても表すことができる．

T 行列がわかれば，S 行列はただちに，

$$S_{fi} = \delta_{fi} - 2\pi i\delta(E_f - E_i) \, T_{fi}$$
$$= \delta_{fi} - 2\pi i\delta(E_f - E_i)\langle \Phi_f \mid V \mid \Psi_i^{(+)} \rangle \tag{1.121}$$
$$= \delta_{fi} - 2\pi i\delta(E_f - E_i)\langle \Psi_f^{(-)} \mid V \mid \Phi_i \rangle \tag{1.122}$$

と与えられる．

Lippmann–Schwinger 方程式の形式解は以下のようにして得られる．すなわち，式 (1.116) を書き直すと，

$$\Psi_a^{(+)} = \Phi_a + \frac{1}{E_a - H_0 + i\epsilon} \left( 1 + V \, \frac{1}{E_a - H_0 + i\epsilon} + \cdots \right) V \, \Phi_a$$
$$= \Phi_a + \frac{1}{E_a - H_0 + i\epsilon} \left( 1 - V \, \frac{1}{E_a - H_0 + i\epsilon} \right)^{-1} V \, \Phi_a$$
$$= \Phi_a + \frac{1}{E_a - H + i\epsilon} V \, \Phi_a \tag{1.123}$$

となる．ここで，$H = H_0 + V$ である．$\Psi^{(-)}$ に対しても同様の手順で，

$$\Psi_a^{(-)} = \Phi_a + \frac{1}{E_a - H - i\epsilon} V \, \Phi_a \tag{1.124}$$

を得る．式 (1.123)，(1.124) を Chew–Goldberger (チュー–ゴールドベルガー) の形式解という．

さて，S 行列のユニタリ性，$S^\dagger S = SS^\dagger = 1$ を証明してみよう．T 行列を用いてこの条件を書き直すと，

$$T_{ab}^* - T_{ba} = 2\pi i \sum_n T_{nb}^* \delta(E_b - E_n) T_{na} \tag{1.125}$$

$$= 2\pi i \sum_n T_{bn} \delta(E_b - E_n) T_{an}^* \tag{1.126}$$

となる．ここで $E_a = E_b$ とした．S 行列のユニタリ性の証明は，T 行列に対する上の式を証明すればよい．まず式 (1.119) より，

$$T_{ab}^* = \langle \Phi_a \mid V \mid \Psi_b^{(+)} \rangle^* = \langle V \Psi_b^{(+)} \mid \Phi_a \rangle = \langle \Psi_b^{(+)} \mid V \mid \Phi_a \rangle$$

ゆえに，

$$T_{ab}^* - T_{ba} = \langle \Psi_b^{(+)} \mid V \mid \Phi_a \rangle - \langle \Phi_b \mid V \mid \Psi_a^{(+)} \rangle$$

が成り立つ．ここで Chew–Goldberger の形式解を代入すると，

$$\begin{aligned}
T_{ab}^* - T_{ba} &= \langle \Phi_b|V|\Phi_a \rangle + \left\langle \frac{1}{E_b - H + i\epsilon} V\Phi_b | V\Phi_a \right\rangle \\
&\quad - \langle \Phi_b|V|\Phi_a \rangle - \left\langle \Phi_b|V \frac{1}{E_a - H + i\epsilon} V\Phi_a \right\rangle \\
&= \left\langle V \Phi_b| \left( \frac{1}{E_b - H - i\epsilon} - \frac{1}{E_b - H + i\epsilon} \right) V\Phi_a \right\rangle
\end{aligned} \tag{1.127}$$

となる．公式

$$\frac{1}{x - i\epsilon} - \frac{1}{x + i\epsilon} = 2\pi i \delta(x)$$

を使うと式 (1.127) は，

$$T_{ab}^* - T_{ba} = \langle V\Phi_b \mid 2\pi i \delta(E_b - H) \, V \, \Phi_a \rangle \tag{1.128}$$

となる．次に $\Psi^{(-)}$ は Schrödinger 方程式の解の集合なので，完全系と考えられる．そこで，この完全系を上式に挿入する．$\Psi^{(-)}$ は $H$ の固有関数のため，$H$ は対応する固有値で置き換えることができるので，式 (1.120) に注意して，

$$\begin{aligned}
T_{ab}^* - T_{ba} &= \sum_n \langle V\Phi_b \mid \Psi_n^{(-)} \rangle \, 2\pi i \delta(E_b - E_n) \, \langle \Psi_n^{(-)} \mid V \, \Phi_a \rangle \\
&= 2\pi i \sum_n T_{nb}^* \delta(E_b - E_n) T_{na}
\end{aligned} \tag{1.129}$$

となる．これは式 (1.125) と同一である．$\Psi^{(-)}$ の代わりに $\Psi^{(+)}$ を用い，同様の式変形を行うと，式 (1.126) を得る．これにより S 行列のユニタリ性が証明できた．

次に，S 行列のユニタリ性から光学定理を証明しよう．$a \to b$ なる遷移が起こる単位時間あたりの確率は，式 (1.45) で与えられる．すなわち，

$$p_{ba} = \frac{2\pi}{\hbar}|T_{ba}|^2 \delta(E_a - E_b)$$

いま，終状態としてどんな状態でもよいとすると，

$$p_a = \sum_b p_{ba} = 2\pi \sum_b |T_{ba}|^2 \delta(E_a - E_b) \tag{1.130}$$

である．一方，S 行列のユニタリ性を表す式 (1.129) において，$b = a$ とすると，

$$T_{aa}^* - T_{aa} = 2\pi i \sum_b \delta(E_b - E_a)|T_{ba}|^2 \tag{1.131}$$

である．二つの式を見比べて，

$$p_a = -2\,\mathrm{Im}T_{aa} \tag{1.132}$$

を得る．状態 $a$ から任意の状態への散乱断面積 $\sigma_a$ は，式 (1.48) より，

$$\sigma_a = \frac{V}{v}p_a \tag{1.133}$$

なので，式 (1.132) は，

$$\sigma_a = -\frac{2V}{v}\,\mathrm{Im}T_{aa} \tag{1.134}$$

となる．これは 1.6 節で導いた光学定理 (1.85) の一般的な形である．

# 2 相対論的量子力学入門

　相対論的量子力学は，特殊相対論と量子力学が融合された理論である．本章では，その入門として Fermi 粒子が従う Dirac 方程式を学ぶ．その相対論的共変性，電磁場との相互作用を調べることにより，スピンという自由度が自然と現れ，物性科学で重要なスピン–軌道相互作用が導出されることを学ぶ．相対論的量子力学の前提となっている特殊相対論については，付録 B にまとめてある．詳しくは巻末の教科書[7]を参照されたい．

## 2.1　Dirac 方程式

### 2.1.1　非相対論的量子力学での確率論的解釈

　古典的な力の場の中を運動する質点の運動は，ハミルトニアン $H$ が座標 $x_i$ とそれに共役な運動量 $p_i$ とで表されているとき，正準方程式

$$\frac{dx_i}{dt} = \frac{\partial}{\partial p_i} H(x_i, p_i), \qquad \frac{dp_i}{dt} = -\frac{\partial}{\partial x_i} H(x_i, p_i)$$

で記述される．本章では，空間座標 $x$, $y$, $z$ を $x_i(i=1,2,3)$ とも書くことにしよう．この系の量子力学的運動方程式は次の規則によりつくられる．

(1) $H$ の中の $p_i$ を微分演算子

$$\frac{\hbar}{i} \frac{\partial}{\partial x_i}$$

で置き換える．

(2) 波動関数 $\psi(x_i, t)$ を導入し，それが Schrödinger 方程式

$$\left[ i\hbar \frac{\partial}{\partial t} - H\left( x_i, \frac{\hbar}{i} \frac{\partial}{\partial x_i} \right) \right] \psi(x_i, t) = 0$$

を満たすと考える．系の時間発展は，この波動関数の時間発展により決定される．

さらに，

$$|\psi(x_i, t)|^2 d^3 x \qquad (d^3 x = dx_1 dx_2 dx_3)$$

は，考えている粒子が，時刻 $t$ において点 $x_i$ を含む $d^3x$ という微小体積内に存在する確率であると解釈する．多粒子系に対しても同様の解釈を行う．全空間でこの確率を足し合わせると，それはその空間の粒子数であり，1 粒子系では，

$$\int |\psi(x_i, t)|^2 d^3x = 1$$

である．

ある限られた空間 (体積 $V$) の中に粒子を見出す確率

$$\int_V |\psi(x_i, t)|^2 d^3x$$

は定数ではない．Schrödinger 方程式から，

$$\frac{\partial}{\partial t} \int_V |\psi(x_i, t)|^2 d^3x = \frac{i}{\hbar} \int_V [(H\psi^*)\psi - \psi^*(H\psi)]d^3x$$

$H$ として，

$$H = -\frac{\hbar^2}{2m}\boldsymbol{\nabla}^2 + V(\boldsymbol{r})$$

を考えると，上式の右辺は，

$$-\frac{i\hbar}{2m}\int_V [(\boldsymbol{\nabla}^2\psi^*)\psi - \psi^*(\boldsymbol{\nabla}^2\psi)]d^3x = -\frac{i\hbar}{2m}\int_V \mathrm{div}[(\boldsymbol{\nabla}\psi^*)\psi - \psi^*(\boldsymbol{\nabla}\psi)]d^3x$$

と変形できる．これらの式は，任意の空間について成り立つわけだから，両辺の被積分関数自身が等しくなければならない．したがって，

$$\frac{\partial}{\partial t}(\psi^*\psi) = -\frac{i\hbar}{2m}\mathrm{div}[(\boldsymbol{\nabla}\psi^*)\psi - \psi^*(\boldsymbol{\nabla}\psi)]$$

である．確率密度 $\rho$，確率の流れの密度 $\boldsymbol{j}$ を，

$$\rho = \psi^*\psi, \qquad \boldsymbol{j} = \frac{i\hbar}{2m}[(\boldsymbol{\nabla}\psi^*)\psi - \psi^*(\boldsymbol{\nabla}\psi)] \tag{2.1}$$

によって導入すると，上式は，

$$\frac{\partial \rho}{\partial t} + \mathrm{div}\boldsymbol{j} = 0 \tag{2.2}$$

という連続の方程式となる．

式 (2.1) の確率密度は時間的，空間的にいつも正の量であり，確率密度という量にふさわしい．確率の流れの密度も上のように定義でき，Schrödinger 方程式から連続の方程式が導かれる．すなわち，非相対論的量子力学では，波動関数の**確率論的解釈**が可能となっている．

## 2.1.2　Klein–Gordon 方程式

　自由粒子のエネルギー $E$ と運動量 $\boldsymbol{p}$ の間には，特殊相対論によれば式 (B.23) で与えられる関係式が成り立つ.

$$E^2 = \boldsymbol{p}^2 c^2 + m^2 c^4$$

これに基づき，波動関数 $\psi(\boldsymbol{r}, t)$ に対する相対論的な波動方程式を導いてみよう. 非相対論的量子力学のやり方にならえば，

$$E^2 \psi = (\boldsymbol{p}^2 c^2 + m^2 c^4)\psi$$

なる方程式において，

$$\boldsymbol{p} \to \frac{\hbar}{i}\boldsymbol{\nabla}, \qquad E \to i\hbar\frac{\partial}{\partial t}$$

という置換えを行えばよさそうである. 結果は，

$$\left(\frac{1}{c^2}\frac{\partial^2}{\partial t^2} - \boldsymbol{\nabla}^2 + \mu^2\right)\psi = 0 \tag{2.3}$$

である. ここで，$\mu \equiv (mc)/\hbar$ である. この方程式を **Klein–Gordon (クライン–ゴルドン) 方程式**と呼ぶ.

　さて，波動関数に確率論的解釈を与えることは，量子力学が波動性と粒子性を記述するためにつくり出されたことからして，必須の課題である. Klein–Gordon 方程式 (2.3) は時間について 2 階の微分方程式である. したがって，連続の方程式

$$\frac{\partial \rho}{\partial t} + \mathrm{div}\boldsymbol{j} = 0$$

を満たす $\rho$ を $\psi^*\psi$ の形で与えることは難しい. 実際，非相対論の場合の結果

$$\boldsymbol{j} = \frac{i\hbar}{2m}[(\boldsymbol{\nabla}\psi^*)\psi - \psi^*(\boldsymbol{\nabla}\psi)]$$

を認めると，上記の連続の方程式を満たす確率密度は，

$$\rho = -\frac{i\hbar}{2mc^2}\left(\frac{\partial\psi^*}{\partial t}\psi - \psi^*\frac{\partial\psi}{\partial t}\right)$$

で与えられる. このような手続きで得られる Klein–Gordon 方程式では，確率の流れ密度と対で連続方程式を満たすべき確率密度 $\rho$ が正定値とはならない. したがって確率密度という解釈を与えることは難しい. Klein–Gordon 方程式の難点である.

### 2.1.3　Dirac 方程式の導出

　波動関数に対する運動方程式は，波動関数の確率論的解釈を許すものでなければならない．Klein–Gordon 方程式の困難は，確率密度が正定値とならないことである．一方，相対論的時空は，異なる慣性系での空間座標と時間が，Lorentz 変換で変換し合うものであり，探している運動方程式は，その Lorentz 変換に対して共変性をもつべきであり，Schrödinger 方程式のような，時間と空間の同等性が破れている方程式ではあり得ない．そこで，空間と時間についての 1 階の微分方程式の形をとり，Klein–Gordon 方程式を含むような方程式を探してみよう．それは，

$$\frac{\partial}{\partial t}\psi = \left( a_x \frac{\partial}{\partial x} + a_y \frac{\partial}{\partial y} + a_z \frac{\partial}{\partial z} + a_0 \right) \psi$$

のような形式であろう．$a_x$, $a_y$, $a_z$, $a_0$ がどんなものかはまだわからない．それを決めるべき条件は，次のようなものであろう．

(1) この方程式によって得られた波動関数が確率論的解釈を許すこと．
(2) 古典論との対応を保つために，ハミルトニアン演算子が古典的なエネルギーの表式 (B.23) から置換え

$$\boldsymbol{p} \to \frac{\hbar}{i} \boldsymbol{\nabla}, \qquad E \to i\hbar \frac{\partial}{\partial t}$$

　　によって得られること．

二つ目の条件は，Klein–Gordon 方程式を包含することと同値である．
　そこで，上記の空間，時間に対する 1 階の微分方程式を，

$$i\hbar \frac{\partial}{\partial t}\psi = \left[ -i\hbar c \left( \alpha_x \frac{\partial}{\partial x} + \alpha_y \frac{\partial}{\partial y} + \alpha_z \frac{\partial}{\partial z} \right) + \beta mc^2 \right] \psi$$
$$= ( c \, \boldsymbol{\alpha} \cdot \boldsymbol{p} + \beta mc^2 ) \, \psi \tag{2.4}$$

の形に書き換え $[\boldsymbol{\alpha} \equiv (\alpha_x, \alpha_y, \alpha_z)]$，上記の条件を満たすような $\alpha_x$, $\alpha_x$, $\alpha_z$, $\beta$ を求めてみよう．エネルギーと時間微分との間の置換えから明らかなように，上式の右辺の $\psi$ にかかる演算子はハミルトニアン演算子 $H$ である．したがって，Hermite (エルミート) 演算子である必要がある．式 (2.4) における演算を 2 回行うと，

$$-\hbar^2 \frac{\partial^2}{\partial t^2}\psi = \left[ -i\hbar c \left( \alpha_x \frac{\partial}{\partial x} + \alpha_y \frac{\partial}{\partial y} + \alpha_z \frac{\partial}{\partial z} \right) + \beta mc^2 \right]^2 \psi$$

である．これが Klein–Gordon 方程式 (2.3) と等しくなることを要求しよう．その条件式は，

$$\alpha_x^2 = \alpha_y^2 = \alpha_z^2 = \beta^2 = 1 \tag{2.5}$$

$$\alpha_x\alpha_y + \alpha_y\alpha_x = 0, \qquad \alpha_y\alpha_z + \alpha_z\alpha_y = 0, \qquad \alpha_z\alpha_x + \alpha_x\alpha_z = 0 \tag{2.6}$$

$$\alpha_x\beta + \beta\alpha_x = 0, \qquad \alpha_y\beta + \beta\alpha_y = 0, \qquad \alpha_z\beta + \beta\alpha_z = 0 \tag{2.7}$$

となる．あるいは $\alpha_1 = \alpha_x$, $\alpha_2 = \alpha_y$, $\alpha_3 = \alpha_z$, $\alpha_4 = \beta$ と再定義すれば，上の条件式は，

$$\alpha_i\alpha_j + \alpha_j\alpha_i = 2\delta_{ij} \tag{2.8}$$

とまとめられる．

さて，式 (2.8) は全部で 10 個の条件である．ところが，この条件を満たすべき未知の変数，$\alpha_x$, $\alpha_y$, $\alpha_z$, $\beta$ の数は 4 である．条件を満足する変数の組は存在しない．しかし，それはこれら変数をスカラーと考えているからである．もし，これら $\alpha_x$, $\alpha_y$, $\alpha_z$, $\beta$ が行列であったらどうだろう．10 個の条件を満たす可能性が出てくる．すなわち相対論的な波動方程式では，演算子は必然的に行列である必要があり，対応する波動関数も多成分となる．

$$\boldsymbol{\alpha} = \begin{pmatrix} \boldsymbol{\alpha}_{11} & \boldsymbol{\alpha}_{12} & \cdots \\ \boldsymbol{\alpha}_{21} & \boldsymbol{\alpha}_{22} & \cdots \\ \cdot & \cdot & \\ \cdot & \cdot & \end{pmatrix}, \qquad \beta = \begin{pmatrix} \beta_{11} & \beta_{12} & \cdots \\ \beta_{21} & \beta_{22} & \cdots \\ \cdot & \cdot & \\ \cdot & \cdot & \end{pmatrix}, \qquad \psi = \begin{pmatrix} \psi_1 \\ \psi_2 \\ \cdot \\ \cdot \end{pmatrix} \tag{2.9}$$

この行列の形をみつけるために，この行列の固有値 $\lambda$ を考える．多成分の固有波動関数 $\psi$ に対して，

$$\alpha_i\psi = \lambda\psi \qquad (1 \le i \le 4)$$

である．Hermite 演算子であるので，$\lambda$ は実数である．2 度演算を施すと，

$$\alpha_i^2\psi = \lambda^2\psi = 1\psi$$

なので，ここから固有値は $\pm 1$ であることがわかる．これらの行列が満たすべき重要な性質はもう一つある．それは，対角成分の和 (Trace : Tr) が 0 になるということである．それは，

$$\mathrm{Tr}(\alpha_i) = \mathrm{Tr}(\alpha_i\alpha_j^2) = \mathrm{Tr}(\alpha_j\alpha_i\alpha_j) = -\mathrm{Tr}(\alpha_j\alpha_j\alpha_i) = -\mathrm{Tr}(\alpha_i)$$

なる変形 (ここで, $i \neq j$ としている) から示される.

　さて, Hermite 行列は適当なユニタリ変換 (行列) により対角化される. 対角化された行列の対角成分は $\pm 1$ であることがわかった. さらに, その trace は 0 である. ということは, 行列の次元は偶数である. 試しに 2 次元行列を考える. Hermite 行列は一般にユニタリ変換

$$\alpha' = U^{-1}\alpha U \tag{2.10}$$

によって形を変えるが, それによって固有値は変わらない. 2 次元行列は四つの成分をもっているので, 四つの独立な基底をもつ. 一つの例は Pauli (パウリ) 行列である.

$$\sigma_1 = \begin{pmatrix} 0 & 1 \\ 1 & 0 \end{pmatrix}, \quad \sigma_2 = \begin{pmatrix} 0 & -i \\ i & 0 \end{pmatrix}, \quad \sigma_3 = \begin{pmatrix} 1 & 0 \\ 0 & -1 \end{pmatrix}, \quad I = \begin{pmatrix} 1 & 0 \\ 0 & 1 \end{pmatrix} \tag{2.11}$$

$\sigma_1$, $\sigma_2$, $\sigma_3$ の Pauli 行列は, 単位行列 $I$ とともに, 2 次元行列の四つの独立な基底を構成している. さらに,

$$\sigma_i \sigma_j + \sigma_j \sigma_i = 2\delta_{ij} \tag{2.12}$$

なる関係式を満たしている. これは行列 $\boldsymbol{\alpha}$, $\beta$ が満たすべき関係式 (2.8) と同じである. しかし, われわれは式 (2.8) を満たす四つの独立な行列を必要としている. 2 次元行列の, もう一つの独立な基底 $I$ が Pauli 行列のそれぞれに対して, 式 (2.8) の関係式を満たさないことは明らかである. つまり, いま探している行列は 2 次元ではない.

　それなら 4 次元行列を探そう. Pauli 行列の組は惜しいところで条件 (2.8) を満たせなかった. それでは, その 4 次元への素直な拡張である,

$$\begin{bmatrix} 0 & \sigma_1 \\ \sigma_1 & 0 \end{bmatrix} \equiv \begin{pmatrix} 0 & 0 & 0 & 1 \\ 0 & 0 & 1 & 0 \\ 0 & 1 & 0 & 0 \\ 1 & 0 & 0 & 0 \end{pmatrix}$$

のような 4 次元行列はどうだろう[*1]. 簡単な計算から, 4 次元行列 $\alpha_i$ として,

---

*1　以下では, 2 次元行列 $\sigma_i$, 2 次元単位行列 $I$, 零行列 $0$ などを用いて 4 次元行列を表す際の記法として [ ] を用いる.

$$\alpha_i = \begin{bmatrix} 0 & \sigma_i \\ \sigma_i & 0 \end{bmatrix} \quad (i = 1, 2, 3), \qquad \alpha_4 = \beta = \begin{bmatrix} I & 0 \\ 0 & -I \end{bmatrix} \tag{2.13}$$

と定義すれば，これらは，式 (2.8) の条件を満たすことがわかる．すなわち，Klein–Gordon 方程式を包含し，空間と時間についての 1 階の微分方程式の次元は 4 次元であることがわかった．四つの 4 次元行列 $\alpha_i$ を用いて書かれた，4 成分の波動関数に対する方程式 (2.4)，すなわち，

$$i\hbar \frac{\partial}{\partial t} \begin{pmatrix} \psi_1 \\ \psi_2 \\ \psi_3 \\ \psi_4 \end{pmatrix} = \left[ \begin{pmatrix} 0 & 0 & 0 & 1 \\ 0 & 0 & 1 & 0 \\ 0 & 1 & 0 & 0 \\ 1 & 0 & 0 & 0 \end{pmatrix} \frac{\hbar c}{i} \frac{\partial}{\partial x} + \begin{pmatrix} 0 & 0 & 0 & -i \\ 0 & 0 & i & 0 \\ 0 & -i & 0 & 0 \\ i & 0 & 0 & 0 \end{pmatrix} \frac{\hbar c}{i} \frac{\partial}{\partial y} \right.$$

$$+ \begin{pmatrix} 0 & 0 & 1 & 0 \\ 0 & 0 & 0 & -1 \\ 1 & 0 & 0 & 0 \\ 0 & -1 & 0 & 0 \end{pmatrix} \frac{\hbar c}{i} \frac{\partial}{\partial z}$$

$$\left. + \begin{pmatrix} 1 & 0 & 0 & 0 \\ 0 & 1 & 0 & 0 \\ 0 & 0 & -1 & 0 \\ 0 & 0 & 0 & -1 \end{pmatrix} mc^2 \right] \begin{pmatrix} \psi_1 \\ \psi_2 \\ \psi_3 \\ \psi_4 \end{pmatrix} \tag{2.14}$$

が **Dirac 方程式**である．この 4 次元連立方程式は一つの表現であり，これを **Pauli の表現**と呼ぶ．任意のユニタリ行列を用いた変換 (2.10) により，ほかの同値な表現が得られる．

さて，この Dirac 方程式を満たす波動関数は確率論的解釈を許すだろうか．以下で示すように，確率密度，確率の流れの密度として，以下のようなものを定義すればよいことがわかる[*2]．

$$\rho \equiv \psi^\dagger \psi = \psi_\mu^* \psi_\mu \tag{2.15}$$

---

[*2] 最右辺の表記では，行列と波動関数の 4 成分を $\mu$，$\nu$ の添字で表し，繰り返して現れる添字については，その和をとるものとする．以下でも添字の繰返しはその添字についての和を表すものとする．また，式 (2.16) の表記は，直交座標系で表せば，

$$j_x \equiv c\,\psi^\dagger \alpha_x \psi, \quad j_y \equiv c\,\psi^\dagger \alpha_y \psi, \quad j_z \equiv c\,\psi^\dagger \alpha_z \psi$$

のことである．

$$\boldsymbol{j} \equiv c\,\psi^{\dagger}\boldsymbol{\alpha}\psi = c\,\psi_{\mu}^{*}\boldsymbol{\alpha}_{\mu\nu}\psi_{\nu} \tag{2.16}$$

Dirac 方程式 (2.4) とその複素共役を書き下すと，

$$i\hbar\frac{\partial}{\partial t}\psi_{\mu} = (\,-i\hbar c\,\boldsymbol{\alpha}_{\mu\nu}\cdot\boldsymbol{\nabla}\,+\,\beta_{\mu\nu}mc^{2}\,)\,\psi_{\nu}$$

$$-i\hbar\frac{\partial}{\partial t}\psi_{\mu}^{*} = (\,i\hbar c\,\boldsymbol{\alpha}_{\mu\nu}^{*}\cdot\boldsymbol{\nabla}\,+\,\beta_{\mu\nu}^{*}mc^{2}\,)\,\psi_{\nu}^{*}$$

である．2 番目の式は，$\boldsymbol{\alpha}$，$\beta$ が Hermite 行列であることから，

$$i\hbar\frac{\partial}{\partial t}\psi_{\mu}^{*} = \,-i\hbar c\,(\boldsymbol{\nabla}\,\psi_{\nu}^{*})\cdot\boldsymbol{\alpha}_{\nu\mu}\,-\,mc^{2}\psi_{\nu}^{*}\beta_{\nu\mu}$$

のように書き直せる．この 2 式より，確率密度の時間変化を計算すると，

$$\begin{aligned}
\frac{\partial\rho}{\partial t} &= \frac{\partial}{\partial t}(\psi_{\mu}^{*}\,\psi_{\mu})\\
&= \left[-c\,(\boldsymbol{\nabla}\psi_{\nu}^{*})\cdot\boldsymbol{\alpha}_{\nu\mu} + i\frac{mc^{2}}{\hbar}\psi_{\nu}^{*}\beta_{\nu\mu}\right]\psi_{\mu}\\
&\quad +\psi_{\mu}^{*}\left[-c\,\boldsymbol{\alpha}_{\mu\nu}\cdot\boldsymbol{\nabla}\psi_{\nu} - i\frac{mc^{2}}{\hbar}\,\beta_{\mu\nu}\,\psi_{\nu}\right]\\
&= -\,c\,\mathrm{div}(\psi^{\dagger}\boldsymbol{\alpha}\psi) = -\,\mathrm{div}\boldsymbol{j} \tag{2.17}
\end{aligned}$$

となり，確かに連続の方程式が満たされている．

　ここで導入した Dirac 方程式は，スピン 1/2 の粒子 (電子，ミュー粒子，タウ粒子など) を記述する基本方程式と考えられている．以下にみるように，その特徴は粒子と反粒子 (例として電子と陽電子) が出現することであり，1932 年の陽電子の実験的発見は，この Dirac 方程式の正当性を裏打ちしている．

### 2.1.4　Weyl 方 程 式

　前項で導いた Dirac 方程式 (2.4) において，質量 $m$ が 0 の場合を考えよう．このとき，Dirac のハミルトニアンは，

$$H = c\boldsymbol{\alpha}\cdot\boldsymbol{p} \tag{2.18}$$

である．このハミルトニアンを波動関数に 2 回演算したものが，Klein–Gordon 方程式 (2.3) と同等になるための条件は，

$$H^{2} = \boldsymbol{p}^{2}c^{2}$$

である．したがって $\boldsymbol{\alpha}$ の満たすべき条件は，

$$\alpha_i\alpha_j + \alpha_j\alpha_i = 2\delta_{ij} \qquad (i,j = 1,2,3) \tag{2.19}$$

となり，行列 $\beta$ は現れない．この式 (2.19) の条件は，質量が 0 でない場合の条件に比べればゆるいので，2 次元の表現がみつかる．一つの表現は，2 次元の Pauli 行列 $\sigma_k$ を用いた，

$$\alpha_k = \sigma_k \qquad (k = 1,2,3)$$

である．この表現を用いれば，Dirac 方程式は，

$$i\hbar\frac{\partial}{\partial t}\psi = c\boldsymbol{\alpha}\cdot\boldsymbol{p}\,\psi \tag{2.20}$$

という 2 成分の方程式となる．すなわち，

$$i\hbar\frac{\partial}{\partial t}\begin{pmatrix}\psi_1 \\ \psi_2\end{pmatrix} = \frac{\hbar c}{i}\left[\begin{pmatrix}0 & 1 \\ 1 & 0\end{pmatrix}\frac{\partial}{\partial x}\right.$$
$$\left.+\begin{pmatrix}0 & -i \\ i & 0\end{pmatrix}\frac{\partial}{\partial y} + \begin{pmatrix}1 & 0 \\ 0 & -1\end{pmatrix}\frac{\partial}{\partial z}\right]\begin{pmatrix}\psi_1 \\ \psi_2\end{pmatrix} \tag{2.21}$$

この方程式を **Weyl (ワイル) 方程式**と呼ぶ．

　Weyl 方程式はパリティの保存を破ってしまう (後述)．したがって，パリティの保存が信じられていた時代には，人々の注意をひかなかった．しかし，弱い相互作用におけるパリティの非保存が Lee と Yang によって 1956 年に提唱され，そのすぐ後，1957 年にそれが実験的に検証されて以来，注目を集めた．最近では物性科学の分野で，層状物質のグラファイトの 1 枚の層 (グラフェンと呼ばれる) が注目を集めているが，そこでの Fermi 準位付近の電子は，やはり Weyl 方程式を満たすことがわかっている (光速 $c$ の代わりに，もっと遅い速さが登場するが)[8]．

## 2.1.5　Dirac 方程式の相対論的共変性

　前項では，Dirac 方程式が Klein–Gordon 方程式を包含していることと，波動関数を用いて定義された確率の流れの密度と正定値の確率密度が，連続の方程式を満たすことを示した．残るは，この Dirac 方程式が相対論的時空の変換法則である Lorentz 変換に対して共変性を示すか，である．証明の詳細は巻末にあげた教

科書[9]を参照されたい．ここでは共変性とは何のことか，それを証明するにはどういった手続きを進めればよいか，を説明するのに留める．

　付録 B にあるように，二つの慣性系での座標と時間は式 (B.13) で与えられる **Lorentz 変換**で結ばれている．

$$x'_i = \sum_j a_{ij} x_j, \qquad x_j = \sum_i a_{ij} x'_i$$

これは 4 次元 Minkowski (ミンコフスキー) 空間での回転変換である．ここで，$x_1 = x$, $x_2 = y$, $x_3 = z$, $x_4 = ict$, としている．行列 $a_{ij}$ は関係式 (B.14) で与えられるような行列である．このとき，Dirac 方程式に従う波動関数は，二つの慣性系で，

$$\psi = \begin{pmatrix} \psi_1 \\ \psi_2 \\ \psi_3 \\ \psi_4 \end{pmatrix}, \qquad \psi' = \begin{pmatrix} \psi'_1 \\ \psi'_2 \\ \psi'_3 \\ \psi'_4 \end{pmatrix}$$

と表される．これは 3 次元空間での回転変換の場合，座標が変化し合い，それによって波動関数の形が変化することの 4 次元時空版である．両者の変換は 1 次変換である．すなわち，ある一つの Lorentz 変換 ($\{a_{\mu\nu}\}$) に対して，一つの 1 次変換 (4 次元行列) $S$ が存在し，

$$\psi'_\mu = \sum_\nu S_{\mu\nu} \psi_\nu, \qquad \text{あるいは，} \qquad \psi' = S\psi \tag{2.22}$$

となっている．これは，この行列 $S$ が Lorentz 変換の一つの表現となっていることを示している[*3]．

　Dirac 方程式が相対論的に不変である，あるいは Lorentz 変換に対して**共変性**をもつ，ということの意味は，一つの慣性系での Dirac 方程式が式 (2.4) のように，

$$i\hbar \frac{\partial}{\partial t} \psi = (-i\hbar c \, \boldsymbol{\alpha} \cdot \boldsymbol{\nabla} + \beta mc^2) \, \psi$$

と表されているとき，もう一つの慣性系での波動関数 $\psi'$ と $\psi$ の間には，適当な変換行列 $S$ が存在し，関係式 (2.22) を満たし，また座標と時間は Lorentz 変換 (B.13) で変換され，それらの結果として，もう一つの慣性系での波動関数の満た

---

*3　Lorentz 変換の集合は一つの群を成している．群の表現論については 5 章を参照.

すべき方程式が，

$$i\hbar\frac{\partial}{\partial t'}\psi' = (\ -i\hbar c\ \boldsymbol{\alpha}\cdot\boldsymbol{\nabla}'\ +\ \beta mc^2\ )\ \psi'$$

のように最初の慣性系での方程式とまったく同じ形になるということである．

　以下のような $\gamma$ 行列を導入すると便利である[*4]．

$$\gamma_i = -i\beta\alpha_i \qquad (i = 1, 2, 3), \qquad \gamma_4 = \beta \tag{2.23}$$

すると，二つの慣性系での Dirac 方程式は，

$$\left(\gamma_i\frac{\partial}{\partial x_i} + \overline{m}\right)\psi = 0 \tag{2.24}$$

$$\left(\gamma_i\frac{\partial}{\partial x_i'} + \overline{m}\right)\psi' = 0 \tag{2.25}$$

とすっきりした形に変形できる．ここで $\overline{m} = mc/\hbar$ である．

　証明すべきは，式 (2.24) あるいは (2.25) から出発し，Lorentz 変換を施して変形し，それが互いに同値であるための，S 行列の満たすべき条件を導出し，そしてそれを満たす S 行列が実際に存在することである．通常，それは以下の 4 ステップで証明される．

### ステップ 1：S 行列のための条件

式 (2.25) 中の $x_i'$ に Lorentz 変換を施し，また $\psi'$ を式 (2.22) により $\psi$ で表す．さらに，左から $S^{-1}$ を乗じると，

$$\sum_i\sum_j(S^{-1}\gamma_i S)\ a_{ij}\ \frac{\partial\psi}{\partial x_j} + \overline{m}\psi = 0$$

となる．これが式 (2.24) と同値である条件は，

$$\sum_i(S^{-1}\gamma_i S)\ a_{ij} = \gamma_j, \qquad \text{あるいは，} \qquad S^{-1}\gamma_i S = \sum_j a_{ij}\gamma_j \tag{2.26}$$

である．

### ステップ 2：S 行列のための条件その 2

式 (2.24) の複素共役な式

$$\left[(\gamma_i)^*_{\mu\nu}\frac{\partial}{\partial x_i^*} + \overline{m}\delta_{\mu\nu}\right]\psi_\nu^* = 0$$

---

[*4]　この $\gamma$ 行列の積から，独立な 16 個の行列，$1$, $\gamma_i$, $\gamma_i\gamma_j\ (i \neq j)$, $\gamma_i\gamma_j\gamma_k\ (i \neq j \neq k \neq i)$, $\gamma_i\gamma_j\gamma_k\gamma_l\ (i,\ j,\ k,\ l$ はすべて異なる) が得られる．この 16 個の行列を Dirac 行列という．4 行 4 列のすべての行列は Dirac 行列の線形結合で表される．

を考える．この式に対してもステップ 1 と同様な計算を行うと，S 行列に対する
もう一つの条件式が得られる．

$$\gamma_4 S^\dagger \gamma_4 = S^{-1} \tag{2.27}$$

**ステップ 3：S 行列の存在証明**　　以下の無限小 Lorentz 変換を考える．

$$x_i' = x_i + \sum_j \varepsilon_{ij} x_j \qquad (\varepsilon_{ij} = -\varepsilon_{ji} \text{ は無限小})$$

この変換に対して，式 (2.26)，(2.27) を満たす S 行列が，

$$S = 1 + \frac{1}{8} \sum_{ij} \varepsilon_{ij} (\gamma_i \gamma_j - \gamma_j \gamma_i) \tag{2.28}$$

であることは，直接の代入計算によって確かめられる．

**ステップ 4：S 行列の存在証明その 2**　　一般の Lorentz 変換に対しては，式 (2.28)
を積分する必要がある．空間回転に対する Lorentz 変換，一つの空間座標と時間
を含む Lorentz 変換に対しては，具体的な積分が実行できる．

　以下では，一つの例として，空間反転の操作に関する共変性を調べてみよう．空
間反転に対応する Lorentz 変換は，

$$a_{11} = a_{22} = a_{33} = -1 \;, \qquad a_{44} = 1 \;, \qquad a_{ij} = 0 \qquad (\text{それ以外}) \tag{2.29}$$

である．したがって条件 (2.26) は，

$$S^{-1} \gamma_k S = -\gamma_k \; (k = 1, 2, 3) \;, \qquad S^{-1} \gamma_4 S = \gamma_4$$

である．また条件 (2.27) は，

$$\gamma_4 S^\dagger \gamma_4 = S^{-1}$$

である．これらの条件は，

$$S = \gamma_4$$

とすることによってすべて満たされる．すなわち，Dirac 方程式は空間反転に対
して不変な形をしている．一方，Weyl 方程式 (2.20) はどうだろうか．Weyl 方程
式は，

$$\left[ -i\sigma_k \frac{\partial}{\partial x_k} + \frac{\partial}{\partial x_4} \right] \psi \;=\; 0 \tag{2.30}$$

という形に書き直せる．空間と時間の変換によって新しい座標系 $\{x'_1, x'_2, x'_3, x'_4\}$ に移った場合，波動関数は変換

$$\psi'_\mu = S_{\mu\nu}\psi_\nu \qquad (2\text{ 成分波動関数})$$

を受けるとする．もし Weyl 方程式がこの座標変換に対して不変であるならば，

$$\left[ -i\sigma_k \frac{\partial}{\partial x'_k} + \frac{\partial}{\partial x'_4} \right] \psi' = 0 \tag{2.31}$$

が成り立たねばならない．空間反転に対応する Lorentz 変換 (2.29) を考えると，式 (2.31) は，

$$\left[ i\sigma_k \frac{\partial}{\partial x_k} + \frac{\partial}{\partial x_4} \right] S_{\mu\nu}\psi_\nu = 0 \tag{2.32}$$

これが式 (2.30) と等しくなるためには，

$$S_{\mu\nu}\psi_\nu = -\psi_\mu, \qquad S_{\mu\nu}\psi_\nu = \psi_\mu$$

の両方が成り立っていなければならない．そのような 2 次元行列 $S_{\mu\nu}$ は存在しないので，Weyl 方程式は空間反転に対して不変ではない．

## 2.2　自由粒子に対する **Dirac** 方程式の解

　Dirac 方程式を解いてスピン 1/2 の粒子の相対論的な状態を調べよう．本節では自由粒子 (ポテンシャルのない自由空間を運動する粒子) の運動を調べる．その際のハミルトニアンは，

$$H_0 = c\,\boldsymbol{\alpha}\cdot\boldsymbol{p} + \beta mc^2 \tag{2.33}$$

である．

　ここで後々の計算のために，前節で導入した $\gamma$ 行列に加えて 4 次元の $\sigma$ 行列と $\rho$ 行列を導入しよう．まず，$\sigma$ 行列は 2 次元の Pauli 行列 (2.11) を 4 次元に拡張したものである．すなわち，

$$\sigma_i = \left[ \begin{array}{cc} \sigma_i & 0 \\ 0 & \sigma_i \end{array} \right] \qquad (i = 1, 2, 3) \tag{2.34}$$

である．これらの 4 次元行列が，2 次元の Pauli 行列と同じ交換関係を満たすのを示すことは容易である．$\rho$ 行列は，

$$\rho_1 = \left[ \begin{array}{cc} 0 & I \\ I & 0 \end{array} \right], \qquad \rho_2 = \left[ \begin{array}{cc} 0 & -iI \\ iI & 0 \end{array} \right], \qquad \rho_3 = \left[ \begin{array}{cc} I & 0 \\ 0 & -I \end{array} \right] \tag{2.35}$$

と定義される．この $\rho$ 行列同士も $\sigma$ 行列同士とまったく同じ交換関係を満たす．また，$\sigma$ 行列と $\rho$ 行列は可換である．Dirac 行列はこの $\sigma$ 行列，$\rho$ 行列の積として表現できる．たとえば，

$$\alpha_k = \rho_1 \sigma_k, \qquad \beta = \rho_3, \qquad \gamma_k = -i\beta\alpha_k = \rho_2\sigma_k, \qquad \gamma_4 = \rho_3$$

である．これらを用いると式 (2.33) のハミルトニアンは，

$$H_0 = c\boldsymbol{\alpha} \cdot \boldsymbol{p} + \beta mc^2 = c\rho_1 \boldsymbol{\sigma} \cdot \boldsymbol{p} + \rho_3 mc^2 \tag{2.36}$$

とも書ける．

$H_0$ と可換な演算子，すなわち運動の保存量 (恒量) を探してみよう．明らかに，

$$[H_0, H_0] = 0 \qquad \text{エネルギー保存の法則} \tag{2.37}$$

$$[\boldsymbol{p}, H_0] = 0 \qquad \text{運動量保存の法則} \tag{2.38}$$

である．次に角運動量を考えるが，ハミルトニアンを少しだけ一般化して，球対称なポテンシャルが付け加わったものを考える．

$$H = H_0 + \rho_k V(r) \tag{2.39}$$

非相対論では，**軌道角運動量**

$$\boldsymbol{l} = \boldsymbol{r} \times \boldsymbol{p} \tag{2.40}$$

は $H$ と交換し，$H$ における保存量である[*5]．ところが式 (2.39) のハミルトニアンに対しては，

$$[\boldsymbol{l}, H] = [\boldsymbol{l}, H_0] + [\boldsymbol{l}, \rho_k V(r)] = [\boldsymbol{l}, H_0] \neq 0$$

---

*5　軌道角運動量の $i$ 成分 $l_i$ は，反対称単位テンソル (Levi-Civita (レヴィ＝チヴィタ) 反対称テンソル) $e_{ikl}$ を用いて，

$$l_i = e_{ikl} x_k p_l$$

と書ける．反対称単位テンソルは，$e_{123} = 1$ で，しかも三つの添字について反対称なテンソルとして定義される．この定義の結果，添字 $i$, $k$, $l$ がすべて異なるものだけが $\pm 1$ の値をとる．$l_i$ と非相対論的ハミルトニアンが可換であることは，以下の直接計算によって確かめられる．

$$[l_i, p^2] = e_{ikl}[x_k p_l, p^2] = e_{ikl}[x_k, p^2]\, p_l = e_{ikl}i\hbar(\partial p^2/\partial p_k)\, p_l = 2i\hbar e_{ikl} p_k p_l$$

が 0 になることは，$e_{ikl}$ の性質から明らかである．また，

$$[l_i, V(r)] = e_{ikl}[x_k p_l, V(r)] = e_{ikl} x_k[p_l, V(r)] = -i\hbar e_{ikl} x_k(\partial V(r)/\partial x_l)$$

は，$V(r)$ が球対称であることから，

$$[l_i, V(r)] = -i\hbar e_{ikl} x_k \frac{x_l}{r}\frac{dV(r)}{dr}$$

となり，やはり 0 となる．

である. 実際, 計算してみると,

$$[l_i, H_0] = [l_i, c\boldsymbol{\alpha} \cdot \boldsymbol{p} + \beta mc^2] = ce_{ikl}\boldsymbol{\alpha} \cdot [x_k p_l, \boldsymbol{p}]$$
$$= ce_{ikl}\alpha_j \cdot [x_k p_l, p_j] = ic\hbar e_{ikl}\alpha_k p_l$$

となる. ベクトルの形で書くと,

$$[\boldsymbol{l}, H] = ic\hbar\,(\boldsymbol{\alpha} \times \boldsymbol{p}) = ic\hbar\rho_1(\boldsymbol{\sigma} \times \boldsymbol{p}) \tag{2.41}$$

である.

一方, $\sigma$ 行列とハミルトニアンとの交換関係は,

$$[\sigma_3, H] = [\sigma_3, H_0] = c\,\rho_1[\sigma_3, \boldsymbol{\sigma}]\,\cdot \boldsymbol{p} = -2ic\rho_1(\sigma_1 p_2 - \sigma_2 p_1)$$

のようになる. ほかの成分も計算すると, 結局,

$$[\boldsymbol{\sigma}, H] = -2ic\rho_1\,\boldsymbol{\sigma} \times \boldsymbol{p} \tag{2.42}$$

を得る. これより $\boldsymbol{j}$ として,

$$\boldsymbol{j} \equiv \boldsymbol{l} + \frac{\hbar\boldsymbol{\sigma}}{2} \tag{2.43}$$

と定義すると, これは運動の保存量となる. すなわち,

$$[\boldsymbol{j}, H_0] = 0 \tag{2.44}$$

である. 式 (2.43) は**全角運動量**であり, その右辺第 2 項は**スピン角運動量**である. Dirac 方程式では, 軌道角運動量とスピン角運動量は別々には保存せず, ただその和だけが保存する. また Schrödinger 方程式でのように, スピンというものを新たな自由度として仮定するのではなく, Dirac 方程式そのものの中に, スピンの存在が含まれているといえる.

もう一つの大事な保存量がある. それは,

$$h = \frac{\boldsymbol{\sigma} \cdot \boldsymbol{p}}{p} \tag{2.45}$$

と定義される. これを **helicity** (ヘリシティ) という. 運動量の向きとスピンの向きとの関係を表しており, 運動の向きへのスピンの螺旋度ともいうべき量である. $\sigma$ 行列の交換関係から,

$$h^2 = \left(\frac{\boldsymbol{\sigma} \cdot \boldsymbol{p}}{p}\right)^2 = \frac{\sigma_i p_i \sigma_j p_j}{p^2} = \frac{\sigma_i^2 p_i^2}{p^2} = 1$$

なので，Hermite 演算子 $h$ の固有値は $\pm 1$ である．

$$[h, H_0] = 0 \tag{2.46}$$

は容易に示せる．

自由粒子に対してはエネルギーと運動量が保存量なので，与えられたエネルギー $E$ と運動量 $\boldsymbol{p}$ に対する Dirac 方程式の解を求めることにしよう．波動関数 $\psi$ は 4 成分のベクトルである．平面波に対応して，

$$\begin{pmatrix} \psi_1 \\ \psi_2 \\ \psi_3 \\ \psi_4 \end{pmatrix} = \frac{1}{\sqrt{\Omega}} \exp\left( i\frac{\boldsymbol{p} \cdot \boldsymbol{r} - Et}{\hbar} \right) \begin{pmatrix} u_1 \\ u_2 \\ u_3 \\ u_4 \end{pmatrix} \tag{2.47}$$

あるいは略記して，

$$\psi = \frac{1}{\sqrt{\Omega}} \exp\left( i\frac{\boldsymbol{p} \cdot \boldsymbol{r} - Et}{\hbar} \right) u \tag{2.48}$$

とおき，固有値 $E$，固有ベクトル $u$ を求めてみよう．ここで，$\Omega$ は系の体積である．この形を Dirac 方程式 (2.4) に代入すると，

$$E\, u(p) = (c\boldsymbol{\alpha} \cdot \boldsymbol{p} + \beta mc^2)\, u(p) = (c\rho_1\, \boldsymbol{\sigma} \cdot \boldsymbol{p} + \rho_3\, mc^2)\, u(p) \tag{2.49}$$

を得る．ここで，運動量の固有値 $\boldsymbol{p}$ に対応している固有ベクトルという意味で $u(p)$ と書いた．

式 (2.49) をユニタリ変換で解こう．つまり，行列を対角化するユニタリ行列を求めるのである．演算子 $A$ と $B$ に対する以下の公式は便利である[*6]．

---

*6
$$f(\lambda) \equiv e^{\lambda A}\, B\, e^{-\lambda A}$$

とおくと，

$$\frac{df}{d\lambda} = Af(\lambda) - f(\lambda)A = [A, f(\lambda)]$$

である．一方，$f(\lambda = 0) = B$ なので，逐次近似により，

$$f(\lambda) = B + \int_0^\lambda d\lambda'\, [A, f(\lambda')]$$
$$= B + \int_0^\lambda d\lambda'\, [A, B] + \cdots$$
$$= B + \lambda[A, B] + \frac{\lambda^2}{2}[A, [A, B]] + \cdots$$

を得る．

$$e^{iA} \, B \, e^{-iA} = B + i[A, B] + \frac{i^2}{2!}[A, [A, B]] + \cdots \tag{2.50}$$

この公式で,

$$A = -\frac{a\rho_2}{2}, \qquad B = \rho_3$$

とおいてみる. ここで, $a$ は $\rho_i$ と可換な任意の演算子である.

$$[A, B] = -ia\rho_1, \qquad [A, [A, B]] = a^2\rho_3, \qquad [A, [A, [A, B]]] = -ia^3\rho_1 \cdots$$

と計算することにより,

$$\exp\left(-\frac{i}{2}a\rho_2\right) \rho_3 \, \exp\left(\frac{i}{2}a\rho_2\right) = \rho_3 + a\rho_1 - \frac{a^2}{2!}\rho_3 - \frac{a^3}{3!}\rho_1 + \cdots$$
$$= \rho_3 \cos a \, + \, \rho_1 \sin a \tag{2.51}$$

を得る. さて, 自由粒子のハミルトニアンを,

$$c\rho_1\boldsymbol{\sigma} \cdot \boldsymbol{p} + \rho_3 mc^2 = X \left(\rho_3 \cos a + \rho_1 \sin a\right) \tag{2.52}$$

の形に書き換えよう. この書換えはいつでも可能で,

$$X \cos a = mc^2, \qquad X \sin a = c \, \boldsymbol{\sigma} \cdot \boldsymbol{p}$$

が満たされていればよい.

$$X^2 = X^2 \cos^2 a + X^2 \sin^2 a = c^2(\boldsymbol{\sigma} \cdot \boldsymbol{p})^2 + m^2 c^4 = c^2 p^2 + m^2 c^4$$

に注意すれば,

$$X = \sqrt{c^2 p^2 + m^2 c^4} \tag{2.53}$$
$$\tan a = cX^{-1}\boldsymbol{\sigma} \cdot \boldsymbol{p} \, (X^{-1}mc^2)^{-1} = \frac{\boldsymbol{\sigma} \cdot \boldsymbol{p}}{mc} \tag{2.54}$$

である. そこでユニタリ行列として,

$$U = \exp\left(\frac{i}{2}a\rho_2\right) = \exp\left(\frac{i}{2}\rho_2 \tan^{-1}\frac{\boldsymbol{\sigma} \cdot \boldsymbol{p}}{mc}\right) \tag{2.55}$$

を選ぶと, 式 (2.51), (2.52) より,

$$H_0 = X \left(\rho_3 \cos a + \rho_1 \sin a\right) = U^{-1} \, X\rho_3 \, U = U^{-1}\sqrt{c^2 p^2 + m^2 c^4} \, \rho_3 U \tag{2.56}$$

と書けることがわかる．あるいは逆に，

$$UH_0U^{-1} = \sqrt{c^2p^2 + m^2c^4}\rho_3 \tag{2.57}$$

である．$\rho_3$ は対角行列なので，これでハミルトニアンが対角化されたことになる．このユニタリ変換を，Foldy–Wouthuysen–Tani 変換という．

これより，4 成分ベクトル $v(p)$ を，

$$v(p) = U\ u(p) \tag{2.58}$$

で定義すれば，

$$E\ v(p) = \sqrt{c^2p^2 + m^2c^4}\ \rho_3\ v(p) \tag{2.59}$$

である．これよりただちに，エネルギーの固有状態として以下の解が得られる．

(1) $E = \sqrt{m^2c^4 + p^2c^2}$ に対応する解

$$v(p) = \begin{pmatrix} 1 \\ 0 \\ 0 \\ 0 \end{pmatrix}, \qquad \text{および,} \qquad \begin{pmatrix} 0 \\ 1 \\ 0 \\ 0 \end{pmatrix} \tag{2.60}$$

(2) $E = -\sqrt{m^2c^4 + p^2c^2}$ に対応する解

$$v(p) = \begin{pmatrix} 0 \\ 0 \\ 1 \\ 0 \end{pmatrix}, \qquad \text{および,} \qquad \begin{pmatrix} 0 \\ 0 \\ 0 \\ 1 \end{pmatrix} \tag{2.61}$$

運動量の絶対値 $p$ に対応するエネルギー固有値は正と負の値をとる．いずれのエネルギー固有値の場合も状態は二重に縮退している．二つの状態を区別するには，もう一つの保存量である helicity を用いればよい．helicity の固有値は $\pm 1$ なので，

$$\frac{\boldsymbol{\sigma}\cdot\boldsymbol{p}}{p}v_\pm(p) = \pm v_\pm(p) \tag{2.62}$$

なる固有方程式を解けばよい．正エネルギーに対する解も負エネルギーに対する

解も，それぞれ上の，あるいは下の 2 成分だけなので，式 (2.62) を満たす 2 成分のベクトルを探す．$x_3$ 方向を軸とする極座標でベクトル $\boldsymbol{p}$ の方向を表そう．すなわち，

$$p_1 = p\sin\theta\,\cos\varphi, \qquad p_2 = p\sin\theta\sin\varphi, \qquad p_3 = p\cos\theta$$

すると，以下の二つのベクトルが helicity の固有ベクトルであることがわかる.

(1) $h = +1$ の解

$$v_+(p) = \left( \begin{array}{c} \cos\frac{\theta}{2} \\ \sin\frac{\theta}{2}\,e^{i\varphi} \end{array} \right) \tag{2.63}$$

(2) $h = -1$ の解

$$v_-(p) = \left( \begin{array}{c} -\sin\frac{\theta}{2}\,e^{-i\varphi} \\ \cos\frac{\theta}{2} \end{array} \right) \tag{2.64}$$

したがって，4 個の解はエネルギーと helicity で区別され，

(1) $E = \sqrt{m^2c^4 + p^2c^2}, \qquad h = +1$ の解

$$v(p) = \left( \begin{array}{c} \cos\frac{\theta}{2} \\ \sin\frac{\theta}{2}\,e^{i\varphi} \\ 0 \\ 0 \end{array} \right) = \left[ \begin{array}{c} v_+(p) \\ 0 \end{array} \right] \tag{2.65}$$

(2) $E = \sqrt{m^2c^4 + p^2c^2}, \qquad h = -1$ の解

$$v(p) = \left( \begin{array}{c} -\sin\frac{\theta}{2}\,e^{-i\varphi} \\ \cos\frac{\theta}{2} \\ 0 \\ 0 \end{array} \right) = \left[ \begin{array}{c} v_-(p) \\ 0 \end{array} \right] \tag{2.66}$$

(3) $E = -\sqrt{m^2c^4 + p^2c^2}, \qquad h = +1$ の解

$$v(p) = \left( \begin{array}{c} 0 \\ 0 \\ \cos\frac{\theta}{2} \\ \sin\frac{\theta}{2}\,e^{i\varphi} \end{array} \right) = \left[ \begin{array}{c} 0 \\ v_+(p) \end{array} \right] \tag{2.67}$$

(4) $E = -\sqrt{m^2 c^4 + p^2 c^2}$,     $h = -1$ の解

$$v(p) = \begin{pmatrix} 0 \\ 0 \\ -\sin\frac{\theta}{2}\, e^{-i\varphi} \\ \cos\frac{\theta}{2} \end{pmatrix} = \begin{bmatrix} 0 \\ v_-(p) \end{bmatrix} \tag{2.68}$$

である．この固有ベクトルから，ユニタリ変換する前の固有ベクトル $u(p)$ は，

$$u(p) = U^{-1} v(p) \tag{2.69}$$

によって得られる．

　helicity には二つの固有状態があることから，Dirac 方程式はスピン $1/2$ の粒子の従う方程式である．もう一つの重要な点は，Dirac 方程式は負のエネルギー状態を予言しており，これは直感と矛盾する．Dirac はこの困難を回避するためにある仮定を行った．すなわち，負のエネルギーの状態がすべて粒子によって占有されているのが，真空状態であるという仮定である (Dirac の空孔理論)．そして，われわれが観測するのは，その真空からの「ずれ」であり，たとえば，負のエネルギー状態から正のエネルギー状態に粒子が遷移するときの「ずれ」が観測される．これは反粒子の存在に対応しているとされ，実際，反粒子は実験的に観測されている．しかし，Dirac の空孔理論そのものは不自然であり，これはのちに Dirac 場の量子化の手続きによって，自然な枠組みが与えられた．

　ここで非相対論的量子力学との関係にふれよう．そのために，Foldy–Wouthuysen–Tani 変換のユニタリ行列 (2.55) を書き換えよう．$\tan^{-1}$ 関数は奇関数なのでその偶数階の微分の原点での値は 0 である．すなわち，

$$\tan^{-1} x = \sum_{n=0}^{\infty} \frac{x^{2n+1}}{(2n+1)!} \frac{d^{2n+1}}{dx^{2n+1}}(\tan^{-1} x)\Big|_{x=0}$$

また，

$$(\boldsymbol{\sigma}\cdot\boldsymbol{p})^{2n} = p^{2n}, \qquad (\boldsymbol{\sigma}\cdot\boldsymbol{p})^{2n+1} = p^{2n}(\boldsymbol{\sigma}\cdot\boldsymbol{p})$$

が成り立っているので，

$$\tan^{-1}\frac{\boldsymbol{\sigma}\cdot\boldsymbol{p}}{mc} = \frac{\boldsymbol{\sigma}\cdot\boldsymbol{p}}{p}\tan^{-1}\left(\frac{p}{mc}\right)$$

である. さらに,

$$\left(\rho_2 \frac{\boldsymbol{\sigma} \cdot \boldsymbol{p}}{p}\right)^2 = \frac{\rho_2 \boldsymbol{\sigma} \cdot \boldsymbol{p}\, \rho_2 \boldsymbol{\sigma} \cdot \boldsymbol{p}}{p^2} = \frac{\rho_2^2 (\boldsymbol{\sigma} \cdot \boldsymbol{p})^2}{p^2} = \rho_2^2 = 1$$

$$\left(\rho_2 \frac{\boldsymbol{\sigma} \cdot \boldsymbol{p}}{p}\right)^3 = \rho_2 \frac{\boldsymbol{\sigma} \cdot \boldsymbol{p}}{p}$$

$$\vdots$$

に注意すると,

$$U = \exp\left(\frac{i}{2}\rho_2 \tan^{-1}\frac{\boldsymbol{\sigma} \cdot \boldsymbol{p}}{mc}\right) = \exp\left(\frac{i}{2}\rho_2 \frac{\boldsymbol{\sigma} \cdot \boldsymbol{p}}{p} \tan^{-1}\frac{p}{mc}\right)$$

$$= \sum_{n=0}^{\infty} \frac{1}{(2n)!}\frac{i^{2n}}{2^{2n}}\left(\tan^{-1}\frac{p}{mc}\right)^{2n}$$

$$+ \left(\rho_2 \frac{\boldsymbol{\sigma} \cdot \boldsymbol{p}}{p}\right)\sum_{n=0}^{\infty}\frac{1}{(2n+1)!}\frac{i^{2n+1}}{2^{2n+1}}\left(\tan^{-1}\frac{p}{mc}\right)^{2n+1}$$

$$= \cos\left(\frac{1}{2}\tan^{-1}\frac{p}{mc}\right) + i\left(\rho_2 \frac{\boldsymbol{\sigma} \cdot \boldsymbol{p}}{p}\right)\sin\left(\frac{1}{2}\tan^{-1}\frac{p}{mc}\right)$$

となる. さらに,

$$x = \frac{p}{mc}, \qquad y = \tan^{-1} x, \qquad x = \tan y$$

とおき,

$$\cos\frac{y}{2} = \sqrt{(1+\cos y)/2} = \sqrt{\frac{1+\sqrt{1+x^2}}{2\sqrt{1+x^2}}}$$

$$\sin\frac{y}{2} = \sqrt{(1-\cos y)/2} = \sqrt{\frac{-1+\sqrt{1+x^2}}{2\sqrt{1+x^2}}}$$

と計算を進めれば,

$$U = \sqrt{\frac{X+mc^2}{2X}} + i\rho_2\frac{\boldsymbol{\sigma} \cdot \boldsymbol{p}}{p}\sqrt{\frac{X-mc^2}{2X}}$$

$$= \frac{1}{\sqrt{2X}}\left(\sqrt{X+mc^2} + ic\rho_2\frac{\boldsymbol{\sigma} \cdot \boldsymbol{p}}{\sqrt{X+mc^2}}\right) \tag{2.70}$$

となる.

さて，通常の正のエネルギー値に対応する状態は，

$$
v(p) = \begin{pmatrix} \times \\ \times \\ 0 \\ 0 \end{pmatrix}
$$

の形をしている．これにユニタリ逆変換 $U^{-1}$ を施すと，上2成分と下2成分は混じり合う．しかしながら，非相対論的極限では下の2成分は上の2成分に比べて無視できるほど小さいことが以下のようにしてわかる．

$$
U^{-1} = U^\dagger = \frac{1}{\sqrt{2X}} \left( \sqrt{X + mc^2} - ic\rho_2 \frac{\boldsymbol{\sigma} \cdot \boldsymbol{p}}{\sqrt{X + mc^2}} \right) \tag{2.71}
$$

を，2成分ベクトル $\varphi_0$ と $\chi_0$ から成る4成分ベクトル

$$
v(p) = \begin{pmatrix} \varphi_0 \\ \chi_0 \end{pmatrix}
$$

に演算すると，

$$
U^{-1} v(p) = \begin{pmatrix} c_1 \varphi_0 - c_2 \chi_0 \\ c_1 \chi_0 + c_2 \varphi_0 \end{pmatrix}
$$

となる．ここで $c_1$，$c_2$ は，

$$
c_1 = \sqrt{\frac{X + mc^2}{2X}}\, I, \qquad c_2 = \frac{c}{\sqrt{2X(X + mc^2)}} (\boldsymbol{p} \cdot \boldsymbol{\sigma})
$$

なる2次元行列である．この行列の各成分の絶対値の大きさの比を，$\|c_2/c_1\|$ と書くと，

$$
\|c_2/c_1\| = \frac{cp}{X + mc^2} \tag{2.72}
$$

であり，静止エネルギー $mc^2$ に対して運動エネルギー $cp$ が小さいという非相対論の極限では，

$$
\|c_2/c_1\| \ll 1 \tag{2.73}
$$

である．つまり，上の2成分と下の2成分の混じり合いは無視できるほど小さくなり，上の2成分だけ残す非相対論的近似の妥当性が保証される．

次に，速度について考えよう．非相対論的量子力学における速度は，

$$
\dot{x}_i = \frac{i}{\hbar} \left[ \frac{p^2}{2m}, x_i \right] = \frac{p_i}{m}
$$

となり，運動量に比例した保存量である．相対論ではどうだろう．

$$\dot{x}_i = \frac{i}{\hbar}[c\boldsymbol{\alpha} \cdot \boldsymbol{p} + \beta mc^2, x_i] = c\alpha_i \tag{2.74}$$

であり，運動量とは無関係である．しかも，

$$\alpha_i^2 = 1$$

のため，演算子 $\alpha_i$ の固有値は $\pm 1$ なので，速度演算子 $\dot{x}_j$ の固有値は $\pm c$ である．すなわち光速である．しかし，実際の Dirac 粒子は光速で走っていない．これはなぜだろうか．それは自由粒子の場合でも，$\dot{x}_j$ はハミルトニアンと非可換で，運動の保存量ではないからである．すなわち，

$$[\dot{x}_j, H_0] = c[\alpha_j, H_0] \neq 0$$

であり，エネルギー確定状態は速度確定状態ではない．電子の瞬間速度は光速に達したとしても，電子は絶えず行きつ戻りつして，平均すると光速度以下で進むようになる．このような運動のことを**ジグザグ運動**と呼ぶ．実際観測される量は，

$$\langle \dot{x}_j \rangle = \frac{u^\dagger c\alpha_j u}{u^\dagger u}$$

であり，実際これを計算すると，

$$\langle \dot{x}_j \rangle = \frac{p_j c^2}{E} = v_j \tag{2.75}$$

となることが示される．

## 2.3　静電磁場における **Dirac** 方程式

次に，電磁場が存在するときの Dirac 粒子の振る舞いを調べよう．相対論的古典論によれば，スカラーポテンシャル $\phi$ とベクトルポテンシャル $\boldsymbol{A}$ によって記述される電磁場のもとでの粒子のエネルギー $E$ と運動量 $\boldsymbol{p}$ の関係は，場のないときの表式 (B.23) から，

$$(Ec - e\phi)^2 = m^2c^4 + c^2\left(\boldsymbol{p} - \frac{e}{c}\boldsymbol{A}\right)^2 \tag{2.76}$$

のように変更を受ける (CGS ガウス単位系[7]). したがって, 電磁場のもとでの Dirac 方程式は, 場のないときの Dirac 方程式において,

$$\boldsymbol{p} \to \boldsymbol{p} - \frac{e}{c}\boldsymbol{A}, \qquad H \to H - e\phi \tag{2.77}$$

なる置換えを行えばよい. あるいは, 4 番目の座標 $x_4 = ict$ とポテンシャルの第 4 成分

$$A_4 = i\phi \tag{2.78}$$

を導入すれば, この置換えは,

$$\frac{\partial}{\partial x_\mu} \to \frac{\partial}{\partial x_\mu} - i\bar{e}A_\mu \qquad (\mu = 1, 2, 3, 4) \tag{2.79}$$

とも書ける. ここで $\bar{e} = e/(\hbar c)$ である.

電磁場のないときの Dirac 方程式 (2.4) あるいは式 (2.24) でこの置換えを行い, $\gamma$ 行列を用いると, 電磁場のもとでの Dirac 粒子の従うべき方程式として,

$$i\hbar\frac{\partial}{\partial t}\psi = \left[ c\,\rho_1\boldsymbol{\sigma} \cdot \left(\boldsymbol{p} - \frac{e}{c}\boldsymbol{A}\right) + \rho_3 mc^2 + e\phi \right]\psi \tag{2.80}$$

を得る. これは $\gamma$ 行列を用いると,

$$\left[\, \gamma_\mu(\partial_\mu - i\bar{e}A_\mu) + \overline{m} \,\right]\psi = 0 \tag{2.81}$$

となる. ここで $\partial_\mu = (\partial/\partial x_\mu)$ と略記した.

式 (2.81) に左から演算子 $\gamma_\lambda(\partial_\lambda - i\bar{e}A_\lambda) - \overline{m}$ を乗じると,

$$\left[\, \gamma_\lambda\gamma_\mu \,(\partial_\lambda - i\bar{e}A_\lambda)\,(\partial_\mu - i\bar{e}A_\mu)\, - \overline{m}^2 \,\right]\psi \,=\, 0 \tag{2.82}$$

を得る. ここで $\gamma_\lambda\gamma_\mu$ を,

$$\gamma_\lambda\gamma_\mu = \frac{1}{2}(\gamma_\lambda\gamma_\mu + \gamma_\mu\gamma_\lambda) + \frac{1}{2}(\gamma_\lambda\gamma_\mu - \gamma_\mu\gamma_\lambda) = \delta_{\lambda\mu} + i\sigma_{\lambda\mu}$$

のように書き直し, $\sigma_{\lambda\mu} = -\sigma_{\mu\lambda}$ を満たす 4 次元行列 $\sigma_{\lambda\mu}$ を導入した. これより, 式 (2.82) は,

$$\left[\, (\partial_\lambda - i\bar{e}A_\lambda)^2 - \overline{m}^2 + i\sigma_{\lambda\mu}\,(\partial_\lambda - i\bar{e}A_\lambda)\,(\partial_\mu - i\bar{e}A_\mu) \,\right]\psi = 0 \tag{2.83}$$

---

[7]　静止エネルギー $mc^2$ は運動エネルギー, ポテンシャルエネルギーに比べて大きい. 以下で導入する非相対論的近似の度合を明確にするために, この単位系を採用する.

である. ここで, 左辺第 3 項を少し書き直すと,

$$i\sigma_{\lambda\mu}\,(\partial_\lambda - i\bar{e}A_\lambda)\,(\partial_\mu - i\bar{e}A_\mu) = \frac{\bar{e}\sigma_{\lambda\mu}}{2}\left[\,(\partial_\lambda A_\mu) - (\partial_\mu A_\lambda)\,\right]$$

となる. 最後の表式に登場した,

$$F_{\lambda\mu} \equiv (\partial_\lambda A_\mu) - (\partial_\mu A_\lambda) \tag{2.84}$$

は, 空間と時間の微分を分けて書くと,

$$F_{12} = (\text{rot}\boldsymbol{A})_3 = B_3, \qquad F_{23} = (\text{rot}\boldsymbol{A})_1 = B_1, \qquad F_{31} = (\text{rot}\boldsymbol{A})_2 = B_2$$

$$F_{41} = i\left[-\frac{1}{c}\frac{\partial A_1}{\partial t} - \frac{\partial \phi}{\partial x_1}\right] = iE_1$$

などであり, 電磁場の強さを表している. まとめると, 式 (2.83) は,

$$\left[(\partial_\lambda - i\bar{e}A_\lambda)^2 - \overline{m}^2 + \frac{\bar{e}\sigma_{\lambda\mu}F_{\lambda\mu}}{2}\right]\psi = 0 \tag{2.85}$$

である. ここで, 左辺第 1 項が軌道運動の自由度と電磁場との相互作用を表し, 第 3 項はスピンの自由度と電磁場との相互作用を表している. 実際, スピンの自由度のない Klein–Gordon 方程式 (2.3) に同様の置換えを行って電磁場と粒子の相互作用を導入すると, 式 (2.85) の第 3 項は現れない.

以下では, この電磁場下での Dirac 方程式の非相対論的近似を考える.

## 2.3.1 Schrödinger 近似

式 (2.85) の 4 次元座標を, 空間と時間に分けて書くと,

$$\left(i\hbar\frac{\partial}{\partial t} - e\phi\right)^2\psi = \left[c^2\left(\boldsymbol{p} - \frac{e}{c}\boldsymbol{A}\right)^2 + m^2c^4 - \frac{e\hbar c}{2}\sigma_{\lambda\mu}F_{\lambda\mu}\right]\psi$$

となる. ここで, ハミルトニアン $H$ の固有状態

$$i\hbar\frac{\partial}{\partial t}\psi = E\psi$$

を考え, エネルギー固有値 $E$ から静止エネルギー $mc^2$ を差し引いて,

$$E = mc^2 + W$$

と書いておく．すると上式は，

$$\left[\, 2mc^2\,(W-e\phi)\,+\,(W-e\phi)^2\,\right]\psi = \left[\, c^2\left(\boldsymbol{p}-\frac{e}{c}\boldsymbol{A}\right)^2 - \frac{e\hbar c}{2}\sigma_{\lambda\mu}F_{\lambda\mu}\,\right]\psi$$

となる．非相対論的近似では，静止エネルギーに比べて，残りのエネルギー $W$ および場のエネルギーは小さい．すなわち，

$$\frac{W-e\phi}{mc^2} \ll 1 \tag{2.86}$$

したがって，左辺第 2 項は無視することができ，

$$W\,\psi = \left[\, \frac{1}{2m}\left(\boldsymbol{p}-\frac{e}{c}\boldsymbol{A}\right)^2 + e\phi - \frac{e\hbar}{4mc}\sigma_{\lambda\mu}F_{\lambda\mu}\,\right]\psi \tag{2.87}$$

を得る．

ここで登場している $\sigma_{\lambda\mu}$ は 4 次元の行列であり，波動関数は 4 次元のベクトルである．上の 2 成分を $\psi_+$，下の 2 成分を $\psi_-$ と書くと，

$$\psi = \left[\begin{array}{c} \psi_+ \\ \psi_- \end{array}\right]$$

である．たとえば，空間座標の添字 $i, j$ に対しては，

$$\sigma_{ij} = \frac{i}{2}(\alpha_j\alpha_i - \alpha_i\alpha_j)$$

であり，これは 2 次元の Pauli 行列 $\sigma_i$ を用いて表すと，

$$\alpha_i\alpha_j = \left[\begin{array}{cc} 0 & \sigma_i \\ \sigma_i & 0 \end{array}\right]\left[\begin{array}{cc} 0 & \sigma_j \\ \sigma_j & 0 \end{array}\right] = \left[\begin{array}{cc} \sigma_i\sigma_j & 0 \\ 0 & \sigma_i\sigma_j \end{array}\right]$$

$$\sigma_{i4} = \alpha_i = \left[\begin{array}{cc} 0 & \sigma_i \\ \sigma_i & 0 \end{array}\right]$$

などである．前者は波動関数の上の 2 成分と下の 2 成分を混ぜないのに対して，後者はそれらを混ぜ合わせる．自由空間の Dirac 方程式の解でみたように，正のエネルギーに対する解は，下の 2 成分は，式 (2.86) の非相対論的近似では無視できる．これは式 (2.87) において，上の 2 成分と下の 2 成分を混ぜる行列 $\sigma_{i4}$ を省略することに相当する．

$$\sigma_{ij}F_{ij} = (\sigma_{12} - \sigma_{21})B_3 + (\sigma_{31} - \sigma_{13})B_2 + (\sigma_{23} - \sigma_{32})B_1$$

$$\sigma_{12} - \sigma_{21} = -2i\alpha_1\alpha_2 = 2 \begin{bmatrix} \sigma_3 & 0 \\ 0 & \sigma_3 \end{bmatrix}$$

などに注意すると，式 (2.87) は上の 2 成分に対する方程式として，

$$W\psi_+ = \left[ \frac{1}{2m}\left(\boldsymbol{p} - \frac{e}{c}\boldsymbol{A}\right)^2 + e\phi - \frac{e\hbar}{2mc}\boldsymbol{\sigma}\cdot\boldsymbol{B} \right]\psi_+ \tag{2.88}$$

となる．これが電磁場のもとでの Dirac 方程式の非相対論的近似の最低次であり，**Schrödinger 近似**と呼ばれる．右辺第 3 項は，電子が，

$$\boldsymbol{\mu} = \frac{e\hbar}{2mc}\boldsymbol{\sigma} \tag{2.89}$$

なる固有の磁気モーメントをもっていることを示している．非相対論的量子力学では，この項は実験事実として導入されるが，Dirac 方程式では，上でみたように第一原理からの近似として導かれる．

## 2.3.2 Pauli 近 似

Schrödinger 近似から一つ進んだ近似を考える．Dirac 方程式に現れる 4 次元行列，4 次元ベクトルである波動関数に演算したときに，上の 2 成分 $\psi_+$ と下の 2 成分 $\psi_-$ を混ぜないものと，混ぜるものとに分類できる．前者を**偶行列**，後者を**奇行列**という．具体的な形は，

$$偶行列 = \begin{pmatrix} \times & \times & 0 & 0 \\ \times & \times & 0 & 0 \\ 0 & 0 & \times & \times \\ 0 & 0 & \times & \times \end{pmatrix} \qquad 奇行列 = \begin{pmatrix} 0 & 0 & \times & \times \\ 0 & 0 & \times & \times \\ \times & \times & 0 & 0 \\ \times & \times & 0 & 0 \end{pmatrix}.$$

である．

ハミルトニアンは，この偶行列か奇行列の和の形に書けている．自由粒子の場合には，そのハミルトニアン (2.33) は，Foldy–Wouthuysen–Tani 変換というユニタリ変換により，偶行列 (2.57) の形にすることができた．したがって固有状態は，上の 2 成分だけをもつもの (正のエネルギー状態) と下の 2 成分だけをもつもの (負のエネルギー状態) に分類できた．いわば粒子の世界と反粒子の世界を区別することができた．しかし，電磁場があるときには，そのような都合の良いユニタリ変換は存在しない．

　非相対論的近似は，静止エネルギーがほかの運動エネルギー，ポテンシャルエネルギーに比べて大きい場合に成り立つ近似である．すなわち，

$$\delta \equiv \frac{pc \text{ あるいは potential energy}}{mc^2} \ll 1 \tag{2.90}$$

の場合の近似である．したがって，$\delta$ に関する展開の低次で，ハミルトニアンが偶行列の形になれば，上の 2 成分に対する近似的ハミルトニアンが得られることになる．式 (2.80) で登場したハミルトニアン $H$ の最も大きな項は静止エネルギーに対応する $\rho_3 mc^2$ であり，残りは偶行列 $G$ と奇行列 $K$ の和である．

$$H = \rho_3 mc^2 + G + K$$

ここで，

$$G = e\phi, \qquad K = c\rho_1 \boldsymbol{\sigma} \cdot \left(\boldsymbol{p} - \frac{e}{c}\boldsymbol{A}\right) \tag{2.91}$$

である．自由粒子の場合の，Foldy–Wouthuysen–Tani 変換 (2.55) を参考に，以下のようなユニタリ変換

$$U_1 = \exp\left(\frac{i}{2}\rho_2 \frac{\boldsymbol{\sigma} \cdot (\boldsymbol{p} - (e/c)\boldsymbol{A})}{mc}\right)$$

を試してみよう．これは確かに，Foldy–Wouthuysen–Tani 変換を電磁場のある場合に拡張し，それを式 (2.90) のもとで展開した表式である．計算には公式 (2.50) を用いる．公式 (2.50) で演算子 $A$ に相当するのは，いまの場合，

$$A = \frac{1}{2}\rho_2 \frac{\boldsymbol{\sigma} \cdot (\boldsymbol{p} - (e/c)\boldsymbol{A})}{mc}$$

なる奇行列である．これは大きさのオーダーとして，$O(pc/mc^2)$ である．最初のいくつかの項を書いてみると，

$$\begin{aligned}
H' &= U_1 H U_1^\dagger \\
&= \rho_3 \, mc^2 \\
&\quad + G + K + i\,[A,\ \rho_3 mc^2] \\
&\quad + i\,[A, G+K] - (1/2)\,[A,\ [A,\ \rho_3 mc^2]] \\
&\quad - (1/2)\,[A,\ [A, G+K]] - (i/6)\,[A,\ [A,\ [A, \rho_3 mc^2]]] \\
&\quad \vdots
\end{aligned}$$

となる．ここで最右辺第 1 行，第 2 行，第 3 行，第 4 行は，それぞれ，$mc^2$, $(mc^2)^0$, $(mc^2)^{-1}$, $(mc^2)^{-2}$ のオーダーの量である．第 2 行を計算すると，

$$i\left[A, \rho_3 mc^2\right] = -c\rho_1 \boldsymbol{\sigma} \cdot \left(\boldsymbol{p} - \frac{e}{c}\boldsymbol{A}\right) = -K$$

なので，

$$
\begin{aligned}
H' &= \rho_3 mc^2 \\
&\quad + G \\
&\quad + i[A, G] + (i/2)\,[A, K] \\
&\quad -(1/2)\,[A, [A, G]] - \frac{1}{3}\,[A, [A, K]] \\
&\quad \vdots
\end{aligned}
$$

と変形される．ユニタリ変換 $U_1$ により，これで $H'$ は $(mc^2)^0$ のオーダーまで偶行列となった．偶行列をまとめて，

$$H_{\mathrm{NR}} = \rho_3 mc^2 + G + (i/2)[A, K]$$

と書くと，

$$H' = H_{\mathrm{NR}} + i\,[A, G] - (1/2)\,[A, [A, G]] - \frac{1}{3}\,[A, [A, K]]$$

である．奇行列の一番低いオーダーの項は，

$$i[A, G] = i\left[\frac{\rho_2}{2}\frac{\boldsymbol{\sigma}}{mc}\cdot\left(\boldsymbol{p} - \frac{e}{c}\boldsymbol{A}\right),\ e\phi\right] = \frac{\rho_2}{2}(\boldsymbol{\sigma}\cdot\boldsymbol{\nabla}\phi)\,\frac{\hbar e}{mc}$$

なので，これを消去するために，もう一度ユニタリ変換を行う．

$$
\begin{aligned}
H'' &= e^{iA'} H' e^{-iA'} \\
&= H_{\mathrm{NR}} + \frac{\rho_2}{2}(\boldsymbol{\sigma}\cdot\boldsymbol{\nabla}\phi)\,\frac{\hbar e}{mc} - (1/2)\,[A, [A, G]] - \frac{1}{3}\,[A, [A, K]] \\
&\quad + i\,[A', H_{\mathrm{NR}}] + i[A', H' - H_{\mathrm{NR}}] + \cdots
\end{aligned}
$$

ここで $A'$ が，

$$i\,[A', H_{\mathrm{NR}}] = -\frac{\rho_2}{2}(\boldsymbol{\sigma}\cdot\boldsymbol{\nabla}\phi)\,\frac{\hbar e}{mc}$$

を満たし，かつ $(mc^2)^{-2}$ のオーダーの演算子であるならば，ハミルトニアンは $(mc^2)^{-1}$ のオーダーまで偶行列となる．上式左辺の $H_{\mathrm{NR}}$ として最低次を考えると，

$$i\,[A', \rho_3\, mc^2] = -\frac{\rho_2}{2}(\boldsymbol{\sigma}\cdot\boldsymbol{\nabla}\phi)\,\frac{\hbar e}{mc}$$

が条件式であり，これは，

$$A' = -\frac{e\hbar}{4m^2c^3}\,\rho_1\,(\boldsymbol{\sigma}\cdot\boldsymbol{\nabla}\phi)$$

によって満たされる．さらに $(mc^2)^{-2}$ のオーダーの奇行列ももう一度，同様のユニタリ変換を行うことで消去でき，結局，$(mc^2)^{-2}$ のオーダーまでのハミルトニアンは，

$$H'' = \rho_3 mc^2 + e\phi + \frac{i}{2}\,[A, K] - \frac{1}{2}\,[A,\,[A, G]] \tag{2.92}$$

と偶行列の形に変換できる．偶行列で表されているので，4 成分の波動関数のうち，上の 2 成分 $\psi_+$ だけに演算するハミルトニアンとして，

$$H^{\text{Pauli}} = \frac{1}{2m}\left(\boldsymbol{p} - \frac{e}{c}\boldsymbol{A}\right)^2 + e\phi - \frac{e\hbar}{2mc}\boldsymbol{\sigma}\cdot\boldsymbol{B}$$
$$-\frac{e\hbar^2}{8m^2c^2}\text{div}\boldsymbol{E} - \frac{e\hbar}{4m^2c^2}\boldsymbol{\sigma}\cdot\left[\boldsymbol{E}\times\left(\boldsymbol{p}-\frac{e}{c}\boldsymbol{A}\right)\right] \tag{2.93}$$

を得る．ここで静止エネルギーの項は除いてある．右辺最初の 3 項は Schrödinger 近似で登場している．残りの 2 項が非相対論的近似の次の項である．これを **Pauli 近似**という[*8]．

　静電場のもとでの Pauli 近似は，非相対論的量子力学でよく知られた表式に到達する．中心的静電場を考えよう．磁場は存在しないので $\boldsymbol{A} = \boldsymbol{0}$，また $\phi = \phi(r)$

---

[*8] 式 (2.93) の計算は以下のように実行できる．

$$\frac{i}{2}[A, K] = \frac{i}{4m}\left\{\rho_2\sigma_i\left[p_i - \frac{e}{c}A_i, \rho_1\sigma_j\left(p_j - \frac{e}{c}A_j\right)\right]\right.$$
$$\left. + \left[\rho_2\sigma_i, \rho_1\sigma_j\left(p_j - \frac{e}{c}A_j\right)\right]\left(p_i - \frac{e}{c}A_i\right)\right\}$$
$$= \frac{i}{4m}\left\{\rho_2\sigma_i\rho_1\sigma_j\left[p_i - \frac{e}{c}A_i, p_j - \frac{e}{c}A_j\right]\right.$$
$$\left. + [\rho_2\sigma_i, \rho_1\sigma_j]\left(p_i - \frac{e}{c}A_i\right)\left(p_j - \frac{e}{c}A_j\right)\right\}$$

さらに，

$$\left[p_i - \frac{e}{c}A_i, p_j - \frac{e}{c}A_j\right] = \frac{ie\hbar}{c}[(\partial_i A_j) - (\partial_j A_i)] \qquad [\rho_2\sigma_i, \rho_1\sigma_j] = -2i\rho_3\delta_{ij}$$

となるので，

$$\frac{i}{2}[A, K] = \rho_3\left[\frac{1}{2m}\left(\boldsymbol{p} - \frac{e}{c}\boldsymbol{A}\right)^2 - \frac{e\hbar}{2mc}\boldsymbol{\sigma}\cdot\text{rot}\boldsymbol{A}\right]$$

となる．次に，　〔次頁へつづく〕

である.

$$\mathrm{div}\,\boldsymbol{E} = 4\pi\rho, \qquad \boldsymbol{E} = -\frac{\boldsymbol{r}}{r}\frac{d\phi}{dr}$$

なので, 式 (2.93) は,

$$H'' = \frac{\boldsymbol{p}^2}{2m} + e\phi - \frac{\pi e\hbar^2}{2m^2c^2}\rho + \frac{e\hbar}{4m^2c^2}\frac{1}{r}\frac{d\phi}{dr}\boldsymbol{\sigma}\cdot\boldsymbol{l} \tag{2.94}$$

という形になる. 右辺の第3項, 第4項は Pauli 近似によって出現した項であり,
第3項を **Darwin** (ダーウィン) 項, 第4項を**スピン–軌道相互作用項**という. こ
のスピン–軌道相互作用は原子のエネルギー準位を分裂させる. $\boldsymbol{\sigma}\cdot\boldsymbol{l}$ の固有値は全
角運動量 $\boldsymbol{l} + \hbar\boldsymbol{\sigma}/2$ の値が確定すれば決まるので, スピン–軌道相互作用を考えな
かった場合のエネルギー準位は $j$ の値によって分裂する. これを原子準位の微細
構造という (3.4.2 項参照).

次に, 静電場 $E$ がある方向 ($z$ 方向) を向いている場合を考えよう. この場合,
式 (2.93) の中の Pauli 近似で新たに出現した項は, $\hat{\boldsymbol{z}}$ を $z$ 方向の単位ベクトルと
して,

$$-\frac{e\hbar E}{4m^2c^2}\boldsymbol{\sigma}\cdot(\hat{\boldsymbol{z}}\times\boldsymbol{p}) \tag{2.95}$$

となる. これにより固有エネルギーは変化し, それは **Rashba** (ラシュバ) 効果と
して知られている.

---

$$[A, G] = \frac{1}{2mc}\left[\rho_2\sigma_i\left(p_i - \frac{e}{c}A_i\right), e\phi\right] = -\frac{ie\hbar}{2mc}\rho_2\boldsymbol{\sigma}\cdot(\boldsymbol{\nabla}\phi)$$

と $A$ との交換関係は,

$$-[A, [A, G]]/2 = \frac{ie\hbar}{8m^2c^2}\left[\rho_2\sigma_i\left(p_i - \frac{e}{c}A_i\right), \rho_2\sigma_j(\partial_j\phi)\right]$$

$$= \frac{ie\hbar}{8m^2c^2}\left\{\rho_2\sigma_i\rho_2\sigma_j\left[p_i - \frac{e}{c}A_i, (\partial_j\phi)\right]\right.$$

$$\left. + [\rho_2\sigma_i, \rho_2\sigma_j](\partial_j\phi)\left(p_i - \frac{e}{c}A_i\right)\right\}$$

となる.

$$\left[p_i - \frac{e}{c}A_i, (\partial_j\phi)\right] = -i\hbar(\partial_i\partial_j\phi) \qquad [\rho_2\sigma_i, \rho_2\sigma_j] = [\sigma_i, \sigma_j]$$

を代入して,

$$-[A, [A, G]]/2 = -\frac{e\hbar^2}{8m^2c^2}\mathrm{div}\,\boldsymbol{E} - \frac{e\hbar}{4m^2c^2}\boldsymbol{\sigma}\cdot\left[\boldsymbol{E}\times\left(\boldsymbol{p} - \frac{e}{c}\boldsymbol{A}\right)\right]$$

を得る.

# 3 多粒子系の量子力学

本章では多粒子系の量子力学を扱う. 物質は相互作用し合っている原子核と電子で構成されており, その相互作用の結果としてマクロな現象が引き起こされている. 特に電子系においては量子性が顕著に現れ, さまざまな魅力的な現象が発見され, またそれを活用した電子デバイスが生み出されている. この意味で多粒子系の量子力学は, 物性科学と工学において, 基本的に重要なものである. 前章で学んだ Dirac 方程式はここでは扱わない. その非相対論的近似である Schrödinger 近似あるいは Pauli 近似のもとでの, 多粒子系の量子力学を学ぶ. 非相対論的多粒子系量子力学 (多体問題) に登場する多くの重要な概念は, 相対論的効果を考えたときにも変わらない.

## 3.1 フェルミオンとボゾン

### 3.1.1 同種粒子の無差別性の原理

外部ポテンシャル $v(\boldsymbol{r})$ のもとで運動する $N$ 個の同種粒子から成る系を考える. $i$ 番目の粒子の座標を $\boldsymbol{r}_i$ としよう. $i$ 番目と $j$ 番目の粒子は互いに相互作用し合っている. その相互作用エネルギーを $g(\boldsymbol{r}_i, \boldsymbol{r}_j)$ と書こう[*1]. この $N$ 粒子系のハミルトニアンは,

$$H = \sum_i h_i + \frac{1}{2} \sum_{ij(i \neq j)} g(\boldsymbol{r}_i, \boldsymbol{r}_j) \tag{3.1}$$

$$h_i = -\frac{\hbar^2}{2m} \boldsymbol{\nabla}_i^2 + v(\boldsymbol{r}_i)$$

のように, 1 粒子 (一体) ハミルトニアン $h$ と相互作用項 $g$ の和に書け, 波動関数 $\Psi(t, \boldsymbol{r}_1, \boldsymbol{r}_2, \cdots, \boldsymbol{r}_N)$ は, 以下の Schrödinger 方程式を満たす.

$$i\hbar \frac{\partial}{\partial t} \Psi(t, \boldsymbol{r}_1, \boldsymbol{r}_2, \cdots, \boldsymbol{r}_N) = H\Psi(t, \boldsymbol{r}_1, \boldsymbol{r}_2, \cdots, \boldsymbol{r}_N) \tag{3.2}$$

---

[*1] 外部ポテンシャルとしては, 電子系に対する原子核系のつくるポテンシャル, また電磁場などがあげられる. 相互作用エネルギーとしては, たとえば Coulomb (クーロン) エネルギー $e^2/|\boldsymbol{r}_i - \boldsymbol{r}_2|$ などがある.

2章によれば，各々の粒子はスピンという自由度をもち，空間座標に加えてスピン座標を有する．それを $\xi$ として，空間座標とスピン座標をまとめて $x = (\boldsymbol{r}, \xi)$ と記そう．したがって式 (3.2) は，

$$i\hbar\frac{\partial}{\partial t}(t, x_1, x_2, \cdots, x_N) = H\Psi(t, x_1, x_2, \cdots, x_N) \tag{3.3}$$

と拡張される．定常状態では，

$$\Psi(t, x_1, x_2, \cdots, x_N) = e^{-iE_S t/\hbar}\Psi_S(x_1, x_2, \cdots, x_N)$$

であり（ここで，$S$ は $N$ 粒子系のエネルギー状態を指定する添字），時間に依存しない Schrödinger 方程式は，

$$H\,\Psi_S(x_1, x_2, \cdots, x_N) = E_S\,\Psi_S(x_1, x_2, \cdots, x_N) \tag{3.4}$$

となる．

1 粒子ハミルトニアン $h$ の固有状態を $\mu$ としよう．すなわち，

$$h_i\psi_\mu(x_i) = \varepsilon_\mu\psi_\mu(x_i)$$

$N$ 粒子系のハミルトニアン (3.1)（多体ハミルトニアンという）において，粒子間の相互作用 $g$ を無視すると，多体の波動関数として，

$$\Psi_{\mu_1\mu_2\cdots\mu_N}(x_1, x_2, \cdots, x_N) = \psi_{\mu_1}(x_1)\psi_{\mu_2}(x_2)\cdots\psi_{\mu_N}(x_N) = \prod_{i=1}^{N}\psi_{\mu_i}(x_i) \tag{3.5}$$

を選べば，

$$H\Psi_{\mu_1\mu_2\cdots\mu_N}(x_1, x_2, \cdots, x_N)$$
$$= E_{\mu_1\mu_2\cdots\mu_N}\Psi_{\mu_1\mu_2\cdots\mu_N}(x_1, x_2, \cdots, x_N) \tag{3.6}$$

$$E_{\mu_1\mu_2\cdots\mu_N} = \sum_{i=1}^{N}\varepsilon_{\mu_i} \tag{3.7}$$

を満たすことが示される．

波動関数 (3.5) は，それぞれの粒子がそれぞれの 1 粒子状態，すなわち $i$ 番目の粒子が 1 粒子状態 $\mu_i$ を占有している状態を表している．しかし，この状況は，以下にみるように，量子力学の**不確定性原理**とは整合していない．古典力学においては粒子はいつも区別できる．複数の同種粒子が存在する場合，それらの物理

的性質は同じであっても，ある時刻にある位置にいて，ある速度で運動している粒子の，その後の運動は Newton (ニュートン) 方程式に従い，任意の時刻でほかの粒子と区別できる．しかし，量子力学においては，位置と運動量の不確定性原理により，たとえある時刻に粒子の位置が正確にわかったとしても，その後の時刻には，一般的にその座標はいかなる確定値もとらない．その後の時刻に空間のある場所で粒子を観測したとしても，それは前の時刻にどこにいた粒子かをいうことは原理的にできない．

この同種粒子の無差別性の原理により，同種多粒子系の波動関数は一定の制限を受ける．二つの粒子から成る系を考えよう．系が波動関数 $\Psi(x_1, x_2)$ で記述される状態にあるとしよう．二つの粒子は区別はできないので，それらの間の互換によって得られる状態は，物理的にはまったく同等でなければならない．ということは，この互換によって生じる状態の波動関数は，もともとの状態の波動関数とは位相因子を除いて一致している．すなわち，

$$\Psi(x_2, x_1) = e^{i\theta} \, \Psi(x_1, x_2)$$

でなければならない．ここで $\theta$ はある実定数である．もう一度互換を行うと最初の状態に戻るが，波動関数は $e^{2i\theta}$ 倍される．したがって，$e^{2i\theta} = 1$ でなければならない．これは，

$$\Psi(x_2, x_1) = \pm \, \Psi(x_1, x_2) \tag{3.8}$$

であることを意味している．かくして同種 2 粒子系の波動関数は，粒子の互換によって変わらないもの (対称) と，符号を変えるもの (反対称) の二つに分類されることがわかった．同じ系のすべての波動関数は同じ対称性をもたねばならないことも明らかである．さもないと，異なる対称性をもつ波動関数の重ね合わせ (量子力学的にこれは許される) で，対称でも反対称でもない波動関数が構成できてしまう．また，波動関数は対称か反対称かであるという結論は，2 粒子間に相互作用が働いていようがいまいが成り立つことである．

このことは任意の数の同種粒子から成る系に一般化できる．$N$ 個の同種粒子から成る状態が波動関数

$$\Psi(x_1, \cdots, x_i, \cdots, x_j, \cdots, x_N)$$

で記述されるとき，任意の $(i, j)$ 対に対して，

$$\Psi(x_1, \cdots, x_j, \cdots, x_i, \cdots, x_N) = \Psi(x_1, \cdots, x_i, \cdots, x_j, \cdots, x_N) \tag{3.9}$$

$$\Psi(x_1, \cdots, x_j, \cdots, x_i, \cdots, x_N) = -\Psi(x_1, \cdots, x_i, \cdots, x_j, \cdots, x_N) \tag{3.10}$$

のいずれかの関係式が満たされなければならない．前者を対称な波動関数，後者を反対称な波動関数と呼ぶ．対称波動関数によって記述されるか，それとも反対称波動関数によって記述されるかは，粒子の種類に依存している．**対称波動関数**によって記述される粒子のことを Bose–Einstein (ボーズ–アインシュタイン) 統計に従う粒子，あるいは**ボゾン**と呼び，**反対称波動関数**によって記述される粒子のことを Fermi–Dirac (フェルミ–ディラック) 統計に従う粒子，あるいは**フェルミオン**と呼ぶ．粒子の統計性とその粒子のスピンの大きさとは一義的に対応することが，相対論的な場の量子論において微視的な因果律を要請すると証明できる．すなわち整数スピンをもつ粒子はボゾンであり，反整数スピンをもつ粒子はフェルミオンである．スピン 1/2 の電子，ミューオン，陽子，中性子などはフェルミオンであり，スピン 1 の光子，中間子などはボゾンである．複合粒子，たとえば原子核や原子の統計は，その複合粒子を構成しているフェルミオン，ボゾンの数の偶奇による．実際，二つの複合粒子を置換することは，同種素粒子のいくつかの対を同時に置換することである．たとえば，フェルミオン 1 個の置換は波動関数の符号を変えるが，2 個の同時置換は結局符号を変えない．つまり，フェルミオン奇数個を含む複合粒子は Fermi 統計に従い，偶数個を含む複合粒子は Bose 統計に従う．例として，原子の従うべき統計は，その質量数 (陽子と中性子の数) と原子番号 (電子の数あるいは陽子の数) の差の偶奇によって定まることになる．

### 3.1.2　波動関数の対称性とフェルミオンの場合の排他原理

さて，この波動関数の置換に対する対称性の観点からすると，式 (3.5) で考えた波動関数は基本的な要請を満たしていない．式 (3.5) の形ではなく，ボゾンの場合には，粒子の互換 (あるいは同じことだが 1 粒子状態 $\mu_i$ に関する互換) を式 (3.5) に施したものの和となる．2 粒子の場合には，

$$\Psi^{\text{Boson}}(x_1, x_2) = \frac{1}{\sqrt{2}} \left[ \psi_{\mu_1}(x_1)\, \psi_{\mu_2}(x_2) \ + \ \psi_{\mu_1}(x_2)\, \psi_{\mu_2}(x_1) \right]$$

が対称性の要求を満たす波動関数である．ここで $1/\sqrt{2}$ は規格化のために導入された (ここでは簡単のために，$\{\psi_{\mu_i}\}$ は規格直交化されているとしている)．また，フェルミオンの場合には，

$$\Psi^{\text{Fermion}}(x_1, x_2) = \frac{1}{\sqrt{2}} \left[ \psi_{\mu_1}(x_1)\, \psi_{\mu_2}(x_2) \;-\; \psi_{\mu_1}(x_2)\, \psi_{\mu_2}(x_1) \right]$$

が反対称性の要求を満たす波動関数である．これらの波動関数が，相互作用を無視した場合の Schrödinger 方程式 (3.6) を満たすことは明らかである．

　一般に，$N$ 個の粒子から成る系では，任意の二つの粒子の互換に対する対称性を満たさねばならない．したがって，多体の波動関数の形は，

$$\Psi(x_1, x_2, \cdots, x_N) = \frac{1}{\sqrt{N!}} \sum_{\text{置換}\, P} \zeta^P \, \psi_{\mu_{P(1)}}(x_1)\, \psi_{\mu_{P(2)}}(x_2) \cdots \psi_{\mu_{P(N)}}(x_N)$$

$$(3.11)$$

となる．ここで，$P$ は $N$ 個の変数 $\{1, 2, \cdots, N\}$ に対する置換 $P = \{P(1), P(2), \cdots, P(N)\}$ を表し，和はすべての置換の和を表す．置換は複数回の互換 (二つの変数の置換え) で表すことができ，置換 $P$ に対するその互換の回数を $p$ としたとき，

$$\zeta^P \equiv \begin{cases} 1 & \text{ボゾン} \\ (-1)^p & \text{フェルミオン} \end{cases}$$

と定義する．これにより，式 (3.11) は任意の二つの粒子の互換に対して，ボゾンの場合は対称，フェルミオンの場合は反対称な関数となり，対称性の要請を満たしている．$N$ 個の変数に対する置換の数は $N!$ 個あるので，式 (3.11) の因子として $1/\sqrt{N!}$ がかかっている．一般に行列 $A = (A_{ij})$ の**行列式** $|A|_-$ と**パーマネント** $|A|_+$ は，

$$|A|_- = \sum_P (-1)^p A_{1P(1)} \cdots A_{NP(N)}\,, \qquad |A|_+ = \sum_P A_{1P(1)} \cdots A_{NP(N)}$$

で定義されるので，式 (3.11) は，

$$\Psi(x_1, x_2, \cdots, x_N) = \frac{1}{\sqrt{N!}} \begin{vmatrix} \psi_{\mu_1}(x_1) & \psi_{\mu_1}(x_2) & \cdots & \psi_{\mu_1}(x_N) \\ \psi_{\mu_2}(x_1) & \psi_{\mu_2}(x_2) & \cdots & \psi_{\mu_2}(x_N) \\ \vdots & \vdots & \vdots & \vdots \\ \psi_{\mu_N}(x_1) & \psi_{\mu_N}(x_2) & \cdots & \psi_{\mu_N}(x_N) \end{vmatrix}_{\pm} \qquad (3.12)$$

と書ける．ここで $\pm$ (パーマネントと行列式) は，それぞれボゾンとフェルミオンに対応する．異なる 1 粒子状態 $\{\phi_{\mu_1}\}$ から構成される同様の多体波動関数

$$\Phi(x_1, x_2, \cdots, x_N) = \frac{1}{\sqrt{N!}} \begin{vmatrix} \phi_{\mu_1}(x_1) & \phi_{\mu_1}(x_2) & \cdots & \phi_{\mu_1}(x_N) \\ \phi_{\mu_2}(x_1) & \phi_{\mu_2}(x_2) & \cdots & \phi_{\mu_2}(x_N) \\ \vdots & \vdots & \vdots & \vdots \\ \phi_{\mu_N}(x_1) & \phi_{\mu_N}(x_2) & \cdots & \phi_{\mu_N}(x_N) \end{vmatrix}_{\pm}$$

と，式 (3.12) との内積は，

$$\langle \Phi | \Psi \rangle = \begin{vmatrix} \langle \phi_{\mu_1} | \psi_{\mu_1} \rangle & \langle \phi_{\mu_1} | \psi_{\mu_2} \rangle & \cdots & \langle \phi_{\mu_1} | \psi_{\mu_N} \rangle \\ \langle \phi_{\mu_2} | \psi_{\mu_1} \rangle & \langle \phi_{\mu_2} | \psi_{\mu_2} \rangle & \cdots & \langle \phi_{\mu_2} | \psi_{\mu_N} \rangle \\ \vdots & \vdots & \vdots & \vdots \\ \langle \phi_{\mu_N} | \psi_{\mu_1} \rangle & \langle \phi_{\mu_N} | \psi_{\mu_2} \rangle & \cdots & \langle \phi_{\mu_N} | \psi_{\mu_N} \rangle \end{vmatrix}_{\pm} \tag{3.13}$$

となる.

　フェルミオンの場合，行列式の性質より式 (3.12) で与えられる波動関数は，$\{\mu_1, \mu_2, \cdots, \mu_N\}$ のうちのどれか二つ以上が等しい場合 0 となる．また $\{x_1, x_2, \cdots x_N\}$ のどれか二つ以上が等しい場合も，この波動関数は 0 となる．すなわち同一の 1 粒子状態を 2 個以上のフェルミオンが占有することは許されないし，また，空間の同一点に 2 個以上のフェルミオンが同時にくることも許されない．これを Pauli の排他原理という．式 (3.13) より，このとき $\Psi^{\text{Fermion}}$ は，$\langle \Psi^{\text{Fermion}} | \Psi^{\text{Fermion}} \rangle = 1$ となり，規格化されていることがわかる．フェルミオンの場合のこの行列式の形の多体波動関数を，Slater (スレーター) の行列式という．この波動関数は，相互作用のない場合の Schrödinger 方程式 (3.6) の固有解となっており，その固有値は式 (3.7) で与えられていることは明らかであろう．

　相互作用も考えた場合の一般的な波動関数の形を明示的に求めることは，実際上は不可能だろう．しかしながら，形としてどのようなものになるかを示すことはできる．フェルミオンの系を考える．いま，空間座標とスピン座標をまとめて書いた変数 $x$ の関数 $\psi_\mu(x)$ を考え，それらの集合 $\{\psi_\mu(x)\}$ が完全系を成しているとする (規格直交化されているとしよう)．すると任意の関数 $\Psi(x)$ は，この関数集合で展開できる．

$$\Psi(x) = \sum_\mu a_\mu \psi_\mu(x)$$

ここで，$a_\mu$ は展開係数である．次に $x_1$ と $x_2$ の関数 $\Psi(x_1, x_2)$ を考える．たとえば，$x_2$ をとめておくと，この関数 $\Psi(x_1, x_2)$ は $x_1$ の関数であり，展開係数 $a_\mu(x_2)$

を用いて (この場合, 展開係数は $x_2$ に依存する),

$$\Psi(x_1, x_2) = \sum_\mu a_\mu(x_2)\psi_\mu(x_1)$$

と書ける. $x_2$ を変化させたとき, $a_2(x_2)$ は $x_2$ の関数であり, やはり $\psi_\mu(x_2)$ で展開できる.

$$a_\mu(x_2) = \sum_{\mu'} b_{\mu\mu'}\psi_{\mu'}(x_2)$$

ここで, $b_{\mu\mu'}$ は展開係数である. これより,

$$\Psi(x_1, x_2) = \sum_\mu \sum_{\mu'} b_{\mu\mu'}\psi_\mu(x_1)\psi_{\mu'}(x_2)$$

である. さて, この関数 $\Psi(x_1, x_2)$ を二つのフェルミオン粒子系の波動関数だとしよう. 粒子の互換に対して, この波動関数が反対称性

$$\Psi(x_2, x_1) = -\Psi(x_1, x_2)$$

を有することを要求しよう. すると, 両辺に $\psi_\mu$ 等を掛けて積分することにより,

$$b_{\mu\mu} = 0, \qquad b_{\mu\mu'} = -b_{\mu'\mu}$$

を得る. これより,

$$\Psi(x_1, x_2) = \sum_{\mu\mu'対,\ \mu\neq\mu'} b_{\mu\mu'}\,[\,\psi_\mu(x_1)\psi_{\mu'}(x_2) - \psi_\mu(x_2)\psi_{\mu'}(x_1)\,]$$

$$= \sum_{\mu\mu'対,\ \mu\neq\mu'} b_{\mu\mu'}\begin{vmatrix}\psi_\mu(x_1)\ \psi_\mu(x_2)\\ \psi_{\mu'}(x_1)\psi_{\mu'}(x_2)\end{vmatrix} \tag{3.14}$$

を得る. すなわち, ハミルトニアンがいかなるものであれ, 互換に対する反対称性を要求することにより, フェルミオン系の波動関数は Slater 行列式の線形結合で書けるということである. 2 粒子系で証明を行ったが, $N$ 粒子系に対してもまったく同様の証明が可能である.

式 (3.12) では, $\psi_{\mu_i}$ は 1 粒子ハミルトニアン $h$ の固有関数であるとしたが, もっと一般的には, ある完全系 $\{\psi_i(x)\}$ があれば, (これは通常無限個の関数の集合だが) その中から適当な部分集合を選び, その部分集合で Slater 行列式 $\Psi_\nu$ を構成し,

相互作用し合っている $N$ 粒子系のハミルトニアンの固有関数 $\Psi(x_1, x_2, \cdots, x_N)$ を,

$$\Psi^{\text{Fermion}}(x_1, x_2, \cdots, x_N) = \sum_{\nu} C_\nu \Psi_\nu \tag{3.15}$$

と書き表すことができる. ここで $C_\nu$ は展開係数である[*2]. こうした一般的な波動関数であっても, フェルミオン系に対しては Pauli の排他原理を満たしていることは明らかである.

ボゾンの場合, 式 (3.11) あるいは式 (3.12) で与えられる多体波動関数は規格化されていない. それは状態 $\{\mu_i\}$ を複数のボゾンが占有してもよいことに起因している. $\mu_i$ 状態を $N_i$ 個のボゾンが占有している状態を考えよう. 式 (3.11) の置換に関する和の中の項数は $N!$ である. しかし, その中でまったく同じ形の関数形となっている項が $N_1! N_2! \cdots$ 個存在する. これは, $\mu_{P(j)} = \mu_i$ を満たす $j$ の数が $N_i$ 個存在し, その $j$ の置換の数だけ同じ形の関数形が出現するためである. 一方, $N$ 個の軌道の中から, $\mu_1$ 状態に $N_1$ 個の粒子, $\mu_2$ 状態に $N_2$ 個の粒子を配るやり方は,

$$_N C_{N_1} \ {}_{N-N_1} C_{N_2} \cdots = \frac{N!}{N_1! N_2! \cdots}$$

だけ存在する. そのそれぞれの項は, 1 粒子状態が正規直交関数系であるならば, $|\Psi|^2$ の空間積分に対して, 正確に 1 の寄与をする. したがって,

$$\langle \Psi | \Psi \rangle = \frac{1}{N!} \times (N_1! N_2! \cdots)^2 \times \frac{N!}{N_1! N_2! \cdots} = N_1! N_2! \cdots$$

である. これよりボゾン系の規格化された多体波動関数は,

$$\Psi^{\text{Boson}}(x_1, x_2, \cdots, x_N)$$
$$= \frac{1}{\sqrt{N_1! N_2! \cdots}} \times \frac{1}{\sqrt{N!}} \sum_{P} \psi_{\mu_{P(1)}}(x_1) \psi_{\mu_{P(2)}}(x_2) \cdots \psi_{\mu_{P(N)}}(x_N)$$
$$= \left( \frac{N_1! N_2! \cdots}{N!} \right)^{1/2} \sum_{P}' \psi_{\mu_{P(1)}}(x_1) \psi_{\mu_{P(2)}}(x_2) \cdots \psi_{\mu_{P(N)}}(x_N) \tag{3.16}$$

となる. ここで $\mu_{P(i)}$ は各々の粒子が占有する状態を番号づけしたものであるが, $\mu_{P(i)}$ の中には同一の番号も含まれる. $\displaystyle\sum_{P}'$ は, $\mu_{P(i)}$ のうち, 異なる番号の中の

---

[*2] 係数 $C_\nu$ をハミルトニアンの期待値を最小にするように変分原理で決定することができる. こうした手法を**配置間相互作用 (configuration interaction : CI) 法**と呼び, 比較的少数の原子群 (分子等) に対しては計算可能で, それらの基底状態および励起状態を求めることが行われている.

あらゆる置換についてとるものとする. ボソンの場合には, 式 (3.16) の形からわかるように, 同じ状態を 2 個以上の粒子が占有しても波動関数は 0 とはならない. 逆に一つの状態をすべての $N$ 個のボソンが占有することも可能である. そのような状態を Bose (ボーズ) 凝縮状態という.

### 3.1.3　交換相互作用

多粒子系のハミルトニアン (3.1) において, 粒子同士の相互作用 $g(r_i, r_j)$ はスピン自由度に陽に依存しないとしよう*3. その場合, ハミルトニアンはスピン座標に演算しないので, 空間座標のみの Schrödinger 方程式を解けばよいことになる. それを解いて得られた空間座標部分の波動関数を $\Phi(r_1, r_2, \cdots, r_N)$ とすると, 全体の波動関数は,

$$\Psi(x_1, x_2, \cdots, x_N) = \Phi(r_1, r_2, \cdots, r_N)\, \chi(\xi_1, \xi_2, \cdots, \xi_N)$$

と書けることになる. $\chi(\xi_1, \xi_2, \cdots, \xi_N)$ はスピン波動関数である. ここで $\Phi$ の $i$ 番目の空間座標と $j$ 番目の空間座標を入れ替える操作 (スピン座標は入れ替えない) を考え, それを $P_{ij}$ と書こう.

$$P_{ij}\Psi(x_1, x_2, \cdots, x_N) = \Phi(r_1, \cdots, r_j, \cdots, r_i, \cdots, r_N)$$
$$\times \chi(\xi_1, \cdots, \xi_i, \cdots, \xi_j, \cdots, \xi_N)$$

である (これを, $\Psi(r_i \leftrightarrow r_j)$ と略記する). いま,

$$F(x_1, x_2, \cdots, x_N) \equiv H\, \Psi(x_1, x_2, \cdots, x_N)$$

とおき, $HP_{ij} - P_{ij}H$ なる演算子を $\Psi$ に掛けてみる. すると,

$$[HP_{ij} - P_{ij}H]\, \Psi(x_1, x_2, \cdots, x_N) = H\Psi(r_i \leftrightarrow r_j) - F(r_i \leftrightarrow r_j)$$

である. ここでハミルトニアン自身はスピン座標に依存せず, 粒子の同等性から, $r_i$ と $r_j$ の互換に対して形を変えない. したがって,

$$[HP_{ij} - P_{ij}H]\, \Psi(x_1, x_2, \cdots, x_N)$$

*3　物質中の電子系では, $g$ は Coulomb 相互作用であるからこの仮定は満たされている. また, Dirac 方程式の非相対論的近似でみたように, スピン座標に依存した Zeeman (ゼーマン) エネルギー項, スピン–軌道結合項が存在するが, これはハミルトニアンの一体部分 $h$ を構成する.

$$= H(\boldsymbol{r}_i \leftrightarrow \boldsymbol{r}_j)\,\Psi(\boldsymbol{r}_i \leftrightarrow \boldsymbol{r}_j) - F(\boldsymbol{r}_i \leftrightarrow \boldsymbol{r}_j)$$
$$= F(\boldsymbol{r}_i \leftrightarrow \boldsymbol{r}_j) - F(\boldsymbol{r}_i \leftrightarrow \boldsymbol{r}_j)$$
$$= 0$$

である．すなわち，

$$[H, P_{ij}] = 0$$

である．これより $H$ と $P_{ij}$ の同時固有状態が存在する．

$$H\Psi_S = E_S\Psi_S, \qquad P_{ij}\Psi_S = p_{ij}\Psi_S$$

演算子 $P_{ij}$ を二度演算すると，元の状態に戻るので，$P_{ij}$ の固有値 $p_{ij}$ は $\pm 1$ である．すなわち，スピン部分を除いて，

$$\Phi_S(\boldsymbol{r}_1, \cdots, \boldsymbol{r}_j, \cdots, \boldsymbol{r}_i, \cdots, \boldsymbol{r}_N) = \pm\,\Phi_S(\boldsymbol{r}_1, \cdots, \boldsymbol{r}_i, \cdots, \boldsymbol{r}_j, \cdots, \boldsymbol{r}_N)$$

となる．ハミルトニアンが陽にスピン座標に依存しないならば，空間座標部分の波動関数は対称か反対称かのいずれかであることがわかる．

　空間座標とスピン座標を一緒に互換した場合には，ボゾンの波動関数は符号が変わらず，フェルミオンの波動関数は符号が変わる．したがって，波動関数の空間座標およびスピン座標の互換に関する符号の変化は以下の型になる．

|  | スピン波動関数 | 空間波動関数 |
|---|---|---|
| 1. ボゾン型 1 | 対称 | 対称 |
| 2. ボゾン型 2 | 反対称 | 反対称 |
| 3. フェルミオン型 1 | 対称 | 反対称 |
| 4. フェルミオン型 2 | 反対称 | 対称 |

スピン波動関数が対称であるか反対称であるかはスピンの状態に依存している．上の四つの型から，空間部分 (軌道部分ともいう) の波動関数はスピン状態に依存することになる．したがって，たとえハミルトニアンがスピンに依存しなくても，スピン状態に依存して，軌道波動関数が変わり，それによりエネルギーの固有値 $E_S$ も，スピン状態に依存することになる．例として 2 電子系を考えよう．軌道波動関数は，$\varphi_1(\boldsymbol{r})$, $\varphi_2(\boldsymbol{r})$ を用いて，

$$\Phi_{\pm} = \frac{1}{\sqrt{2}} \left[ \varphi_1(\boldsymbol{r}_1)\varphi_2(\boldsymbol{r}_2) \pm \varphi_1(\boldsymbol{r}_2)\varphi_2(\boldsymbol{r}_1) \right]$$

のいずれかである．実は対称な軌道波動関数は全スピン $S$ が $0$ の場合，反対称な軌道波動関数は $S = 1$ の場合に相当している[*4]．

この二つの軌道波動関数に対して相互作用の項

$$g(\boldsymbol{r}_1, \boldsymbol{r}_2) = \frac{e^2}{\mid \boldsymbol{r}_1 - \boldsymbol{r}_2 \mid}$$

の平均値を計算してみると，

---

[*4]　2電子系のスピン演算子 $\boldsymbol{S}$ は，それぞれの粒子のスピン演算子 $\boldsymbol{s}_1$, $\boldsymbol{s}_2$ の和で書ける ($\boldsymbol{S} \equiv \boldsymbol{s}_1 + \boldsymbol{s}_2$)．一方，スピン演算子あるいは角運動量演算子の2乗は，

$$\boldsymbol{S}^2 = S_- S_+ + S_z + S_z^2 \qquad (S_{\pm} \equiv S_x \pm i S_y)$$

を満たす．したがって，

$$\boldsymbol{S}^2 = (s_{1-} + s_{2-})(s_{1+} + s_{2+}) + (s_{1z} + s_{2z}) + (s_{1z} + s_{2z})^2$$

となる．これを各々のスピンの $z$ 成分の固有状態

$$s_{1z}\alpha(\xi_1) = (1/2)\alpha(\xi_1)\,, \qquad s_{1z}\beta(\xi_1) = -(1/2)\beta(\xi_1)\,,$$
$$s_{2z}\alpha(\xi_2) = (1/2)\alpha(\xi_2)\,, \qquad s_{2z}\beta(\xi_2) = -(1/2)\beta(\xi_2)$$

の積に演算してみると，

$$S_- S_+ \beta(\xi_1)\beta(\xi_2) = (s_{1-} + s_{2-})(\alpha(\xi_1)\beta(\xi_2) + \beta(\xi_1)\alpha(\xi_2)) = 2\beta(\xi_1)\beta(\xi_2)$$
$$S_z \beta(\xi_1)\beta(\xi_2) = -\beta(\xi_1)\beta(\xi_2)$$
$$S_z^2 \beta(\xi_1)\beta(\xi_2) = \beta(\xi_1)\beta(\xi_2)$$
$$S_- S_+ \alpha(\xi_1)\alpha(\xi_2) = 0$$
$$S_z \alpha(\xi_1)\alpha(\xi_2) = \alpha(\xi_1)\alpha(\xi_2)$$
$$S_z^2 \alpha(\xi_1)\alpha(\xi_2) = \alpha(\xi_1)\alpha(\xi_2)$$
$$S_- S_+ \alpha(\xi_1)\beta(\xi_2) = \beta(\xi_1)\alpha(\xi_2) + \alpha(\xi_1)\beta(\xi_2)$$
$$S_- S_+ \alpha(\xi_2)\beta(\xi_1) = \beta(\xi_1)\alpha(\xi_2) + \alpha(\xi_1)\beta(\xi_2)$$
$$S_z \alpha(\xi_1)\beta(\xi_2) = 0$$

などを得る．これらをまとめると，

$$\boldsymbol{S}^2 \beta(\xi_1)\beta(\xi_2) = [1 \times (1+1)]\,\beta(\xi_1)\beta(\xi_2)$$
$$\boldsymbol{S}^2 \alpha(\xi_1)\alpha(\xi_2) = [1 \times (1+1)]\,2\alpha(\xi_1)\alpha(\xi_2)$$
$$\boldsymbol{S}^2 \frac{1}{\sqrt{2}}[\alpha(\xi_1)\beta(\xi_2) + \beta(\xi_1)\alpha(\xi_2)] = [1 \times (1+1)]\,\frac{1}{\sqrt{2}}[\alpha(\xi_1)\beta(\xi_2) + \beta(\xi_1)\alpha(\xi_2)]$$
$$\boldsymbol{S}^2 \frac{1}{\sqrt{2}}[\alpha(\xi_1)\beta(\xi_2) - \beta(\xi_1)\alpha(\xi_2)] = [0 \times (0+1)]\,\frac{1}{\sqrt{2}}[\alpha(\xi_1)\beta(\xi_2) - \beta(\xi_1)\alpha(\xi_2)]$$

を得る．

$$\langle \Phi_\pm | g | \Phi_\pm \rangle = K \pm J \tag{3.17}$$

となる．ここで，

$$K = \int \int g(\boldsymbol{r}_1, \boldsymbol{r}_2) \, |\varphi_1(\boldsymbol{r}_1)|^2 \, |\varphi_2(\boldsymbol{r}_2)|^2 \, dV_1 dV_2 \tag{3.18}$$

$$J = \int \int g(\boldsymbol{r}_1, \boldsymbol{r}_2) \, \varphi_1(\boldsymbol{r}_1) \, \varphi_1^*(\boldsymbol{r}_2) \, \varphi_2(\boldsymbol{r}_2) \, \varphi_2^*(\boldsymbol{r}_1) \, dV_1 dV_2 \tag{3.19}$$

である．ここで，$J$ は**交換積分**と呼ばれる．二つのスピン状態のエネルギー分裂は，これより $2J$ であり，これを**交換分裂**あるいは**交換相互作用**による分裂という．$J$ の値が正であるならば，$S = 1$ のほうがエネルギーが低くなることになる．これは，そうした相互作用エネルギーがハミルトニアンに内在するわけではなく，粒子の同等性，無差別性から帰結される波動関数の対称性によって導かれるものである．

2 電子系のスピン $\boldsymbol{s}_1$, $\boldsymbol{s}_2$ に対して，次のような相互作用ハミルトニアン

$$H_{\mathrm{ex}} \equiv -\frac{1}{2} J (1 + 4\boldsymbol{s}_1 \cdot \boldsymbol{s}_2) \tag{3.20}$$

を考えると，これは 2 電子系のスピン $\boldsymbol{S} = \boldsymbol{s}_1 + \boldsymbol{s}_2$ の大きさ $S$ が，$S = 0$ の状態に対して固有値 $J$，$S = 1$ の状態に対して固有値 $-J$ をとることがわかる．つまり，式 (3.17) と同一のエネルギースペクトル (エネルギー準位構造) を与える．したがって，スピン自由度に対して式 (3.20) で与えられるような有効ハミルトニアンを考えて，交換相互作用を議論することも可能である．

以上より，$J$ の符号が正である場合，軌道波動関数が反対称であるほうが系のエネルギーは低いことになる．反対称な軌道波動関数は，スピン $S = 1$ の場合なので，この場合，二つの電子のスピンは平行でいるほうが，エネルギー的に得をする．電子のスピンが平行になった状態が強磁性 (磁石) なので，物質の磁性の議論には，この交換相互作用の考察が欠かせない．

## 3.2 第 二 量 子 化

波動関数 (3.12)，(3.15)，(3.16) などで表現されている多粒子系の状態は，「各々の粒子がどの状態 $\mu_i$ を占有しているかを指定すること」によって定まっている．同一の多粒子状態を，「各々の状態 $\mu_i$ を何個の粒子が占有しているかを指定す

ること」によって記述することも可能である．$\{\mu_1, \mu_2, \cdots, \mu_i, \cdots\}$ の各状態を，$\{N_1, N_2, \cdots, N_i, \cdots\}$ 個の粒子が占有しているとき，その全体の状態を，

$$|N_1 N_2 \cdots N_i \cdots\rangle \tag{3.21}$$

と表すことにしよう．粒子の無差別性の原理からすれば，このように状態を定義し，その状態に何個の粒子がいるのかを指定することによって，全体の量子状態を指定するほうが自然かもしれない．このようなやり方で量子力学を再構築することも可能である．これを第二量子化という．実際，相互作用し合っている粒子系は，ある粒子と別の粒子が相互作用し合って，互いに別の状態に遷移する過程を繰り返しているわけで，この第二量子化のやり方のほうが，現象を便利に記述できる場合が多い．いままでの量子力学では，Schrödinger 方程式を解くことによって得られた波動関数から，さまざまな物理量を計算できた．本節では，第二量子化のスキームでの，それら物理量の計算法を概観する．

## 3.2.1 二つの数学の問題

多粒子系を第二量子化で扱う前に，1 粒子系の量子力学が第二量子化でどのように扱われるかをみてみよう．そのためにまず数学的な問題を考える．ある演算子 $\hat{a}$ があるとしよう．この演算子の Hermite 共役な演算子を $\hat{a}^\dagger$ とし，交換関係

$$[\hat{a}, \hat{a}^\dagger] \equiv \hat{a}\hat{a}^\dagger - \hat{a}^\dagger\hat{a} = 1 \tag{3.22}$$

が満たされているとする．このとき演算子 $\hat{a}^\dagger\hat{a}$ の固有値と固有ベクトルを考えるのが，ここでの最初の数学の問題である．

$|\alpha\rangle$ をこの演算子の固有値 $\alpha$ に対する規格化された固有ベクトルとしよう．すなわち，

$$\hat{a}^\dagger\hat{a}\,|\alpha\rangle = \alpha|\alpha\rangle$$

である．これより，

$$\alpha = \langle\alpha|\hat{a}^\dagger\hat{a}|\alpha\rangle = ||\hat{a}|\alpha\rangle||^2 \geq 0$$

である．最後の表式はベクトルのノルムの意味である．これから，固有値はすべて実数で，負ではないことが保障される．交換関係より，

$$(\hat{a}^\dagger\hat{a})\hat{a}|\alpha\rangle = \hat{a}(\hat{a}^\dagger\hat{a} - 1)|\alpha\rangle = (\alpha - 1)\hat{a}|\alpha\rangle \tag{3.23}$$

を得る．すなわち $\hat{a}|\alpha\rangle$ は固有値 $\alpha-1$ に対応する固有ベクトルである．同様に，

$$(\hat{a}^{\dagger}\hat{a})\hat{a}^{\dagger}|\alpha\rangle = \hat{a}^{\dagger}(\hat{a}^{\dagger}\hat{a}+1)|\alpha\rangle = (\alpha+1)\hat{a}^{\dagger}|\alpha\rangle \tag{3.24}$$

より，$a^{\dagger}|\alpha\rangle$ は，固有値 $\alpha+1$ に対応する固有ベクトルであることがわかる．ノルムを計算すると，

$$||\hat{a}|\alpha\rangle||^2 = \langle\alpha|\hat{a}^{\dagger}\hat{a}|\alpha\rangle = \alpha\langle\alpha|\alpha\rangle = \alpha, \;\; ||\hat{a}^{\dagger}|\alpha\rangle||^2 = \langle\alpha|1+\hat{a}^{\dagger}\hat{a}|\alpha\rangle = \alpha+1 \tag{3.25}$$

となる．

　さてここで，すべての負でない整数 $n$ に対して，$\hat{a}^n|\alpha\rangle \neq 0$ であると仮定しよう．すると，式 (3.23) の演算を繰り返すことにより，

$$(\hat{a}^{\dagger}\hat{a})\hat{a}^n|\alpha\rangle = (\alpha-n)\hat{a}^n|\alpha\rangle$$

が示される．これは $\hat{a}^{\dagger}\hat{a}$ の固有値はすべて負ではないという結論に反する．なぜなら十分大きい $n$ をとれば，$\alpha-n$ は負になってしまう．したがって，

$$\hat{a}^n|\alpha\rangle \neq 0 \qquad \text{だが，} \qquad \hat{a}^{n+1}|\alpha\rangle = 0 \tag{3.26}$$

であるような $n$ が必ず存在する．このとき，$|\alpha-n\rangle = \hat{a}^n|\alpha\rangle/||\hat{a}^n|\alpha\rangle||$ と定義すると，これは固有値 $\alpha-n$ に対する規格化された固有ベクトルである．この固有ベクトルに $\hat{a}$ を演算したベクトルのノルムは式 (3.25) で与えられる．一方，$\hat{a}$ を演算すると式 (3.26) より 0 である．すなわち，

$$\sqrt{\alpha-n} = ||\hat{a}|\alpha-n\rangle|| = 0$$

である．これより $\alpha=n$ が帰結される．すなわち $\hat{a}^{\dagger}\hat{a}$ の固有値は負でない整数であり，また $\hat{a}$ を演算すると 0 になる状態が存在することが導かれた．その状態を $|0\rangle$ と書くと，

$$\hat{a}|0\rangle = 0 \tag{3.27}$$

である．この $|0\rangle$ 状態を，基底状態あるいは "真空" と呼ぶ．この真空に $\hat{a}^{\dagger}$ を繰り返し演算した状態 $(\hat{a}^{\dagger})^n|0\rangle$ は，これまでの議論から明らかなように，固有値 $n$ に対応する固有ベクトルである．すなわち，演算子 $\hat{a}^{\dagger}\hat{a}$ の固有値は，$0, 1, 2, 3, \cdots$ である．

　ベクトルのノルムに関する関係式 (3.25) を考慮すると，対応する規格化された

固有ベクトルは,

$$|n\rangle = \frac{1}{\sqrt{n!}}(\hat{a}^\dagger)^n|0\rangle \tag{3.28}$$

であることがわかる. ここで $|0\rangle$ は規格化されているとした. この固有ベクトルの集合 $\{|n\rangle\}$ は規格直交系であることは, 式 (3.22) を用いて示すことができる. すなわち, 関係式 $[\hat{a}, (\hat{a}^\dagger)^n] = n(\hat{a}^\dagger)^{n-1}$ を用いると ($n \geq m$ として),

$$\begin{aligned}
\langle n|m\rangle &= \langle 0|\hat{a}^n(\hat{a}^\dagger)^m|0\rangle (1/\sqrt{n!m!}) \\
&= [\,\langle 0|\hat{a}^{n-1}(\hat{a}^\dagger)^m\hat{a}|0\rangle + \langle 0|m\hat{a}^{n-1}(\hat{a}^\dagger)^{m-1}|0\rangle\,](1/\sqrt{n!m!}) \\
&= m\langle 0|\hat{a}^{n-1}(\hat{a}^\dagger)^{m-1}|0\rangle (1/\sqrt{n!m!}) \\
&= m(m-1)(m-2)\cdots(m-n+1)\langle 0|\hat{a}^{n-m}|0\rangle (1/\sqrt{n!m!}) \\
&= \delta_{nm}
\end{aligned}$$

である. この規格直交化された固有ベクトルに対しての関係式をまとめると,

$$\hat{a}^\dagger|n\rangle = \sqrt{n+1}\,|n+1\rangle \tag{3.29}$$

$$\hat{a}|n\rangle = \sqrt{n}\,|n-1\rangle \tag{3.30}$$

$$\hat{a}^\dagger a|n\rangle = n\,|n\rangle \tag{3.31}$$

となる. 式 (3.29), (3.30) は行列要素の形で書き表すこともできる. すなわち,

$$\langle m|\hat{a}^\dagger|n\rangle = \sqrt{n+1}\,\delta_{m,n+1} \tag{3.32}$$

$$\langle m|\hat{a}|n\rangle = \sqrt{n}\,\delta_{m,n-1} \tag{3.33}$$

である.

　ここで登場した演算子 $\hat{a}^\dagger$, $\hat{a}$ を**昇降演算子**と呼ぶ. それは $\hat{a}^\dagger\hat{a}$ の固有値を増減させるからである. あるいは次項以降でみるように, $\hat{a}^\dagger\hat{a}$ は粒子 (ボゾン) の "数" に対応する演算子である. その場合, $\hat{a}^\dagger\hat{a}$ の固有値を増やすことは, その粒子をつくることに対応し, 減ずることはその粒子を消すことに対応している. したがって, $\hat{a}$ を**消滅演算子**, $\hat{a}^\dagger$ を**生成演算子**と呼ぶ.

　さて, もう一つの数学的問題を考えよう. 演算子 $\hat{a}$ と $\hat{a}^\dagger$ が式 (3.22) ではなく,

$$\hat{a}\hat{a}^\dagger + \hat{a}^\dagger\hat{a} = 1 \tag{3.34}$$

を満たす場合に, 演算子 $a^\dagger\hat{a}$ の固有値と固有ベクトルはどうなるだろう. 以下で

は，この交換関係を表すのに，

$$[\hat{a}, \hat{a}^\dagger]_+ \equiv \hat{a}\hat{a}^\dagger + \hat{a}^\dagger\hat{a} = 1 \tag{3.35}$$

なる記号を使おう．対応して以前の交換関係 (3.22) を，

$$[\hat{a}, \hat{a}^\dagger]_- \equiv \hat{a}\hat{a}^\dagger - \hat{a}^\dagger\hat{a} = 1 \tag{3.36}$$

とも書くことにしよう．

さて，$|\alpha\rangle$ を，式 (3.34) が満たされる場合の，演算子 $\hat{a}^\dagger\hat{a}$ の固有値 $\alpha$ に対する規格化された固有ベクトルとしよう．すなわち，

$$\hat{a}^\dagger\hat{a}\,|\alpha\rangle = \alpha|\alpha\rangle$$

である．

$$\alpha = \langle\alpha|\hat{a}^\dagger\hat{a}|\alpha\rangle = ||a|\alpha\rangle||^2 \geq 0$$

なので，式 (3.36) の場合と同様に，固有値はすべて実数で，負ではないことが保障される．ここで，$\hat{a}|\alpha\rangle$，$\hat{a}^\dagger|\alpha\rangle$ を考える．これに演算子 $\hat{a}^\dagger\hat{a}$ を演算すると，

$$(\hat{a}^\dagger\hat{a})\hat{a}|\alpha\rangle = (1 - \hat{a}\hat{a}^\dagger)\hat{a}|\alpha\rangle = (1 - \alpha)\hat{a}|\alpha\rangle$$

$$(\hat{a}^\dagger\hat{a})\hat{a}^\dagger|\alpha\rangle = \hat{a}^\dagger(1 - \hat{a}^\dagger\hat{a})|\alpha\rangle = (1 - \alpha)\hat{a}^\dagger|\alpha\rangle$$

となる．すなわち $\hat{a}|\alpha\rangle$，$\hat{a}^\dagger|\alpha\rangle$ は $\hat{a}^\dagger\hat{a}$ の固有値 $1 - \alpha$ に対する固有ベクトルである．ノルムを計算すると，

$$||\hat{a}|\alpha\rangle||^2 = \langle\alpha|\hat{a}^\dagger\hat{a}|\alpha\rangle = \alpha \;, \qquad ||\hat{a}^\dagger|\alpha\rangle||^2 = \langle\alpha|\hat{a}\hat{a}^\dagger|\alpha\rangle = \langle\alpha|1 - \hat{a}^\dagger\hat{a}|\alpha\rangle = 1 - \alpha$$

となる．すなわち，

$$\frac{1}{\sqrt{\alpha}}\hat{a}|\alpha\rangle \tag{3.37}$$

$$\frac{1}{\sqrt{1-\alpha}}\hat{a}^\dagger|\alpha\rangle \tag{3.38}$$

は固有値 $1 - \alpha$ に対する規格化された固有ベクトルである．以上の議論は任意の数 $\alpha$ および固有ベクトル $|\alpha\rangle$ に対して成立する．そこでこの操作をつづけていくと，固有ベクトルとして，

$$固有値 \; \alpha : |\alpha\rangle \tag{3.39}$$

$$\text{固有値 } 1-\alpha : \frac{1}{\sqrt{\alpha}}\hat{a}|\alpha\rangle \ , \qquad \frac{1}{\sqrt{1-\alpha}}\hat{a}^\dagger|\alpha\rangle \tag{3.40}$$

$$\text{固有値 } \alpha : \frac{1}{\sqrt{\alpha(1-\alpha)}}\hat{a}^2\,|\alpha\rangle \ , \qquad \frac{1}{\sqrt{\alpha(1-\alpha)}}(\hat{a}^\dagger)^2|\alpha\rangle \tag{3.41}$$

$$\text{固有値 } 1-\alpha : \frac{1}{\alpha\sqrt{1-\alpha}}\hat{a}^3\,|\alpha\rangle \ , \qquad \frac{1}{(1-\alpha)\sqrt{\alpha}}(\hat{a}^\dagger)^3|\alpha\rangle \tag{3.42}$$

$$\text{固有値 } \alpha : \frac{1}{\alpha(1-\alpha)}\hat{a}^4\,|\alpha\rangle \ , \qquad \frac{1}{\alpha(1-\alpha)}(\hat{a}^\dagger)^4|\alpha\rangle \tag{3.43}$$

$$\vdots \quad \vdots$$

を得る.

　すなわち固有値は $\alpha$ か $1-\alpha$ である. この固有値は非負なので, $0 \le \alpha \le 1$ を得る. さらに, $r \equiv 1/\sqrt{\alpha(1-\alpha)} \ge 1$ となるので, 固有値 $\alpha$ に対する固有ベクトル, $\sum r^n \hat{a}^{2n}|\alpha\rangle$ は発散する. したがって, 固有値 $\alpha$ に対する固有ベクトルの集合に対しては,

$$\hat{a}^{2n}|\alpha\rangle \ne 0, \qquad \text{しかし} \qquad \hat{a}^{2n+2}|\alpha\rangle = 0$$

なる正の整数 $n$ が存在するはずである. このとき,

$$(\hat{a}^\dagger\hat{a})^2\hat{a}^{2n}|\alpha\rangle = \hat{a}^\dagger\hat{a}\alpha\hat{a}^{2n}|\alpha\rangle = \alpha^2\hat{a}^{2n}|\alpha\rangle$$

である. 一方, 反交換関係 (3.35) より,

$$(\hat{a}^\dagger\hat{a})^2\hat{a}^{2n}|\alpha\rangle = \hat{a}^\dagger(1-\hat{a}^\dagger\hat{a})\hat{a}\hat{a}^{2n}|\alpha\rangle = \hat{a}^\dagger\hat{a}\hat{a}^{2n}|\alpha\rangle = \alpha\hat{a}^{2n}|\alpha\rangle$$

が成り立つ. したがって,

$$\alpha^2 = \alpha \tag{3.44}$$

であり, $\hat{a}^\dagger\hat{a}$ の固有値は $\alpha = 0,1$ の二つである. それぞれの固有ベクトル $|\alpha\rangle$ を $|1\rangle$, $|0\rangle$ と書こう.

　固有値 $\alpha$ が $0$ か $1$ なので, 固有ベクトルについて少し困ったことが発生する. 式 (3.40) からわかるように, 固有値 $1-\alpha$ に対する規格化された固有ベクトル, $(1/\sqrt{1-\alpha})\hat{a}^\dagger|\alpha\rangle$ の係数は, $\alpha = 1$ で発散している. この発散を回避するためには,

$$\hat{a}^\dagger|1\rangle = 0 \tag{3.45}$$

でなければならない. 同様に, 固有値 $1-\alpha$ に対する規格化された固有ベクトル $(1/\sqrt{\alpha})\hat{a}|\alpha\rangle$ の係数は, $\alpha = 0$ で発散している. 発散を回避するために,

$$\hat{a}|0\rangle = 0 \tag{3.46}$$

でなければならない. このことより (ベクトルの規格化を別にして),

$$\hat{a}^2|1\rangle = \hat{a}|0\rangle = 0$$

$$\hat{a}^2|0\rangle = \hat{a}\hat{a}|0\rangle = 0$$

$$(\hat{a}^\dagger)^2|1\rangle = \hat{a}^\dagger\hat{a}^\dagger|1\rangle = 0$$

$$(\hat{a}^\dagger)^2|0\rangle = \hat{a}^\dagger|1\rangle = 0$$

となる. すなわち $\hat{a}^\dagger\hat{a}$ の固有ベクトルが張るベクトル空間の中で,

$$\hat{a}^2 = 0 , \qquad (\hat{a}^\dagger)^2 = 0 \tag{3.47}$$

である. あるいは,

$$[\hat{a}, \hat{a}]_+ = 0 , \qquad [\hat{a}^\dagger, \hat{a}^\dagger]_+ = 0 \tag{3.48}$$

である.

　反交換関係 (3.35) を満たす演算子 $\hat{a}$, $\hat{a}^\dagger$ によって構成される演算子 $\hat{a}^\dagger\hat{a}$ は, フェルミオンの粒子数という物理的意味をもつ.

### 3.2.2　線形調和振動子

　さて, 前項で解いた数学の問題をすでに学んだ物理の問題に適用してみよう. 1次元の調和振動子の問題を考えよう. ハミルトニアンは,

$$H = \frac{p^2}{2m} + \frac{m\omega^2}{2}x^2 \tag{3.49}$$

である. ここで, 粒子の座標と運動量は交換関係

$$[x, p] = i\hbar \tag{3.50}$$

を満たす. このハミルトニアンの固有値と固有ベクトルを求めてみよう.

　$\sqrt{(m\omega/\hbar)}x$ と $(p/\sqrt{m\omega\hbar})$ とが次元のない量であることに注意して, 以下の演算子を定義しよう.

$$\hat{a} = \frac{1}{\sqrt{2}}\left(\sqrt{\frac{m\omega}{\hbar}}x + i\frac{1}{\sqrt{m\omega\hbar}}p\right) \tag{3.51}$$

$x$ と $p$ は Hermite なので,

$$\hat{a}^\dagger = \frac{1}{\sqrt{2}}\left(\sqrt{\frac{m\omega}{\hbar}}x - i\frac{1}{\sqrt{m\omega\hbar}}p\right) \tag{3.52}$$

である．ここで交換関係 (3.50) を用いると，

$$[\hat{a}, \hat{a}^\dagger] = 1 \tag{3.53}$$

を得る．演算子 $x$ と $p$ を $\hat{a}$ と $\hat{a}^\dagger$ で表すと，

$$x = \sqrt{\frac{\hbar}{m\omega}}\frac{\hat{a} + \hat{a}^\dagger}{\sqrt{2}}\ , \qquad p = \sqrt{m\omega\hbar}\frac{\hat{a} - \hat{a}^\dagger}{i\sqrt{2}} \tag{3.54}$$

となる．これよりハミルトニアン (3.49) は，

$$H = \frac{\hbar\omega}{2}(\hat{a}\hat{a}^\dagger + \hat{a}^\dagger\hat{a}) = \hbar\omega\left(\hat{a}^\dagger\hat{a} + \frac{1}{2}\right) \tag{3.55}$$

と変形できる．したがって，ハミルトニアンの固有値と固有ベクトルは前項で議論した $\hat{a}^\dagger\hat{a}$ の固有値と固有ベクトルで与えられる．交換関係 (3.53) は前項の交換関係 (3.36) と同じなので，前項で導いた固有ベクトル，$|0\rangle$, $|1\rangle$, $|2\rangle$, $\cdots$ と対応する固有値を用いて，

$$H|n\rangle = \left(n + \frac{1}{2}\right)\hbar\omega|n\rangle \tag{3.56}$$

となる．エネルギー準位は $E_n = (n + 1/2)\hbar\omega$ である．

　波動関数に基づく量子力学 (しばしば Schrödinger 表示と呼ばれる) では，式 (3.49) で与えられるハミルトニアンで決まる Schrödinger 方程式を解いていた．その微分方程式の解は Hermite 多項式で表され，ハミルトニアンの固有状態は $n$ で指定され，その固有値は $E_n = (n + 1/2)\hbar\omega$ で与えられた．この項で示したことは，それとまったく等価な別の数学的スキームが存在することである．すなわち，ハミルトニアンは式 (3.55) で与えられ，その固有ベクトルは $\hat{a}^\dagger\hat{a}$ 演算子の固有ベクトルである．調和振動子という波動場を量子化したという意味で，このスキームを**第二量子化**という．

　固有状態の波動関数 $\varphi_n(x) \equiv \langle x|n\rangle$ は，以下のようにして求めることができる．式 (3.27) と (3.51) より，

$$0 = \hat{a}|0\rangle = \sqrt{\frac{m\omega}{2\hbar}}\left(x + \frac{i}{m\omega}p\right)|0\rangle$$

である．一般に $\langle x|p|\varphi\rangle = -i\hbar(d\langle x|\varphi\rangle/dx)$ なので，上式は，

$$0 = \sqrt{\frac{m\omega}{2\hbar}}\left(x + \frac{\hbar}{m\omega}\frac{d}{dx}\right)\langle x|0\rangle \tag{3.57}$$

となり，1 次元の微分方程式である．これは簡単に解けて，

$$\varphi_0(x) = \langle x|0\rangle = Ae^{-(m\omega/2\hbar)x^2} \tag{3.58}$$

である ($A$ は積分定数)．規格化の条件から，

$$A = \left(\frac{m\omega}{\pi\hbar}\right)^{1/4}$$

となる．

$n \geq 1$ の状態に対しては，式 (3.28) より，

$$\langle x|n\rangle = \frac{1}{\sqrt{n!}}\langle x|(\hat{a}^\dagger)^n|0\rangle \tag{3.59}$$

である．

$$\langle x|\hat{a}^\dagger = \sqrt{\frac{m\omega}{2\hbar}}\langle x|\left(x - \frac{i}{m\omega}p\right) = \sqrt{\frac{m\omega}{2\hbar}}\left(x - \frac{\hbar}{m\omega}\frac{d}{dx}\right)\langle x|$$

なので，

$$\begin{aligned}
\varphi_n(x) = \langle x|n\rangle &= \frac{1}{\sqrt{n!}}\left(\frac{m\omega}{2\hbar}\right)^{n/2}\left(x - \frac{\hbar}{m\omega}\frac{d}{dx}\right)^n\langle x|0\rangle \\
&= \frac{1}{\sqrt{n!}}\left(\frac{m\omega}{\pi\hbar}\right)^{1/4}\left(\frac{m\omega}{2\hbar}\right)^{n/2}\left(x - \frac{\hbar}{m\omega}\frac{d}{dx}\right)^n e^{-(m\omega/2\hbar)x^2}
\end{aligned} \tag{3.60}$$

を得る．

　演算子に対する行列要素は，具体的な波動関数の形を用いて実空間での積分を実行すればよいわけだが，第二量子化のスキームでは，演算子を生成・消滅演算子で書き表し，生成・消滅演算子の行列要素 (3.32), (3.33) を用いて，簡単に書き表すことが可能である．次項で一つの例をみてみよう．

### 3.2.3　非線形振動子

　ハミルトニアンが，

$$H = \frac{p^2}{2m} + \frac{m\omega^2}{2}x^2 + \lambda x^4 \tag{3.61}$$

で与えられるような非線形振動子の問題を考えよう．$\lambda$ が十分小さい場合には，右辺第 3 項を 1 次摂動で扱うことが許されるだろう．その場合，摂動を受けたエネルギーは，

$$E_n \approx \left(n + \frac{1}{2}\right)\hbar\omega + \Delta_n \tag{3.62}$$

となる. ここでエネルギー補正は, 式 (3.54) より,

$$\Delta_n = \langle n|\lambda x^4|n\rangle = \lambda \left(\frac{\hbar}{2m\omega}\right)^2 \langle n|(\hat{a}+\hat{a}^\dagger)^4|n\rangle \tag{3.63}$$

と書ける. $(a+\hat{a}^\dagger)^4$ には全部で 16 個の項がある. しかし, 生成・消滅演算子の性質, 式 (3.32), (3.33) を考えれば, 式 (3.63) での 16 個の項のうち, 0 でない寄与をするのは, $a$ と $\hat{a}^\dagger$ が二つずつ含まれる積の形をしたものだけである. すなわち,

$$\langle n|(\hat{a}+\hat{a}^\dagger)^4|n\rangle$$
$$= \langle n|\hat{a}^\dagger\hat{a}^\dagger aa + \hat{a}^\dagger a\hat{a}^\dagger a + \hat{a}^\dagger aa\hat{a}^\dagger + a\hat{a}^\dagger\hat{a}^\dagger a + a\hat{a}^\dagger a\hat{a}^\dagger + aa\hat{a}^\dagger\hat{a}^\dagger)|n\rangle$$
$$= n(n-1) + n^2 + n(n+1) + n(n+1) + (n+1)^2 + (n+1)(n+2)$$
$$= 6n^2 + 6n + 3$$

と計算できる. したがってエネルギー補正は,

$$\Delta_n = 3\lambda \left(\frac{\hbar}{2m\omega}\right)^2 (2n^2 + 2n + 1) \tag{3.64}$$

と求まる.

### 3.2.4 調和振動子の系

物質中の原子振動の問題を考えよう. $\{Q_i\}$ を原子の平衡の位置からのずれとしよう. 物質が $N$ 個の原子から構成されているならば, $i = 1, 2, \cdots 3N$ である[*5]. $Q_i$ に共役な運動量を $P_i$ と書くと, 系のハミルトニアンは,

$$H = \sum_i \frac{1}{2m_i} P_i^2 + \frac{1}{2} \sum_{i,j} V_{ij} Q_i Q_j \tag{3.65}$$

で与えられる. $V_{ij} = V_{ji}$ が満たされており, $Q_i$ と $P_i$ は交換関係

$$[Q_i, P_j] = i\hbar\delta_{ij} , \qquad [Q_i, Q_j] = [P_i, P_j] = 0 \tag{3.66}$$

を満たしている. 新しい変数 $q_i = \sqrt{m_i}Q_i$, $p_i = P_i/\sqrt{m_i}$ を導入すると, やはり交換関係, $[q_i, p_j] = i\hbar\delta_{ij}$ が満たされ, 式 (3.65) のハミルトニアンは,

$$H = \sum_i \frac{p_i^2}{2} + \frac{1}{2} \sum_{i,j} U_{ij} q_i q_j \tag{3.67}$$

---

[*5] 正確には, 物質全体の並進運動と回転運動の自由度 6 を差し引いた $3N-6$ の自由度が振動運動に対応する.

と変形される．ここで，$U_{ij} = V_{ij}/\sqrt{m_i m_j}$ である．

$U_{ij}$ を成分とする行列 $(U_{ij})$ は，実対称行列である．したがって，直交行列 $(C_{ij})$ を用いて対角化できる．すなわち，

$$\sum_i C_{\alpha i} C_{\beta i} = \delta_{\alpha\beta} , \qquad \sum_\alpha C_{\alpha i} C_{\alpha j} = \delta_{ij}$$

なる直交行列を用いて，

$$\sum_{ij} C_{\alpha i} U_{ij} C_{\beta j} = \omega_\alpha^2 \delta_{\alpha\beta}$$

ここで，行列 $(U_{ij})$ の固有値は正であると仮定した．これは，$q_i = 0$ が平衡な配置であることと同等である[*6]．ここで，

$$\tilde{q}_\alpha = \sum_i C_{\alpha i} q_i, \qquad \tilde{p}_\alpha = \sum_i C_{\alpha i} p_i \tag{3.68}$$

なる新しい座標とそれに共役な運動量を導入する．すると，$[\tilde{q}_\alpha, \tilde{p}_\beta] = i\hbar \delta_{\alpha\beta}$ なる交換関係が満たされることは，直交行列の性質より明らかである．これらを用いてハミルトニアン (3.67) を書き直すと，

$$H = \frac{1}{2} \sum_\alpha (\tilde{p}_\alpha^2 + \omega_\alpha^2 \tilde{q}_\alpha^2) \tag{3.69}$$

となる．式 (3.68) で導入された新しい座標により，ハミルトニアンが対角化された．この新しい座標を**基準座標**あるいは**基準モード**と呼ぶ．

式 (3.69) の形まで変形できれば，これを生成・消滅演算子で書き表すことは，3.2.2 項と同様の手続きで可能である．すなわち，

$$\hat{a}_\alpha = \frac{1}{\sqrt{2\hbar}} \left( \sqrt{\omega_\alpha} \tilde{q}_\alpha + \frac{i}{\sqrt{\omega_\alpha}} \tilde{p}_\alpha \right) \tag{3.70}$$

$$\hat{a}_\alpha^\dagger = \frac{1}{\sqrt{2\hbar}} \left( \sqrt{\omega_\alpha} \tilde{q}_\alpha - \frac{i}{\sqrt{\omega_\alpha}} \tilde{p}_\alpha \right) \tag{3.71}$$

と定義すれば，

$$[\hat{a}_\alpha, \hat{a}_\beta^\dagger] = \delta_{\alpha\beta} , \qquad [\hat{a}_\alpha, \hat{a}_\beta] = [\hat{a}_\alpha^\dagger, \hat{a}_\beta^\dagger] = 0 \tag{3.72}$$

なる交換関係はすぐ計算できる．またハミルトニアン (3.69) は，

$$H = \sum_\alpha \hbar\omega_\alpha \left( \hat{a}_\alpha^\dagger \hat{a}_\alpha + \frac{1}{2} \right) \tag{3.73}$$

---

[*6]　$\omega_\alpha^2 < 0$ (虚数の振動数) の場合，式 (3.68) の $\tilde{q}_\alpha$ を増加させれば，エネルギーは減少していく．すなわち，$q_\alpha = 0$ は平衡な配置ではあり得ない．

となる. 3.2.1 項で示したように, $\hat{a}_\alpha^\dagger \hat{a}$ の固有値は負でない整数 $n_\alpha$ なので, ハミルトニアン (3.73) の固有状態は, $\alpha$ という基準モードに何個の振動量子を生成するかで決定される. それを $n_\alpha$ 個とし, その状態を $|n_1 n_2 n_3 \cdots\rangle$ と書くと,

$$|n_1 n_2 n_3 \cdots\rangle = \left[ \prod_\alpha \frac{(\hat{a}_\alpha^\dagger)^{n_\alpha}}{\sqrt{n_\alpha!}} \right] |000 \cdots\rangle \tag{3.74}$$

である. ここで振動量子がまったく存在しない基底状態 $|000 \cdots\rangle$ を導入した. この基底状態に対しては, すべての $\alpha$ モードに対して,

$$a_\alpha |000 \cdots\rangle = 0 \tag{3.75}$$

である. 状態 (3.74) はハミルトニアンの固有状態であり,

$$H |n_1 n_2 n_3 \cdots\rangle = \sum_\alpha \left( n_\alpha + \frac{1}{2} \right) \hbar\omega_\alpha |n_1 n_2 n_3 \cdots\rangle \tag{3.76}$$

である.

　物質内の原子振動を調和近似の範囲内で記述したものがハミルトニアン (3.65) である. 上記の計算は, そのハミルトニアンが独立な基準モード $\alpha$ の集合で書かれることを示しており (式 (3.69)), さらにそれが式 (3.73) の形となった. この最後の形は, $\alpha$ という名前の粒子系に対するハミルトニアンとみなせる. $\alpha$ 粒子は, $\hbar\omega_\alpha$ というエネルギーをもつ. その粒子を生成あるいは消滅させる演算子が $\hat{a}_\alpha^\dagger$, $\hat{a}_\alpha$ である. この粒子のことを $\alpha$ 型の**フォノン**という. このハミルトニアンの固有状態 (3.74) は, 個々の波動状態 (基準モード) に何個のフォノン (粒子) が存在しているかを指定することによって決められている. さらに, 3.2.1 項の議論により, $\alpha$ フォノンの数を表す演算子は $\hat{a}_\alpha^\dagger \hat{a}_\alpha$ である. したがって, フォノンの全数演算子は,

$$\hat{N} = \sum_\alpha \hat{a}_\alpha^\dagger \hat{a}_\alpha \tag{3.77}$$

である. フォノンは, それぞれの状態に任意の個数存在することができる. すなわち $n_\alpha = 0, 1, 2, 3, \cdots$. また $\hat{a}_\alpha^\dagger$, $\hat{a}_\beta^\dagger$ は可換なので, たとえば $|\alpha_1, \alpha_2\rangle = |\alpha_2, \alpha_1\rangle$ である. これより, フォノンはボゾンの性質をもつことが結論される.

　最後にフォノン同士の相互作用について考えよう. 調和振動子の系のハミルトニアン (3.65) に, 3.2.3 項で考察したような非調和項が加わったらどうなるだろう. 非調和項はハミルトニアン (3.67) において,

$$q_i q_j q_k q_l$$

のような形で記述される.この項は,

$$(\hat{a}_\alpha + \hat{a}_\alpha^\dagger)(\hat{a}_\beta + \hat{a}_\beta^\dagger)(\hat{a}_\gamma + \hat{a}_\gamma^\dagger)(\hat{a}_\eta + \hat{a}_\eta^\dagger)$$

なる項を生み出す.すなわち四つ以上の生成・消滅演算子の積が出現する.たとえば,

$$\hat{a}_\alpha^\dagger \hat{a}_\beta^\dagger \hat{a}_\gamma \hat{a}_\eta$$

は $\gamma$ フォノンと $\eta$ フォノンを消去し, $\alpha$ フォノンと $\beta$ フォノンを生成することを意味している.演算子なので,何か一つの状態で両側からはさめば,その状態でのこのプロセスの平均値という物理量になり,異なる状態ではさめば,遷移確率に対応する.いずれにせよ,これは $\gamma$ フォノンと $\eta$ フォノンが相互作用して, $\alpha$ フォノンと $\beta$ フォノンに変化するプロセスを表現しており,第二量子化におけるフォノン–フォノンの相互作用を表している.

### 3.2.5 ボゾンの場合

さて,本項と次項でより一般的に,これまでの量子力学と第二量子化スキームでの物理量を表す演算子の対応をつけよう.二つのスキームで,物理量を計算したときに同一の結果を与えること,すなわち行列要素が同一になるような演算子の表現が必要となる.ボゾンとフェルミオンの場合に分けて考える.

式 (3.16) で与えられる,1粒子状態 $\psi_{\mu_i}(x)$ から構成される対称波動関数 $\Psi_{N_1 N_2 \cdots}$ を考える.簡単のため1粒子状態は正規直交化されているとしよう.上記波動関数の添字 $\{N_1 N_2 \cdots\}$ は,状態 $\mu_1$, $\mu_2$, $\cdots$ がそれぞれ何個の粒子で占められているかを指定している.

さて,これまでの量子力学では,このような多粒子波動関数の間での演算子の行列要素がわかれば,物理量が計算できる.そこでまずそうした行列要素を求めてみよう.演算子にはいろいろな形があるが,最も簡単なものは1粒子演算子である.それはたとえば式 (3.1) に登場した一体のハミルトニアン $h_i$ であり,添字の $i$ は変数 $x_i$ にだけ演算することを示している.一般的にこうした一つの粒子に対する演算子の和で書かれるものを,1粒子演算子 (一体の演算子) という.その形は,

$$F^{(1)} = \sum_i f_i \tag{3.78}$$

であり，ここで $h_i$ 等の一つの粒子に対する演算子を代表して $f_i$ と書いた．まず最初に行列要素が $0$ にならないのは，状態を定義している占有数 $\{N_1, N_2, \cdots\}$ が変化しない状態間の要素 (対角要素) か，これらの数のうちの一つだけが $1$ だけ増加し，ほかの一つが $1$ だけ減少するような状態間の要素である．それは $f_i$ が $\psi_{\mu_{P(1)}}(x_1)\psi_{\mu_{P(2)}}(x_2)\cdots\psi_{\mu_{P(N)}}(x_N)$ のうちの一つの関数 $\psi_{\mu_{P(i)}}(x_i)$ にだけ作用し，したがって行列要素は $1$ 個 (あるいは $0$ 個) の粒子の状態を変化させるものに対してだけ $0$ でないことから容易にわかる．もともとの状態に対して，占有数の一つ $N_i$ が $1$ だけ減少し，別の占有数 $N_j$ が $1$ だけ増加するような別の状態を考え，その二つの状態間の行列要素を考えよう．計算するとそれは，

$$\langle \Psi_{\cdots, N_i, \cdots, N_j-1, \cdots}|F^{(1)}|\Psi_{\cdots, N_i-1, \cdots, N_j, \cdots}\rangle = f_{ij}\sqrt{N_i N_j} \tag{3.79}$$

となることがわかる．ここで $f_{ij}$ は行列要素

$$\int dx\, \psi_{\mu_i}^*(x)\, f\, \psi_{\mu_j}(x) \tag{3.80}$$

である．また対角要素に対しては，

$$\langle \Psi_{N_1, N_2, \cdots}|F^{(1)}|\Psi_{N_1, N_2, \cdots}\rangle = \sum_i f_{ii} N_i \tag{3.81}$$

を得る．

### 式 (3.79) と (3.81) の導出

行列要素の表式を書き下すと，

$$\langle \Psi_{\cdots, N_i, \cdots, N_j-1, \cdots}|F^{(1)}|\Psi_{\cdots, N_i-1, \cdots, N_j, \cdots}\rangle$$
$$= \left(\frac{N_1!\cdots N_i!\cdots(N_j-1)!\cdots}{N!}\right)^{1/2}\left(\frac{N_1!\cdots(N_i-1)!\cdots N_j!\cdots}{N!}\right)^{1/2}$$
$$\times \sum_P{}' \sum_{P'}{}' \sum_l \int\cdots\int \psi_{\mu_{P(1)}}^*(x_1)\psi_{\mu_{P(2)}}^*(x_2)\cdots\psi_{\mu_{P(N)}}^*(x_N)$$
$$\times f_l\, \psi_{\mu_{P'(1)}}(x_1)\psi_{\mu_{P'(2)}}(x_2)\cdots\psi_{\mu_{P'(N)}}(x_N)$$

である．演算子 $F^{(1)}$ の和のうち，$f_1$ を考えよう．左からかかる $1$ 粒子関数の中には，$\psi_{\mu_i}^*$ は $N_i$ 個，$\psi_{\mu_j}^*$ は $N_j-1$ 個含まれる．一方，右からかかる $1$ 粒子関数の中には，$\psi_{\mu_i}$ は $N_i-1$ 個，$\psi_{\mu_j}$ は $N_j$ 個含まれる．したがって，

$$(\Psi_{\cdots, N_i, \cdots, N_j-1, \cdots}|f_1|\Psi_{\cdots, N_i-1, \cdots, N_j, \cdots})$$

は，$\mu_{P(1)} = \mu_i$ かつ $\mu_{P'(1)} = \mu_j$ のとき以外は $0$ である．なぜなら，この場合以外は，ほかの変数の積分において，必ず異なる関数間の積分が登場し，それは直交性より $0$ である．変数 $x_1$ の積分自体は，

$$\int dx_1 \psi_{\mu_i}^*(x_1)\, f_1\, \psi_{\mu_j}(x_1)$$

である．これは変数のラベル $x_1$ には依存しないので，一般に，

$$f_{ij} \equiv \int dx \psi_{\mu_i}^*(x)\, f\, \psi_{\mu_j}(x)$$

である．0 でない行列要素を与える $P$ と $P'$ の組は一つではない．条件は，$\mu_{P'(1)} = \mu_i$ かつ $\mu_{P(1)} = \mu_j$，なのでこれを満たす置換の組の数は，残りの $(N-1)$ 個の対称和の項の数だけある．それは，

$$\frac{(N-1)!}{N_1! \cdots (N_i - 1)! \cdots (N_j - 1)! \cdots}$$

である．以上の $f_1$ に関する考察は一般の $f_l$ に対してあてはまり，すべての項は同一の寄与をする．すなわち，

$$\langle \Psi \cdots, N_i, \cdots, N_j - 1, \cdots | \sum_l f_l | \Psi \cdots, N_i - 1, \cdots, N_j, \cdots \rangle$$

$$= \left( \frac{N_1! \cdots N_i! \cdots (N_j - 1)! \cdots}{N!} \right)^{1/2} \left( \frac{N_1! \cdots (N_i - 1)! \cdots N_j! \cdots}{N!} \right)^{1/2}$$

$$\times \frac{(N-1)!}{N_1! \cdots (N_i - 1)! \cdots (N_j - 1)! \cdots} (f_{ij} + f_{ij} + \cdots)$$

$$= f_{ij}\, \sqrt{N_i N_j}$$

である．

　対角要素の導出も同様の考えで導かれる．再び演算子 $F^{(1)}$ の和のうち，$f_1$ を考える．もし，$\mu_{P'(1)} \neq \mu_{P(1)}$ であるならば，ほかの変数の積分において，異なる二つの 1 粒子関数の内積が登場するので，行列要素は 0 となる．置換に関する和は，異なる番号の中の置換に関する和なので，そもそも，$P \neq P'$ であるならば，どこかで異なる二つの 1 粒子関数の積分が出現し 0 となる．すなわち $P = P'$ が必要．そのとき登場する積分は，

$$\int dx_1 \psi_{\mu_{P(1)}}^*(x_1)\, f_1\, \psi_{\mu_{P(1)}}(x_1)$$

であり，これは変数のラベル $x_1$ には依存しないので，$f_{\mu_{P(1)}\mu_{P(1)}}$ と書ける．置換に関する和 $\sum_P$ を行うと，添字 $P(1)$ は $\mu_1$ から $\mu_N$ までのうちのどれかの値をとる．一つの $\mu_i$ をとる回数は，残りの $N-1$ 個の変数のうちから，$N_1, N_2, \cdots, N_i - 1, \cdots$ 個のグループを選び出す仕方の数

$$\frac{(N-1)!}{N_1! \cdots (N_i - 1)! \cdots}$$

だけある．

　ほかの変数 $x_j$ についても同様であり，$N$ 個の変数はそれぞれ同一の寄与をする．したがって，

$$\langle \Psi_{N_1, N_2, \cdots} | \sum_l f_l | \Psi_{N_1, N_2, \cdots} \rangle$$

$$= \left( \sum_i \frac{N_1! N_2! \cdots N_i! \cdots}{N!} \frac{(N-1)!}{N_1! \cdots (N_i - 1)! \cdots} f_{ii} + \cdots (N-1) \text{ 個の同一の項} \cdots \right)$$

$$= \sum_i f_{ii}\, N_i$$

であり，これは式 (3.81) に等しい．

　　ここで，交換関係 $[\hat{a}_i, \hat{a}_i^\dagger] = 1$ を満たす演算子 $\hat{a}_i$ を考えよう．3.2.1 項の導出より，この演算子は，

$$|N_i\rangle \equiv \frac{1}{\sqrt{N_i!}}(\hat{a}_i^\dagger)^{N_i}|0\rangle$$

なる状態に作用して，

$$\hat{a}_i|N_i\rangle = \sqrt{N_i}|N_i - 1\rangle$$

なる状態をつくり出す，粒子 $i$ の消滅演算子であり，その Hermite 共役演算子 $\hat{a}_i^\dagger$ は生成演算子である．波動関数 (3.16) で記述される状態は，このベクトル空間では，

$$|N_1, N_2, \cdots\rangle = \left[\prod_i \frac{(\hat{a}_i^\dagger)^{N_i}}{\sqrt{N_i!}}\right]|00\cdots\rangle$$

と表現される．

　　この消滅・生成演算子を用いて，

$$\hat{F}^{(1)} = \sum_{i,j} f_{ij}\hat{a}_i^\dagger \hat{a}_j \tag{3.82}$$

なる演算子を定義しよう．式 (3.80) で考えた二つの波動関数に対応する状態は，

$$|N_1 \cdots N_i \cdots N_j - 1 \cdots\rangle, \quad |N_1 \cdots N_i - 1 \cdots N_j \cdots\rangle$$

である．演算子 (3.82) の，この二つの状態間の行列要素は，

$$
\begin{aligned}
&\langle N_1 \cdots N_i \cdots N_j - 1 \cdots |\hat{F}^{(1)}|N_1 \cdots N_i - 1 \cdots N_j \cdots\rangle \\
&= \frac{1}{N_1! \cdots (N_i - 1)! \cdots (N_j - 1)! \cdots} \frac{1}{\sqrt{N_i N_j}} \\
&\quad \times \langle 0| \cdots \hat{a}_j \cdots \hat{a}_j \cdots \hat{a}_i \cdots \hat{a}_i \cdots \left(\sum_{i',j'} f_{i'j'}\hat{a}_{i'}^\dagger \hat{a}_{j'}\right) \cdots \hat{a}_i^\dagger \cdots \hat{a}_i^\dagger \cdots \hat{a}_j^\dagger \cdots \hat{a}_j^\dagger \cdots |0\rangle
\end{aligned}
$$

である．左右の状態ベクトルでの $i$ の生成・消滅演算子は，左のほうが一つ多く，$j$ の生成・消滅演算子は，右のほうが一つ多い．したがって，$i'$，$j'$ の和の中で 0 でない寄与を与えるのは，$i' = i$，$j' = j$ の項だけである．その値は，

$$\langle N_1 N_2 \cdots N_i \cdots N_j - 1 \cdots | f_{ij}\hat{a}_i^\dagger \hat{a}_j | N_1 N_2 \cdots N_i - 1 \cdots N_j \cdots\rangle = f_{ij}\sqrt{N_i N_j} \tag{3.83}$$

であり，これは式 (3.79) と一致する．また対角成分

$$\langle N_1 \cdots N_i \cdots N_j \cdots |\hat{F}^{(1)}|N_1 \cdots N_i \cdots N_j \cdots\rangle$$

$$= \frac{1}{N_1! \cdots N_i! \cdots N_j! \cdots}$$

$$\times \langle 0| \cdots \hat{a}_j \cdots \hat{a}_j \cdots \hat{a}_i \cdots \hat{a}_i \cdots \Big( \sum_{i',j'} f_{i'j'} \hat{a}_{i'}^\dagger \hat{a}_{j'} \Big)$$

$$\cdots \hat{a}_i^\dagger \cdots \hat{a}_i^\dagger \cdots \hat{a}_j^\dagger \cdots \hat{a}_j^\dagger \cdots |0\rangle$$

では，左右の状態ベクトルの中の各1粒子状態の生成・消滅演算子の数は一致しているので，$i'$，$j'$ の和の中で，$i' = j'$ の項だけが0でない寄与を与える．したがって，

$$\langle N_1 N_2 \cdots N_i \cdots N_j \cdots | \sum_k f_{kk} \hat{a}_k^\dagger \hat{a}_k | N_1 N_2 \cdots N_i \cdots N_j \cdots \rangle = \sum_k f_{kk} N_k \tag{3.84}$$

となり，これは式 (3.81) に一致している．

これにより，物理量が演算子 (3.78) で表され，それが空間とスピンの座標で書かれた波動関数 (3.16) に作用するような数学的枠組みの代わりに，状態ベクトルを式 (3.21) のように占有数で指定し，演算子 (3.82) がその状態ベクトルに作用するような新しい数学的枠組みを手に入れたことになる．この枠組みを**第二量子化**という．両者の枠組みで与えられる状態間の行列要素はまったく等しく，それが両者の等価性を保証している．

ここで得られた結果は，別の形の演算子にも拡張できる．たとえばハミルトニアン (3.1) の中の第2項は，

$$F^{(2)} = \frac{1}{2} \sum_i \sum_j g_{ij} = \sum_{(ij)\,\mathrm{pair}} g_{ij} \tag{3.85}$$

のような形をしている．ここで，$g_{ij}$ は変数 $x_i$，$x_j$ に対して作用する演算子である．二つの座標 (粒子) が関与している項なので，このような演算子を2粒子演算子 (二体演算子) という．この二体演算子の場合にも，上で導入した生成・消滅演算子を用いて，第二量子化の演算子を定義することができる．二つの粒子 (座標) が関与した，

$$g_{ij;kl} \equiv \int \int \psi_{\mu_i}^*(x_1) \psi_{\mu_j}^*(x_2) g_{12} \psi_{\mu_k}(x_1) \psi_{\mu_l}(x_2) \tag{3.86}$$

なる行列要素を用いて，第二量子化された演算子

$$\hat{F}^{(2)} = \frac{1}{2} \sum_{i,j,k,l} g_{ij;kl} \, \hat{a}_i^\dagger \, \hat{a}_j^\dagger \, \hat{a}_l \, \hat{a}_k \tag{3.87}$$

を導入すると，占有数で定義された式 (3.21) のような任意の二つの状態間の行列要素は，対応する多粒子波動関数 (3.16) 間の演算子 (3.85) の行列要素と等しくなることが証明される (証明は付録 C 参照).

これにより，式 (3.1) で表されるようなハミルトニアンは，第二量子化の表現では，

$$\hat{H} = \sum_{i,j} h_{ij}\hat{a}_i^\dagger \hat{a}_j \;+\; \frac{1}{2} \sum_{i,j,k,l} g_{ij;kl} \; \hat{a}_i^\dagger \; \hat{a}_j^\dagger \; \hat{a}_l \; \hat{a}_k \tag{3.88}$$

と書けることがわかる．ここで行列要素は，

$$h_{ij} = \int dx \; \psi_{\mu_i}^*(x) \; f \; \psi_{\mu_j}(x)$$

$$g_{ij;kl} = \int \int dx_1 dx_2 \; \psi_{\mu_i}^*(x_1)\psi_{\mu_j}^*(x_2) \; g(\boldsymbol{r}_1,\boldsymbol{r}_2)\psi_{\mu_k}(x_1)\psi_{\mu_l}(x_2)$$

である．

ここで新たな演算子

$$\hat{\Psi}(x) = \sum_i \psi_{\mu_i}(x) \; \hat{a}_i, \qquad \hat{\Psi}^\dagger(x) = \sum_i \psi_{\mu_i}^*(x) \; \hat{a}_i^\dagger \tag{3.89}$$

を導入する．これを**場の演算子**という．この形から $\hat{\Psi}$ は系の粒子の総数を一つだけ減少させ，$\hat{\Psi}^\dagger$ は一つだけ増加させる演算子である．

$$\hat{\Psi}^\dagger(x) \, |0\rangle$$

なる状態の物理的意味を考えるために，$\hat{\Psi}^\dagger(x)|0\rangle$ と $\hat{\Psi}^\dagger(x')|0\rangle$ との内積をとってみる．$\hat{a}_1$, $\hat{a}_i^\dagger$ の交換関係より，

$$\langle 0|\hat{\Psi}(x') \; \hat{\Psi}^\dagger(x)|0\rangle = \sum_i \psi_{\mu_i}(x')\psi_{\mu_i}^*(x) = \delta(x - x')$$

である．これより，$\hat{\Psi}^\dagger(x)|0\rangle$ は (空間とスピンの) 座標 $x$ という確定値をもつ粒子がつくられている状態に相当する．$\hat{\Psi}^\dagger$ と $\hat{\Psi}$ の間の交換関係は，$\hat{a}_i$, $\hat{a}_i^\dagger$ に対する交換関係より，

$$[\hat{\Psi}(x), \hat{\Psi}^\dagger(x')] = \sum_i \psi_{\mu_i}^*(x')\psi_{\mu_i}(x) = \delta(x - x') \tag{3.90}$$

$$[\hat{\Psi}(x), \hat{\Psi}(x')] = [\hat{\Psi}^\dagger(x), \hat{\Psi}^\dagger(x')] \;=\; 0 \tag{3.91}$$

である．さらに一体演算子 (3.82) は，

$$\hat{F}^{(1)} = \int \hat{\Psi}^\dagger(x) \; f \; \hat{\Psi}(x) \; dx \tag{3.92}$$

と書ける．ここで演算子 $f$ は $\hat{\Psi}(x)$ の $x$ に作用するものとする．また二体演算子 (3.87) は，

$$\hat{F}^{(2)} = \frac{1}{2} \int \hat{\Psi}^\dagger(x)\, \hat{\Psi}^\dagger(x')\, g(x, x')\, \hat{\Psi}(x')\, \hat{\Psi}(x)\, dx dx' \tag{3.93}$$

のように書けることも容易に確かめられる．

以上より，第二量子化におけるハミルトニアン (3.88) は，場の演算子を用いて，

$$\hat{H} = \int \hat{\Psi}^\dagger(x) \left( -\frac{\hbar^2}{2m} \boldsymbol{\nabla}^2 + v(\boldsymbol{r}) \right) \hat{\Psi}(x)\, dx$$
$$+ \frac{1}{2} \int \hat{\Psi}^\dagger(x) \hat{\Psi}^\dagger(x') g(x, x') \hat{\Psi}(x') \hat{\Psi}(x) dx dx' \tag{3.94}$$

と書けることがわかる．この中のポテンシャルエネルギー $v(\boldsymbol{r})$ の項は，

$$\int v(\boldsymbol{r})\, \hat{\Psi}^\dagger(x)\, \hat{\Psi}(x)\, dx$$

の形をしている．これは，$\hat{\Psi}^\dagger(x)\, \hat{\Psi}(x)\, dx$ は区間 $dx$ の中にある粒子数の演算子であることを示している．

系が異なる種類のボゾンから構成されている場合には，それぞれのボゾンに対して $\hat{a}$, $\hat{a}^\dagger$, $\hat{\Psi}(x)$, $\hat{\Psi}^\dagger(x)$ を導入する必要がある．異なる種類の粒子に対しては，無差別性の原理は成り立たないので，それらの演算子は可換である．

### 3.2.6　フェルミオンの場合

前項で示した，ボゾンの場合の第二量子化の処方箋とそこでの結論は，フェルミオンの場合にもすべてあてはまる．ただし，演算子 $\hat{a}$, $\hat{a}^\dagger$, 場の演算子 $\hat{\Psi}(x)$, $\hat{\Psi}^\dagger(x)$ に対する交換関係は異なる．以下では，ボゾンの場合の処方箋に従って，筋道を追ってみよう．

式 (3.12) で与えられるような，1 粒子状態 $\psi_{\mu_i}(x)$ から成る Slater 行列式 $\Psi_{N_1 N_2 \cdots}(x_1, x_2, \cdots, x_N)$ を考える．簡単のため 1 粒子状態は正規直交化されているとしよう．この Slater 行列式における波動関数の添字 $\{N_1 N_2 \cdots\}$ は，状態 $\mu_1$, $\mu_2$, $\cdots$ がそれぞれ何個の粒子で占められているかを指定している (フェルミオンの場合，$N_i = 0$ あるいは $N_i = 1$)．ここで，波動関数の反対称性に起因して，波動関数の符号の問題が生じる．つまり状態 $\mu_i$ の順番を変えると，互換の数に応じて上記の Slater 行列式の符号は変わる．さまざまな物理量の異なる状態間の行列要素

を計算するときに，符号が確定していないと困ることになる．ここでは，すべての 1 粒子状態 $\mu_i$ をあらかじめ順序づけておく．

ボゾンのときと同様に，この Slater 行列式で表された波動関数の間での演算子の行列要素を計算しよう．式 (3.78) で与えられる一体演算子

$$F^{(1)} = \sum_i f_i = \sum_i f(\boldsymbol{r}_i, \boldsymbol{p}_i)$$

を考える．この行列要素が 0 にならないのは，状態を定義している占有数 $\{N_1, N_2, \cdots\}$ が変化しない状態間の要素 (対角要素) か，これらの数のうちの一つだけが 1 だけ増加し，ほかの一つが 1 だけ減少するような状態間の要素である．もともとの状態に対して，占有数の一つ $N_i$ が 1 だけ減少し (1 から 0 になり)，別の占有数 $N_j$ が 1 だけ増加する (0 から 1 となる) ような別の状態を考え，その二つの状態間の行列要素を考えると，それは，

$$\langle \Psi_{\cdots, N_i=1, \cdots, N_j=0, \cdots} | F^{(1)} | \Psi_{\cdots, N_i=0, \cdots, N_j=1, \cdots} \rangle = f_{ij} \, (-1)^{S(i+1, j-1)} \quad (3.95)$$

となることがわかる．ここで，$S(i,j)$ は $i$ 番目の状態から $j$ 番目の状態までの占有数の和である．証明は前項のボゾンの場合と同様であり，行列式における，行と列の置換による符号の変化を考慮すればよい．また，対角要素に対しても，

$$\langle \Psi_{N_1, N_2, \cdots} | F^{(1)} | \Psi_{N_1, N_2, \cdots} \rangle = \sum_i f_{ii} N_i \quad (3.96)$$

が示せる．

ここで交換関係 $[\hat{a}_i, \hat{a}_i^\dagger]_+ = 1$ を満たす演算子 $\hat{a}_i$ を考えよう．3.2.1 項の導出より，これはフェルミオンの生成・消滅演算子であり，占有数 $N_i$ が $\pm 1$ 異なる状態をつくり出す．いま考えているのは，$\mu_i$ として複数の状態が現れる多体系であり，多体波動関数は反対称性をもっており，その結果として行列要素 (3.95) には，$(-1)^{S(1, i-1)}$ のような符号因子が登場する．したがって，$\hat{a}_i$ 演算子は，$N_i$ の値を 1 だけ減少させると同時に，この符号因子を付与するものとして定義する必要がある．すなわち，

$$\hat{a}_i \, |N_1 N_2 \cdots N_i \cdots\rangle = (-1)^{S(1, i-1)} \, |N_1 N_2 \cdots N_i - 1 \cdots\rangle \quad (3.97)$$

である．行列要素の形に書くと，

$$\langle N_1 N_2 \cdots N_i - 1 \cdots | \, \hat{a}_i \, | N_1 N_2 \cdots N_i \cdots \rangle = (-1)^{S(1, i-1)} \quad (3.98)$$

である．あるいは占有数は 1 か 0 なので，略記して，

$$\langle 0_i | \, \hat{a}_i \, | 1_i \rangle = (-1)^{S(1, i-1)} \tag{3.99}$$

と書いても混乱はまねかないだろう．$\hat{a}_i$ に共役な生成演算子 $\hat{a}_i^\dagger$ は，定義により，

$$\langle 1_i | \, \hat{a}_i^\dagger \, | 0_i \rangle = (-1)^{S(1, i-1)} \tag{3.100}$$

なる行列要素をもつ演算子として定義され，演算子の形で書けば，

$$\hat{a}_i^\dagger \, | 0_i \rangle = (-1)^{S(1, i-1)} \, | 1_i \rangle \tag{3.101}$$

である．

　次に，こうして定義した生成演算子と消滅演算子の積を考える．

$$|N_1 \cdots N_i = 0 \cdots N_j = 1 \cdots \rangle = |0_i 1_j \rangle, \qquad |N_1 \cdots N_i = 1 \cdots N_j = 0 \cdots \rangle = |1_i 0_j \rangle$$

などと略記すると，

$$\hat{a}_i^\dagger \, \hat{a}_j \, | 0_i 1_j \rangle = \hat{a}_i^\dagger \, (-1)^{S(1, j-1)} \, | 0_i 0_j \rangle$$

である $(j > i)$．$S(1, j-1)$ はいまの場合，$N_i = 0$ なので，$S(1, i-1) + S(i+1, j-1)$ に等しい．したがって，

$$\begin{aligned} \hat{a}_i^\dagger \, \hat{a}_j \, | 0_i 1_k \rangle &= \hat{a}_i^\dagger \, (-1)^{S(1, i-1) + S(i+1, j-1)} \, | 0_i 0_j \rangle \\ &= (-1)^{S(i+1, j-1)} \, | 1_i 0_j \rangle \end{aligned} \tag{3.102}$$

となる．行列要素の形で書くと，

$$\langle 1_i 0_j | \hat{a}_i^\dagger \, \hat{a}_j \, | 0_i 1_j \rangle = (-1)^{S(i+1, j-1)} \tag{3.103}$$

となる．$i = j$ の場合は，$\hat{a}_i^\dagger \, \hat{a}_i$ は対角的であり，その対角行列要素は $N_i = 1$ ならば 1 であり，$N_i = 0$ ならば 0 である．それを，

$$\hat{a}_i^\dagger \, \hat{a}_i = N_i \tag{3.104}$$

と書くことができる．

　ここで，ボゾンの場合の式 (3.82) と同じ形の，第二量子化の演算子

$$\hat{F}^{(1)} = \sum_{i', j'} f_{i' j'} \hat{a}_{i'}^\dagger \hat{a}_{j'} \tag{3.105}$$

を考える．波動関数を用いたスキームで考えた行列要素 (3.95) において，演算子を左からはさんでいる状態は，第二量子化の記法では，$|1_i 0_j\rangle$ であり，右からはさんでいる状態は，$|0_i 1_j\rangle$ である．式 (3.103) より，

$$\langle 1_i 0_j \mid \hat{F}^{(1)} \mid 0_i 1_j \rangle = f_{ij} \, (-1)^{S(i+1, j-1)} \tag{3.106}$$

は明らかであり，これは式 (3.95) と等しい．対角成分は，

$$\langle N_1 N_2 \cdots N_i \cdots \mid \hat{F}^{(1)} \mid N_1 N_2 \cdots N_i \cdots \rangle = \sum_l f_{ii} \, N_i \tag{3.107}$$

であり，これも行列要素の表式 (3.96) と等しい．すなわち，フェルミオン系においても，第二量子化のスキームを構築することができた．

さらに二体演算子は，

$$\hat{F}^{(2)} = \frac{1}{2} \sum_{i,j,k,l} g_{ij;kl} \, \hat{a}_i^\dagger \, \hat{a}_j^\dagger \, \hat{a}_l \, \hat{a}_k \tag{3.108}$$

と与えることにより，波動関数を用いたスキームでの行列要素と等しくなることを示すことができる [付録 C 参照]．また式 (3.89) と同様に，フェルミオン場の演算子

$$\hat{\Psi}(x) = \sum_i \psi_{\mu_i}(x) \, \hat{a}_i, \qquad \hat{\Psi}^\dagger(x) = \sum_i \psi_{\mu_i}^*(x) \, \hat{a}_i^\dagger \tag{3.109}$$

を導入すれば，それらの間には，

$$[\hat{\Psi}^\dagger(x), \hat{\Psi}(x')]_+ = \sum_i \psi_{\mu_i}^*(x) \psi_{\mu_i}(x') = \delta(x - x') \tag{3.110}$$

$$[\hat{\Psi}(x), \hat{\Psi}(x')]_+ = [\hat{\Psi}^\dagger(x), \hat{\Psi}^\dagger(x')]_+ \; = \; 0 \tag{3.111}$$

なる反交換関係が満たされることもわかる．さらに一体演算子 (3.105)，二体演算子 (3.108) が，フェルミオン場の演算子を用いて，

$$\hat{F}^{(1)} = \int \hat{\Psi}^\dagger(x) \, f \, \hat{\Psi}(x) \, dx$$

$$\hat{F}^{(2)} = \frac{1}{2} \int \hat{\Psi}^\dagger(x) \, \hat{\Psi}^\dagger(x') \, g(x, x') \, \hat{\Psi}(x') \, \hat{\Psi}(x) \, dx dx'$$

のように書けることは，ボゾン系の場合と同様である．

ここで，いくつかの物理量を第二量子化の形に書いておこう．表式はボゾンの場合もフェルミオンの場合も共通である．まず**粒子密度演算子**は，

$$n(\boldsymbol{r}) = \sum_i \delta(\boldsymbol{r} - \boldsymbol{r}_i) \tag{3.112}$$

と定義される．これは形として一体の演算子である．そこでまず，

$$f_{ij} = \int dx_1 \, \psi_{\mu_i}^*(x_1) \, \delta(\boldsymbol{r} - \boldsymbol{r}_1) \, \psi_{\mu_j}(x_1) = \psi_{\mu_i}^*(\boldsymbol{r}) \psi_{\mu_j}(\boldsymbol{r})$$

と行列要素を求める．ここで1粒子の波動関数 $\psi_\mu(x)$ は，ハミルトニアンがスピンに依存しないことより，空間 (軌道) 座標部分の波動関数とスピン座標部分の波動関数の積の形に書ける．その座標部分の波動関数を $\psi_\mu(\boldsymbol{r})$ と書いた．スピン座標部分の積分 (内積) をとると，直交性より，状態 $\mu_i$ と状態 $\mu_j$ のスピン状態が同一でなければ0となる．これより第二量子化された演算子は，

$$\hat{n}(\boldsymbol{r}) = \sum_{ij} \psi_{\mu_i}^*(\boldsymbol{r}) \psi_{\mu_j}(\boldsymbol{r}) \, \hat{a}_i^\dagger \hat{a}_j \tag{3.113}$$

となる．あるいは，場の演算子を用いれば，

$$\hat{n}(\boldsymbol{r}) = \int \hat{\Psi}^\dagger(x_1) \, \delta(\boldsymbol{r} - \boldsymbol{r}_1) \, \hat{\Psi}(x_1) \, dx_1 = \hat{\Psi}^\dagger(\boldsymbol{r}) \hat{\Psi}(\boldsymbol{r}) \tag{3.114}$$

となる．やはり，ここでも軌道部分とスピン部分を分離した．

**密度相関演算子**も重要な物理量である．これは一つの粒子が空間座標 $\boldsymbol{r}$ に存在し，もう一つの粒子が空間座標 $\boldsymbol{r}'$ に存在するという物理量であり，以下のように定義される．

$$n(\boldsymbol{r}, \boldsymbol{r}') = \sum_{l \neq m} \delta(\boldsymbol{r} - \boldsymbol{r}_l) \, \delta(\boldsymbol{r}' - \boldsymbol{r}_m) \tag{3.115}$$

と書ける．これは二体の演算子なので，

$$d_{ij;kl} = \int \int \psi_{\mu_i}^*(x_1) \psi_{\mu_j}^*(x_2) \, \delta(\boldsymbol{r} - \boldsymbol{r}_1) \, \delta(\boldsymbol{r}' - \boldsymbol{r}_2) \, \psi_{\mu_k}(x_1) \psi_{\mu_l}(x_2) \tag{3.116}$$

を用いて，

$$\hat{n}(\boldsymbol{r}, \boldsymbol{r}') = \sum_{i,j,k,l} d_{ij;kl} \, \hat{a}_i^\dagger \, \hat{a}_j^\dagger \, \hat{a}_l \, \hat{a}_k \tag{3.117}$$

と書ける．

## 3.3　フェルミオン系の特徴と平均場近似

　一般に，相互作用している多粒子系の固有状態を求めることは極めて難しく，種々の近似的手法が用いられることになる．本節では最も基本的で重要な平均場近似を説明する．特にフェルミオン系に焦点をしぼり，その系の特徴と，さらに平均場近似の一つである Hartree–Fock (ハートリー–フォック) 近似を議論しよう．ハミルトニアンは，ポテンシャル $v(\boldsymbol{r}_i)$，相互作用 $g(\boldsymbol{r}_i, \boldsymbol{r}_j)$ を用いて，式 (3.1) のように与えられる．対応する第二量子化でのハミルトニアンは，

$$\hat{H} = \sum_{i,j} h_{ij}\hat{a}_i^\dagger\hat{a}_j \; + \; \frac{1}{2}\sum_{i,j,k.l} g_{ij;kl}\;\hat{a}_i^\dagger\;\hat{a}_j^\dagger\;\hat{a}_l\;\hat{a}_k \tag{3.118}$$

あるいは，

$$\hat{H} = \int \hat{\Psi}^\dagger(x)\;h\;\hat{\Psi}(x)\;dx + \frac{1}{2}\int \hat{\Psi}^\dagger(x)\hat{\Psi}^\dagger(x')\;g(x,x')\;\hat{\Psi}(x')\hat{\Psi}(x)\;dxdx'$$

である．

　この系の基底状態を求めることを考えよう．われわれの問題は，粒子数 $N$ を固定したときの基底状態 $|G\rangle$ を求めることである．すなわち，

$$\langle G|\hat{N}|G\rangle \; = \; \langle G|\int\hat{n}(\boldsymbol{r})d\boldsymbol{r}|G\rangle = N \tag{3.119}$$

のもとでの，

$$\langle G|\hat{H}|G\rangle \tag{3.120}$$

の最小値を求める問題である．基底状態としてある形を仮定し，その形の範囲内で式 (3.120) を最小化することを考えよう．こうしたアプローチを**変分法**という．ハミルトニアン $\hat{H}$ は一体の部分と二体の部分から構成されている．二体の部分の効果を一体の部分にうまく繰り込むことができれば，もともとの多体問題は有効的な一体問題に帰着できる．すなわち，二体の効果を含んだ演算子 $v_{\mathrm{eff}}(\boldsymbol{r})$ を用いて，

$$h_{\mathrm{eff}} = -\frac{\hbar^2}{2m}\boldsymbol{\nabla}_i^2 \; + \; v_{\mathrm{eff}} \tag{3.121}$$

なるハミルトニアンが定義できるならば，問題は格段に取り扱いやすくなる．このような $v_{\mathrm{eff}}$ のことを**平均場**という．これは一般的には，単なるポテンシャルではなく演算子の形をとるであろう．1 粒子軌道 $\{\psi_\mu(\boldsymbol{r})\}$ の集合を，この有効一体問題 (3.121) の固有関数の集合としよう．すなわち，

$$h_{\mathrm{eff}}\;\psi_\mu = \varepsilon_\mu\;\psi_\mu \tag{3.122}$$

この 1 粒子軌道を用いた Slater 行列式 (3.12) を考えることは，第二量子化のスキームでは，状態ベクトルとして，

$$|G\rangle \;=\; \hat{a}_1^\dagger \hat{a}_2^\dagger \cdots \hat{a}_N^\dagger \, |0\rangle \qquad (3.123)$$

を考えることと等価である．ここで $\hat{a}_i^\dagger$ は 1 粒子状態 $\psi_{\mu_i}$ を占有数を 1 だけ増やす生成演算子である．1 粒子軌道 $\psi_\mu$ の正体はまだわからないが，それを式 (3.120) を最小化するという原理 (変分原理) に基づき，$h_{\mathrm{eff}}$ を導き出すことによって正体をつかむことにしよう．この手法を **Hartree–Fock 近似**という．

### 3.3.1　Hartree–Fock 近似での系のエネルギー

まず，式 (3.123) で与えられる $|G\rangle$ でのハミルトニアンの期待値を計算しよう．一体の部分では，0 でない可能性のある項として，

$$h_{ij}\,\langle 0|\hat{a}_N \cdots \hat{a}_j \cdots \hat{a}_i \cdots \hat{a}_1 |\hat{a}_i^\dagger \hat{a}_j |\hat{a}_1^\dagger \cdots \hat{a}_i^\dagger \cdots \hat{a}_j^\dagger \cdots \hat{a}_N^\dagger |0\rangle$$

が考えられる．最初に $i \neq j$ としよう．$\hat{a}_j$ を右のベクトルに演算すると，$\hat{a}_j$ と $\hat{a}_l^\dagger$ $(l \neq j)$ とは反交換するので，

$$\begin{aligned}
\hat{a}_j \,& \hat{a}_1^\dagger \cdots \hat{a}_i^\dagger \cdots \hat{a}_j^\dagger \cdots \hat{a}_N^\dagger |0\rangle \\
&= (-1)^{S(1,j-1)}\, |\, \hat{a}_1^\dagger \cdots \hat{a}_i^\dagger \cdots \hat{a}_j \hat{a}_j^\dagger \cdots \hat{a}_N^\dagger |0\rangle \\
&= (-1)^{S(1,j-1)}\, \hat{a}_1^\dagger \cdots \hat{a}_i^\dagger \cdots \hat{a}_{j-1}^\dagger \hat{a}_{j+1}^\dagger \cdots \hat{a}_N^\dagger |0\rangle
\end{aligned}$$

である．このベクトルに左から $\hat{a}_i^\dagger$ を演算すると，反交換関係により，

$$\begin{aligned}
(-1)^{S(1,j-1)}\, & \hat{a}_i^\dagger \,|\, \hat{a}_1^\dagger \cdots \hat{a}_i^\dagger \cdots \hat{a}_{j-1}^\dagger \hat{a}_{j+1}^\dagger \cdots \hat{a}_N^\dagger |0\rangle \\
&= (-1)^{S(1,j-1)}(-1)^{S(1,i-1)}\,|\, \hat{a}_1^\dagger \cdots \hat{a}_i^\dagger \hat{a}_i^\dagger \cdots \hat{a}_{j-1}^\dagger \hat{a}_{j+1}^\dagger \cdots \hat{a}_N^\dagger |0\rangle \\
&= 0
\end{aligned}$$

となる．最後の表式で $\hat{a}_i^\dagger \hat{a}_i^\dagger = 0$ を用いた．すなわち，ハミルトニアンの一体部分の和では，$i \neq j$ の部分は寄与しない．$i = j$ の部分は，ベクトル

$$\hat{a}_i \, \hat{a}_1^\dagger \cdots \hat{a}_i^\dagger \cdots \hat{a}_N^\dagger |0\rangle = (-1)^{S(1,i-1)}\,|\, \hat{a}_1^\dagger \cdots \hat{a}_{i-1}^\dagger \hat{a}_{i+1}^\dagger \cdots \hat{a}_N^\dagger |0\rangle$$

のノルムが登場するだけなので，結局，一体部分の期待値は，

$$\sum_{ij} h_{ij} \langle G|\hat{a}_i^\dagger \hat{a}_j|G\rangle = \sum_i h_{ii} \tag{3.124}$$

である．

次に，二体の部分を調べよう．0 でない項の可能性として，

$$\frac{1}{2} \sum_{i,j,k,l} g_{ij;kl} \langle 0|\hat{a}_N \cdots \hat{a}_j \cdots \hat{a}_i \cdots \hat{a}_1 |\hat{a}_i^\dagger \hat{a}_j^\dagger \hat{a}_l \hat{a}_k| \hat{a}_1^\dagger \cdots \hat{a}_k^\dagger \cdots \hat{a}_l^\dagger \cdots \hat{a}_N^\dagger|0\rangle$$

がある．一体の部分の考察と同様にして，反交換関係を用いて演算子の順番を変えていくと，結局 0 でない項は，

$$i = k \text{ かつ } j = l, \qquad \text{あるいは} \qquad i = l \text{ かつ } j = k \tag{3.125}$$

の二つの場合だけである．

まず前者，$i = k$ かつ $j = l$ の場合を計算しよう．和の中のこの項は，

$$\begin{aligned}
\hat{a}_l \hat{a}_k &\mid \hat{a}_1^\dagger \cdots \hat{a}_k^\dagger \cdots \hat{a}_l^\dagger \cdots \hat{a}_N^\dagger|0\rangle \\
&= \hat{a}_l (-1)^{S(1,k-1)} \mid \hat{a}_1^\dagger \cdots \hat{a}_k \hat{a}_k^\dagger \cdots \hat{a}_l^\dagger \cdots \hat{a}_N^\dagger|0\rangle \\
&= \hat{a}_l (-1)^{S(1,k-1)} \mid \hat{a}_1^\dagger \cdots \hat{a}_{k-1}^\dagger \hat{a}_{k+1}^\dagger \cdots \hat{a}_l^\dagger \cdots \hat{a}_N^\dagger|0\rangle \\
&= (-1)^{S(1,k-1)+S(1,l-1)-1} \mid \hat{a}_1^\dagger \cdots \hat{a}_{k-1}^\dagger \hat{a}_{k+1}^\dagger \cdots \hat{a}_{l-1}^\dagger \hat{a}_{l+1}^\dagger \cdots \hat{a}_N^\dagger|0\rangle
\end{aligned}$$

なるベクトルのノルムにほかならない．したがって，式 (3.125) の前者からは，

$$\frac{1}{2} \sum_{ij} g_{ij;ij} \tag{3.126}$$

なる表式が得られる．

後者は，和の中の項を書き下すと，

$$g_{lk;kl} \langle 0|\hat{a}_N \cdots \hat{a}_l \cdots \hat{a}_k \cdots \hat{a}_1 \mid \hat{a}_l^\dagger \hat{a}_k^\dagger \hat{a}_l \hat{a}_k \mid \hat{a}_1^\dagger \cdots \hat{a}_k^\dagger \cdots \hat{a}_l^\dagger \cdots \hat{a}_N^\dagger|0\rangle$$

である．はさまれる演算子は，

$$\hat{a}_l^\dagger \hat{a}_k^\dagger \hat{a}_l \hat{a}_k = -\hat{a}_k^\dagger \hat{a}_l^\dagger \hat{a}_l \hat{a}_k$$

なので，上の表式はベクトル

$$\hat{a}_l \hat{a}_k \mid \hat{a}_1^\dagger \cdots \hat{a}_k^\dagger \cdots \hat{a}_l^\dagger \cdots \hat{a}_N^\dagger|0\rangle$$

$$= (-1)^{S(1,k-1)+S(1,l-1)-1} \mid \hat{a}_1^\dagger \cdots \hat{a}_{k-1}^\dagger \hat{a}_{k+1}^\dagger \cdots \hat{a}_{l-1}^\dagger \hat{a}_{l+1}^\dagger \cdots \hat{a}_N^\dagger |0\rangle$$

のノルムに帰着される．しかしこの場合，反交換関係より符号がマイナスとなっている．結局，式 (3.125) の後者からは，

$$-\frac{1}{2} \sum_{ij} g_{ij;ji} \tag{3.127}$$

が得られる．

式 (3.126)，(3.127) をまとめて，ハミルトニアンの二体の部分の期待値

$$\frac{1}{2} \sum_{i,j,k,l} g_{ij;kl} \langle G|\hat{a}_i^\dagger \hat{a}_j^\dagger \hat{a}_l \hat{a}_k \mid G \rangle = \frac{1}{2} \sum_{ij} ( \, g_{ij;ij} - g_{ij;ji} \, ) \tag{3.128}$$

を得る．

式 (3.128) の表式を具体的に書いてみる．最初の項は，

$$\frac{1}{2} \sum_{ij} g_{ij;ij} = \frac{1}{2} \sum_{ij} \int \int \psi_{\mu_i}^*(x_1)\psi_{\mu_j}^*(x_2) \, g(\boldsymbol{r}_1,\boldsymbol{r}_2)\psi_{\mu_i}(x_1)\psi_{\mu_j}(x_2) \, dx_1 dx_2$$

$$= \frac{1}{2} \int \int n(\boldsymbol{r}_1) \, n(\boldsymbol{r}_2) \, g(\boldsymbol{r}_1,\boldsymbol{r}_2) \, d\boldsymbol{r}_1 d\boldsymbol{r}_2 \tag{3.129}$$

と書き直せる．ここで，系の粒子密度

$$n(\boldsymbol{r}) \equiv \int \sum_i \mid \psi_{\mu_i}(x_1) \mid^2 d\xi \tag{3.130}$$

を導入した．相互作用がスピン自由度に依存せず，1 粒子軌道 $\psi_\mu(x) = \psi_\mu(\boldsymbol{r})\chi(\xi)$ の空間部分はスピンに依存しないとした．式 (3.129) の表式からわかるように，このエネルギーは粒子間の Coulomb 相互作用を表している．そこで $g_{ij;ij}$ のことを Coulomb 積分という．

一方，式 (3.128) の 2 番目の項は，

$$\frac{1}{2} \sum_{ij} g_{ij;ji} = \frac{1}{2} \sum_{ij} \int \int \psi_{\mu_i}^*(x_1)\psi_{\mu_j}^*(x_2) \, g(\boldsymbol{r}_1,\boldsymbol{r}_2)\psi_{\mu_j}(x_1)\psi_{\mu_i}(x_2) \, dx_1 dx_2$$

$$\tag{3.131}$$

である．この $g_{ij;ji}$ は変数 $x_1$ と $x_2$ が交換しているので，**交換積分**と呼ばれる．式 (3.131) および (3.128) は，3.1.3 項で 2 粒子系の場合に議論した，交換積分および**交換エネルギー**の一般的な表式である．

この交換積分はスピンの自由度について大きな特徴がある．式 (3.131) の積分 (空間変数の積分とスピン変数の内積) において，スピン自由度の内積は，$\psi_\mu$ の形によらず実行できる．それは相互作用がスピン自由度に依存していないためである．したがって，状態 $i$ と $j$ はスピン状態として同一のものでないと，内積は 0 となる．その意味で式 (3.131) の $(ij)$ に関する和は，平行なスピン状態に対しての和である．それを，

$$\sum_{ij\parallel}$$

と書くと，ハミルトニアンの期待値は，

$$\langle G|\hat{H}|G\rangle = \sum_i h_{ii} + \frac{1}{2}\sum_{ij} g_{ij;ij} - \frac{1}{2}\sum_{ij\parallel} g_{ij;ji} \tag{3.132}$$

となる．

スピン自由度と相互作用の関係をみるために，密度相関演算子 (3.117) を計算してみよう．これは上で行ったハミルトニアンの二体の部分の平均値の計算とまったく同様に実行できる．すなわち，式 (3.117) を $|G\rangle$ ではさんだ，

$$\langle G \mid \hat{n}(\boldsymbol{r}, \boldsymbol{r}') \mid G\rangle = \sum_{i,j,k,l} d_{ij;kl}\,\langle G \mid \hat{a}_i^\dagger\, \hat{a}_j^\dagger\, \hat{a}_l\, \hat{a}_k \mid G\rangle$$

で 0 でない寄与をするのは，$(i=k, j=l)$ あるいは $(i=l, j=k)$ の項だけである．ここで，平行なスピン同士あるいは反平行なスピン同士の密度相関演算子を考えてみよう．それは，上式で状態 $\mu_i$, $\mu_j$ のスピン状態を上向きあるいは下向きに固定することに対応する．式 (3.116) で与えられる行列要素をそれぞれのスピン対の場合に計算することにより，二つの粒子のスピンが反平行な場合には，

$$\langle G \mid \hat{n}(\boldsymbol{r}, \boldsymbol{r}') \mid G\rangle = n(\boldsymbol{r})n(\boldsymbol{r}') \qquad (\text{スピン反平行}) \tag{3.133}$$

を得る．一方，二つの粒子のスピンが平行である場合は，

$$\langle G \mid \hat{n}(\boldsymbol{r}, \boldsymbol{r}') \mid G\rangle = n(\boldsymbol{r})n(\boldsymbol{r}') \ - \ \sum_{lm} \psi_{\mu_m}^*(\boldsymbol{r})\,\psi_{\mu_l}^*(\boldsymbol{r}')\,\psi_{\mu_l}(\boldsymbol{r})\,\psi_{\mu_m}(\boldsymbol{r}')$$
$$= n(\boldsymbol{r})\,[\,n(\boldsymbol{r}') + n_X(\boldsymbol{r}, \boldsymbol{r}')\,] \qquad (\text{スピン平行}) \tag{3.134}$$

を得る．ここで $n_X(\boldsymbol{r}, \boldsymbol{r}')$ は，

$$n_X(\boldsymbol{r}, \boldsymbol{r}') = -\frac{1}{n(\boldsymbol{r})} \sum_{ij} \psi_{\mu_j}^*(\boldsymbol{r})\,\psi_{\mu_i}^*(\boldsymbol{r}')\,\psi_{\mu_i}(\boldsymbol{r})\,\psi_{\mu_j}(\boldsymbol{r}') \tag{3.135}$$

$$= -\frac{1}{n(\boldsymbol{r})}\ |\ \sum_i \psi_{\mu_i}^*(\boldsymbol{r})\ \psi_{\mu_i}(\boldsymbol{r}')\ |^2$$

なる量であり，空間の全領域で負の量である．式 (3.133) は，二つの粒子のスピンが反平行であるならば，それらは平均場の中で独立に運動していることを表している．一方，二つの粒子のスピンが平行である場合は，式 (3.134) より，二つ目の粒子が $\boldsymbol{r}'$ に位置する確率は，2 粒子が独立に運動している場合に比べて $n_X(\boldsymbol{r},\boldsymbol{r}')$ だけ減少している．つまり，粒子は自分の周りから同種粒子を排除しようとしている．電子系の場合だと，自分の周りに常に電子が欠乏しているような状況を生み出している．言い換えれば，正の電荷の雲をまとっている，ともいえる．その意味でこれを**交換正孔**と呼ぶ．どの程度の電子が欠乏しているかをみるには，$n_X(\boldsymbol{r},\boldsymbol{r}')$ を $\boldsymbol{r}'$ で積分してみればよい．計算すると，

$$\int n_X(\boldsymbol{r},\boldsymbol{r}')d\boldsymbol{r}' = -1 \tag{3.136}$$

となっている．ちょうど，自分自身と同じだけの正の電荷を引きずっているといえる．

　反平行スピンの 2 粒子に対しては，このような効果は現れていない．しかし，これは Hartree–Fock 近似という近似を行っているからである．近似をあげれば，反平行スピンの間の密度相関演算子の平均値にも上述のような効果 (反対符号の電荷を引きずる効果) がみえてくる．これを**交換相関正孔**という (多体問題の参考書として巻末に 2 篇[10, 11]をあげておく)．

### 3.3.2　Hartree–Fock 方程式

　さて当初の目標である，

$$\langle G|\hat{H}|G\rangle$$

を最小化することによって，$\psi_\mu(\boldsymbol{r})$ あるいは有効一電子ハミルトニアン (3.121) を導く問題に戻ろう．このハミルトニアンの期待値は式 (3.132) より，1 粒子波動関数 $\psi_\mu$ の汎関数として表現されている．したがって，変分の自由度は $\{\psi_\mu\}$ という関数の集合である．一方，この 1 粒子波動関数は規格化されている必要がある．それによって $\psi_\mu$ から構成される Slater 行列式が規格化され，

$$N = \langle G|\hat{N}|H\rangle$$

が満たされる. この場合の変分方程式は, Lagrange (ラグランジュ) の未定乗数 $\varepsilon_{\mu_i}$ を導入し,

$$\frac{\delta}{\delta\psi^*_{\mu_i}(\boldsymbol{r})}\left(\langle G|\hat{H}|G\rangle \;-\; \varepsilon_{\mu_i}\sum_j \int \psi^*_{\mu_j}(\boldsymbol{r})\psi_{\mu_j}(\boldsymbol{r})d\boldsymbol{r}\right) = 0 \tag{3.137}$$

である. 式 (3.132) で導かれた具体的な表式を代入すると, この変分方程式は,

$$\left(-\frac{\hbar^2}{2m}\boldsymbol{\nabla}^2 + v(\boldsymbol{r}) + e^2\sum_j \int \frac{|\psi_{\mu_j}(\boldsymbol{r}')|^2}{|\boldsymbol{r}-\boldsymbol{r}'|}\,d\boldsymbol{r}' - \varepsilon_{\mu_i}\right)\psi_{\mu_i}(\boldsymbol{r})$$

$$-e^2\sum_{j\|}\left(\int \frac{\psi^*_{\mu_j}(\boldsymbol{r}')\psi_{\mu_i}(\boldsymbol{r}')}{|\boldsymbol{r}-\boldsymbol{r}'|}\right)\psi_{\mu_j}(\boldsymbol{r}) = 0 \tag{3.138}$$

となる. 式 (3.121) での有効ポテンシャル $v_{\text{eff}}$ は,

$$v_{\text{eff}}\psi_{\mu_i}(\boldsymbol{r}) = v(\boldsymbol{r}) + e^2\sum_j \int \frac{|\psi_{\mu_j}(\boldsymbol{r}')|^2}{|\boldsymbol{r}-\boldsymbol{r}'|}\,d\boldsymbol{r}'\,\psi_{\mu_i}(\boldsymbol{r})$$

$$-e^2\sum_{j\|}\int \frac{\psi^*_{\mu_j}(\boldsymbol{r}')\psi_{\mu_i}(\boldsymbol{r}')}{|\boldsymbol{r}-\boldsymbol{r}'|}\,\psi_{\mu_j}(\boldsymbol{r}) \tag{3.139}$$

で与えられる. 式 (3.138) を **Hartree–Fock 方程式**という. これが Hartree–Fock 近似のもとでの有効一電子方程式であり, 方程式自体が $\psi$ なる解に依存しているので, **自己無撞着**に解く必要がある.

### 3.3.3 Koopmans の定理

上で導いた Hartree–Fock 方程式は, 全エネルギーを 1 粒子波動関数 $\psi_{\mu_i}$ について変分をとって得られる変分方程式である. その固有値 $\varepsilon_{\mu_i}$ は Lagrange の未定係数であり, 厳密にいえば物理的な意味をもたない. しかし, 適当な近似のもとでは, 確かな物理的意味をもつ.

式 (3.138) の両辺に $\psi^*_{\mu_i}(\boldsymbol{r})$ を乗じ, $\boldsymbol{r}$ に関する積分を行うと,

$$\varepsilon_{\mu_i} = h_{ii} + \sum_j g_{ij;ij} - \sum_{j\|} g_{ij;ji} \tag{3.140}$$

となる. さて, 基底状態 (3.123) から状態 $\mu_i$ にいる粒子を取り除いた状態, いわばイオン化した状態 $|E\rangle$ を考えよう. すなわち,

$$|E\rangle = \hat{a}_{\mu_i}\hat{a}_{\mu_1}^\dagger\hat{a}_{\mu_2}^\dagger\cdots\hat{a}_{\mu_N}^\dagger|0\rangle \tag{3.141}$$

である. ハミルトニアンの基底状態での平均値 (3.132) の計算とまったく同様にして, このイオン化した状態でのハミルトニアンの平均値 $\langle E|\hat{H}|E\rangle$ を計算することができる. その結果,

$$\langle E|\hat{H}|E\rangle - \langle G|\hat{H}|G\rangle = -h_{ii} - \sum_j g_{ij;ij} + \sum_{j\|} g_{ij;ji} \tag{3.142}$$

を得る. 式 (3.140) と (3.142) を見比べると,

$$\langle E|\hat{H}|E\rangle - \langle G|\hat{H}|G\rangle = -\varepsilon_{\mu_i} \tag{3.143}$$

である. 状態 $|E\rangle$ は近似的には系をイオン化した状態とみなせる. その場合には, 式 (3.143) の左辺で与えられるイオン化エネルギーは右辺の Hartree–Fock 方程式の固有値 $\varepsilon_{\mu_i}$ の符号を変えたものに等しい. この描像は直感的には受け入れやすいが, 厳密には正しくない. イオン化状態は $N-1$ 個の粒子に対する基底状態であり, $N$ 個の粒子の基底状態との全エネルギー差がイオン化エネルギーである. (Hartree–Fock 近似での) 基底状態 $|G\rangle$ を構成する 1 粒子状態 $\{\psi_\mu(\boldsymbol{r})\}$ は $N$ 粒子系の全エネルギー $\langle G|\hat{H}|G\rangle$ を変分して得られる Hartree–Fock 方程式を解くことによって得られた. $N-1$ 粒子系の基底状態を求めるためには, $\langle E|\hat{H}|E\rangle$ を変分して得られる別の Hartree–Fock 方程式を解いて, 新たな $\{\psi_\mu(\boldsymbol{r})\}$ を求める必要がある. したがって, 上の $|E\rangle$ は正確にはイオン化状態とは異なる. 粒子を 1 個取り除いたときに $\{\psi_\mu(\boldsymbol{r})\}$ が変化しない, と仮定していることに相当している. 関係式 (3.143) を **Koopmans (クープマンズ) の定理**という.

## 3.4  原 子

本章の最後に多電子系の一例である原子のエネルギースペクトルについてまとめておこう. 非相対論的近似では原子の定常状態は, 原子核の Coulomb 場の中を運動しながら, 互いに電気的に相互作用している電子系の Schrödinger 方程式を解くことによって決定される. 中心対称場の中での電子系は全軌道角運動量 $L$ が

保存されるので，各定常状態は $L$ によって指定されるだろう．さらに，3.1.3 項で
みたように，軌道波動関数は一定の置換対称性をもっており，その対称性は系の
全スピン $S$ の一定の値に対応している．したがって，原子の定常状態は $S$ によっ
ても指定されるだろう．一定の $L$ と $S$ の値をもつエネルギー準位は，ベクトル $\boldsymbol{L}$
と $\boldsymbol{S}$ の可能な方向に応じて縮退している．その縮退度は $(2L+1)(2S+1)$ である．

　しかし，2 章でみたように，電子系にはそのスピンに依存する相対論的効果が
存在する．Dirac のハミルトニアンと $\boldsymbol{L}$, $\boldsymbol{S}$ は交換せず，保存量は $\boldsymbol{J} = \boldsymbol{L} + \boldsymbol{S}$ だ
けである．したがって，エネルギー準位は $J$ によって指定されなければならない．
しかし，この相対論的効果が比較的小さいならば，これを摂動として取り込むこ
とが可能である．その場合，$(2L+1)(2S+1)$ 重に縮退した準位は，全角運動量
$J$ の値の異なる一連の準位に分裂する．また波動関数は，与えられた $L$ と $S$ をも
つ縮退した準位の波動関数の線形結合となる．したがって，この近似では，$J$ に
加えて $L$ と $S$ も確定した状態が分裂した各々のエネルギー準位に対応すること
になる．この分裂のことを，**微細構造** (あるいは**多重項分裂**) という．$J$ は $L+S$
から $|L-S|$ までの値をとるので，一定の $L$ と $S$ をもつ準位は，($L > S$ のとき)
$2S+1$ 個あるいは ($L < S$ のとき) $2L+1$ 個の異なる準位に分裂する．これらの
各準位は，ベクトル $\boldsymbol{J}$ の方向に関して $2J+1$ 重の縮退が残っている．$2J+1$ を
$J$ の可能な値に対して加えたものは，当然 $(2L+1)(2S+1)$ に等しい．

　原子のエネルギー準位 (しばしば原子のスペクトル項と呼ばれる) は，以下のよ
うな記号を用いて指定される．まず $L$ については，水素原子のエネルギー準位と
同様な (ただし，通常は大文字の) アルファベットが用いられる．

$$L = 0 \quad 1 \quad 2 \quad 3 \quad 4 \quad 5 \quad 6 \quad 7 \quad 8 \quad \cdots$$
$$\phantom{L = 0\quad} S \quad P \quad D \quad F \quad G \quad H \quad I \quad K \quad L \quad \cdots$$

この記号の左肩にはスペクトル項の多重度と呼ばれる数 $2S+1$ を記入する (た
だし，この数は $L \geq S$ の場合にのみ多重度を表している)．さらに，右下には全角
運動量の値 $J$ を記入する．したがって，$^2P_{1/2}$, $^2P_{3/2}$ などは，$L = 1$, $S = 1/2$,
$J = 1/2, 3/2$ の状態を表している．

## 3.4.1　原子内の電子状態

　水素原子を除けば，すべての原子，イオンは複数個の電子をもち，それらは互

いに相互作用している．したがって，原子内の電子状態を明らかにすることは複雑な多体問題である．それにもかかわらず，原子内では個別電子あるいは個別の準粒子という概念，すなわち原子核とほかの電子によってつくられる平均場の中を電子が運動するという概念が多くの場合有効である．

そうした平均場の構成方法の一つが 3.3 節で導入した Hartree–Fock 近似である．それ以外にも種々の手法があるが，原子・分子に留まらず，固体・凝縮物質にも適用されて大きな成功を収めている手法に **密度汎関数理論** がある[12]．密度汎関数理論では，相互作用している多電子系のハミルトニアン (3.118) の基底状態 $|G\rangle$ での系のエネルギー $E = \langle G|H|G\rangle$ は，電子密度 $n(\mathbf{r})$ の汎関数として与えられることが厳密に証明される．すなわち，

$$E[n] = T_s[n] + \frac{1}{2} \int \int \frac{n(\mathbf{r})n(\mathbf{r}')}{|\,\mathbf{r} - \mathbf{r}'\,|} d\mathbf{r} d\mathbf{r}' + E_{\mathrm{xc}}[n] \tag{3.144}$$

ここで，第 1 項 $T_s[n]$ が個別電子の運動エネルギー，第 2 項が Coulomb 相互作用エネルギー，そして第 3 項 $E_{\mathrm{xc}}$ が量子論的な効果を含んだ交換相関エネルギー汎関数である．電子密度 $n(\mathbf{r})$ を一電子軌道 $\psi_\mu(\mathbf{r})$ の絶対値の和，$n(\mathbf{r}) = \sum_\mu |\psi_\mu(\mathbf{r})|^2$ で書き，エネルギーの式 (3.144) をこの $\psi_\mu$ について変分すると，変分方程式として，

$$\left[ -\frac{\hbar^2 \boldsymbol{\nabla}^2}{2m} + v(\mathbf{r}) + \int \frac{n(\mathbf{r}')}{|\,\mathbf{r} - \mathbf{r}'\,|} d\mathbf{r}' + \frac{\delta E_{\mathrm{xc}}[n]}{\delta n(\mathbf{r})} \right] \psi_\mu(\mathbf{r}) = \varepsilon_\mu \psi_\mu(\mathbf{r}) \tag{3.145}$$

を得る．これは Hartree–Fock 方程式 (3.138) に対応する密度汎関数理論における有効一電子方程式であり，そこでの有効ポテンシャル (平均場) $v_{\mathrm{eff}}(\mathbf{r})$ には交換ポテンシャルに加えて，汎関数微分 $\delta E_{\mathrm{xc}}[n]/(\delta n(\mathbf{r}))$ の形で相関効果も含まれている．もちろん，汎関数 $E_{\mathrm{xc}}[n(\mathbf{r})]$ に対する近似が必要で，その近似をより進んだものにする努力がいまでもつづいている．Hartree–Fock 方程式においても，密度汎関数理論の方程式 (3.145) においても，有効一電子方程式のハミルトニアンには $\psi_\mu(\mathbf{r})$ が含まれており，方程式を **自己無撞着** に解くことが必要となる．

原子の場合は，この自己無撞着場は中心対称性を有している．したがって，各個別準電子の状態は (非相対論的近似では) 角運動量 $l$ の値によって指定される．$l$ が与えられると主量子数 $n$ は $n = l+1, l+2, \cdots$ の各値をとる．与えられた $l$ に対して磁気量子数 $m$ の異なる値の数 $2l+1$ だけ個別電子の状態は縮退している．これは中心対称場に特有な回転群の対称性によるものである (5 章参照)．異なる $n$,

$l$ の値をもつ状態がエネルギー準位としてどのような値をもつかは，自己無撞着ポテンシャルの形に依存する．原子の場合には，概ね $n$ および $l$ が増えるとエネルギー準位が上昇する．水素原子は特別な場合であり，エネルギー準位は $l$ の異なる値について縮退している (偶然縮退)．いろいろな $n$ と $l$ をもつ個別電子の状態は，主量子数 $n$ と $l$ の値を表すアルファベットで表すのがならわしである．たとえば $n = 3$, $l = 2$ なら $3d$, $n = 4$, $l = 3$ なら $4f$. 原子の状態は全軌道角運動量 $L$, 全スピン $S$ を与えるだけでは一意的に決まらず，各個別電子状態を何個の電子が占有しているかを指定する必要がある．たとえば 1s2p $^3P_0$ は $L = 1$, $S = 1$, $J = 0$ で，二つの個別電子が 1s 軌道と 2p 軌道を占有していることを表している．もしいくつかの電子が同じ $n$ と $l$ の状態を占有している場合には，その数をべき数の形で表す (3p 状態に 4 個の電子なら $3p^4$). $n$, $l$ で指定されるそれぞれの軌道を何個の電子が占有しているかを表したものを電子配置という．

同じ電子配置ではあるが，異なる全軌道角運動量 $L$ と全スピン $S$ をもつ状態は，異なるエネルギーをもつ．これは，用いられた平均場近似に取り入れられていない電子の相互作用に起因するものである．同じ電子配置でどのような $L$, $S$ が可能であるかは，各運動量の合成則と Pauli の排他原理によって決定される．例として 2 個の同等な d 電子から成る配置で考えよう．$l = 2$ の個別電子の状態は磁気量子数 $m$ は 2 から $-2$ までの五つの値をとる．スピンの投影 $\sigma$ は $\pm 1/2$ なので，$(m, \sigma)$ の対は以下の 10 個の可能性がある．a) $(2, 1/2)$, b) $(1, 1/2)$, c) $(0, 1/2)$, d) $(-1, 1/2)$, e) $(-2, 1/2)$, a') $(2, -1/2)$, b') $(1, -1/2)$, c') $(0, -1/2)$, d') $(-1, -1/2)$, e') $(-2, -1/2)$. これより，全角運動量 $L$ の投影 $M_L = \sum m$, および全スピン $S$ の投影 $M_S = \sum \sigma$ の可能な値 $(M_L, M_S)$ は，表 3.1 で与えられる．ここで，負の $M_L$, $M_S$ をもつ場合は，新しい状態を生み出さないので省略した．$(M_L, M_S) = (4, 0)$ の状態が存在し，$M_S$ の値が 1 以上のものが存在しないことは，$^1G$ 項がなければならないことを示している．表 3.1 の中の，$M_L = 3, 2, 1, 0$, $M_S = 0$ の状態はこの $^1G$ 項を形成している．次に $(M_L, M_S) = (3, 1)$ の状態が存在し，$M_S$ の値が 3/2 以上のものがないので，$^3F$ 項がなければならない．表 3.1 の中の，$M_L = 2, 1, 0$, $M_S = 1, 0$ の状態はこの $^3F$ 項を形成している．同様の考察をつづけると，残りの $(M_L, M_S) = (2, 0)$ 状態から $^1D$ 項，$(M_L, M_S) = (1, 1)$ 状態から $^3P$ 項，最後に残った $(M_L, M_S) = (0, 0)$ から $^1S$ 項の存在を示すことができる．すなわち $d^2$ の電子配置から生み出される多重項は，$^1G$, $^3F$, $^1D$, $^3P$, $^1S$ の五つである．

**表 3.1** $d^2$ 電子配置で許される磁気量子数 $M_L$ とスピンの投影 $M_S$

|            | $(M_L, M_S)$ |          | $(M_L, M_S)$ |          | $(M_L, M_S)$ |
|------------|--------------|----------|--------------|----------|--------------|
| a) + a')   | (4, 0)       | a) + b)  | (3, 1)       | a) + c)  | (2, 1)       |
|            |              | a) + b') | (3, 0)       | a) + c') | (2, 0)       |
|            |              | a') + b) | (3, 0)       | a') + c) | (2, 0)       |
|            |              |          |              | b) + b') | (2, 0)       |
|            |              | a) + d)  | (1, 1)       | a) + e)  | (0, 1)       |
|            |              | a) + d') | (1, 0)       | a) + e') | (0, 0)       |
|            |              | a') + d) | (1, 0)       | a') + e) | (0, 0)       |
|            |              | b) + c)  | (1, 1)       | b) + d)  | (0, 1)       |
|            |              | b) + c') | (1, 0)       | b) + d') | (0, 0)       |
|            |              | b') + c) | (1, 0)       | b') + d) | (0, 0)       |
|            |              |          |              | c) + c') | (0, 0)       |

　異なる多重項のうちでどの状態が最もエネルギーが低いかについては，経験則として **Hund** (フント) の規則が成り立っている．すなわち，与えられた電子配置において許される多重項のうち最大の $S$ の値をもち，しかも (この $S$ において許される) 最大の $L$ の値をもつ項が最低のエネルギーをもつ．

　$S$ が最大という要請には次のような理由づけをすることもできる．3.1.3 項で示したように，2 電子系の場合，スピンの値は $S = 1$ と $S = 0$ が可能であり，対応して軌道部分の波動関数 $\Psi(\boldsymbol{r}_1, \boldsymbol{r}_2)$ は座標の置換に対して，$S = 1$ の場合は反対称，$S = 0$ の場合は対称である．反対称な波動関数は $\boldsymbol{r}_1 = \boldsymbol{r}_2$ で，値は 0 である．言い換えれば，2 電子が互いに近くに存在する確率は小さい．そのため，静電反発力が比較的小さくなり，したがってエネルギーは低くなる．3 個以上の電子から成る系でも，置換に対する対称性の要請から，最大のスピンをもつ状態が，「最も反対称的な」軌道部分の波動関数をもつ．しかし，これはあくまで定性的な一つの説明であり，実際は複雑な多体効果が重要である．

### 3.4.2 　原子準位の微細構造

　前項までは自己無撞着な平均場のもとでの電子配置の概念を導入し，さらに同一の電子配置でも異なる $L$ と $S$ をもつ項は，電子間相互作用により，エネルギー的に分裂することを説明した．本項では相対論的効果により，$L$ と $S$ で指定される状態がさらに分裂 (多重項分裂) することを示そう．

2.3.2 項で示したように, Dirac 方程式に Pauli 近似を行うと, 4 成分の方程式は上向きと下向きのスピンに対する 2 成分軌道波動関数に対する Schrödinger 方程式の形となり, そこではスピン–軌道相互作用が存在する. それは原子内の各電子 $i$ に対して作用し, 具体的な形は,

$$V_{sl} = \frac{e\hbar}{2m^2c^2} \sum_i \frac{1}{r_i} \frac{d\phi(r_i)}{dr_i} \boldsymbol{l}_i \cdot \boldsymbol{s}_i \tag{3.146}$$

である. ここで $\boldsymbol{s} = \boldsymbol{\sigma}/2$ は各々の電子のスピン演算子であり, $\phi(r_i)$ は電子 $i$ の感じる (中心対称性をもつ) 自己無撞着場である.

スピン–軌道相互作用 (3.146) が $L$ と $S$ で指定される多重項に, どのような多重項分裂を引き起こすかをみるために, $V_{sl}$ を $L$ と $S$ で決まる電子状態で平均する. ただし, $\boldsymbol{L}$, $\boldsymbol{S}$ の各方向の異なる状態については平均しない. こうして得られたスピン–軌道相互作用を $V_{SL}$ と書く. $\boldsymbol{s}_i$ を $L$, $S$ で決まる状態で平均すると, その方向は系を特徴づけるスピンの向き $\boldsymbol{S}$ と平行のはずである. 同様に $\boldsymbol{l}_i$ の平均は $\boldsymbol{L}$ と平行であろう. したがって $V_{SL}$ は,

$$V_{SL} = A\boldsymbol{L} \cdot \boldsymbol{S} \tag{3.147}$$

という形になるであろう. ここで $A$ は, $L$ と $S$ とで決まる定数であり, $\boldsymbol{L}$, $\boldsymbol{S}$ の互いの向き, すなわち $\boldsymbol{J} = \boldsymbol{L} + \boldsymbol{S}$ には依存しない.

この $V_{SL}$ による分裂を計算するためには, 式 (3.147) を $(2L+1)(2S+1)$ 個の多重項を形成する状態ではさんだ永年方程式を解けばよい. しかし, その永年方程式を対角化する正しい状態をわれわれはすでに知っている. それは全角運動量 $J$ が確定値をもつ状態である. したがって, $J$ が確定した状態でスピン–軌道相互作用エネルギーを計算することは, 演算子 $V_{SL}$ を $J$ 確定状態の固有値で置き換えることと等価である. すなわち,

$$\boldsymbol{L} \cdot \boldsymbol{S} = \frac{1}{2}[J(J+1) - L(L+1) - S(S+1)]$$

である. 多重項の中のすべての項の $L$ と $S$ の値は同じなので, エネルギーの分裂は,

$$\frac{1}{2}AJ(J+1) \tag{3.148}$$

と書ける. $2S+1$ 重 ($L \geq S$ の場合) あるいは $2L+1$ 重 ($L < S$ の場合) に縮退していた多重項は, スピン–軌道相互作用により式 (3.148) に従って分裂する. $J$ と

$J \pm 1$ で指定される隣り合う準位の間隔は,

$$\Delta E_{J,J\pm 1} = AJ \tag{3.149}$$

となる. これは Lande (ランデ) の間隔則として知られているものである.

　以上の議論は, 電子の軌道角運動量はまとめられて原子の全軌道角運動量になり, 電子のスピンはまとめられて全スピンになるという仮定に基づいている. これは相対論的効果が小さいときにのみ有効な考え方であることに注意したい. 別の言い方をすれば, 微細構造 (多重項分裂) の大きさが, 異なる $L$, $S$ をもつ準位の間隔に比べて小さくなければならない. このような近似は, **Russell–Saunders** (ラッセル–ソンダース) 結合あるいは **$LS$ 結合**と呼ばれる. 相対論的効果が大きい場合には, もはや軌道角運動量とスピンを別々に扱うことはできない. それらは保存量ではない. 個別電子はそれぞれの全角運動量 $j$ によって指定され, それらがまとまって原子の全角運動量 $J$ になる. このような原子準位の組み立て方を **$jj$ 結合**という.

# 4 電磁場の量子化と電子・光子相互作用

本章では，電磁場の古典論を正準形式で書き直し，電磁場を振動子の集合とみなすことができることを導く．古典物理学では，電磁場あるいは光は波動の性質をもっているとされてきたが，実際は光電効果などの現象で明らかなように，粒子としての性質も有している．正準形式で書き直した電磁場を記述する変数を量子化することにより，光子の概念を導き出す．さらに荷電粒子との相互作用を導出し，物質中の光子の放出と吸収を議論する．

## 4.1 古典電磁気学：電磁場とベクトルポテンシャル，スカラーポテンシャル

電磁場は，古典的には **Maxwell の方程式**で記述される．それは，電場 $\boldsymbol{E}$，電束密度 $\boldsymbol{D}$，磁場 $\boldsymbol{H}$，磁束密度 $\boldsymbol{B}$，電流密度 $\boldsymbol{j}$，電荷密度 $\rho$ に対して，

$$\operatorname{div} \boldsymbol{D} = \rho \tag{4.1}$$

$$\operatorname{div} \boldsymbol{B} = 0 \tag{4.2}$$

$$\operatorname{rot} \boldsymbol{E} = -\frac{\partial \boldsymbol{B}}{\partial t} \tag{4.3}$$

$$\operatorname{rot} \boldsymbol{H} = \frac{\partial \boldsymbol{D}}{\partial t} + \boldsymbol{j} \tag{4.4}$$

である．ここで，誘電率 $\epsilon$，透磁率 $\mu$ を用いて，

$$\boldsymbol{D} = \epsilon \boldsymbol{E} , \qquad \boldsymbol{B} = \mu \boldsymbol{H} \tag{4.5}$$

と書ける．真空中では誘電率 $\epsilon_0$ と透磁率 $\mu_0$ の間に，$\epsilon_0 \mu_0 = 1/c^2$ の関係がある．電荷分布，電流分布は一般に，時刻 $t$ で $\boldsymbol{r}_i$ に位置し，$\dot{\boldsymbol{r}}_i$ の速さで運動している電荷 $e_i$ によって生じるので，

$$\rho(\boldsymbol{r}, t) = \sum_{i=1}^{N} e_i \, \delta(\boldsymbol{r} - \boldsymbol{r}_i) , \qquad \boldsymbol{j}(\boldsymbol{r}, t) = \sum_{i=1}^{N} e_i \, \dot{\boldsymbol{r}}_i \, \delta(\boldsymbol{r} - \boldsymbol{r}_i) \tag{4.6}$$

である．物質中では，$\rho$ は物質固有のものではない外部電荷を意味し，外部電荷による電流分布 (4.6) を $\boldsymbol{j}_e(\boldsymbol{r}, t)$ と書き，物質内の電流と区別すれば，$\boldsymbol{j} = \boldsymbol{j}_e + \sigma \boldsymbol{E}$

である．ここで $\sigma$ は物質の伝導率である．また，物質内の分極 $\boldsymbol{P}$，磁化 $\boldsymbol{M}$ を用いれば，$\boldsymbol{D} = \epsilon_0 \boldsymbol{E} + \boldsymbol{P}$，$\boldsymbol{B} = \mu_0 \boldsymbol{H} + \boldsymbol{M}$ である．式 (4.1)，(4.4) から，連続の方程式，

$$\frac{\partial \rho}{\partial t} + \mathrm{div}\boldsymbol{j} = 0 \tag{4.7}$$

が導かれる．Maxwell の方程式は形式的には真空中でも物質中でも同じ形をしているので，量子化の手続きはいずれの場合にも共通である．

　磁束密度の発散が 0 であることより，ベクトルポテンシャル $\boldsymbol{A}$ を導入し，

$$\boldsymbol{B} = \mathrm{rot}\boldsymbol{A} \tag{4.8}$$

とすることができる (恒等式 $\mathrm{div}\,\mathrm{rot} = 0$)．これを式 (4.3) に代入すると，

$$\mathrm{rot}\left(\boldsymbol{E} + \frac{\partial \boldsymbol{A}}{\partial t}\right) = 0$$

を得る．$\mathrm{rot}\,\mathrm{grad} = 0$ なる恒等式より，スカラーポテンシャル $\phi$ を導入し，

$$\boldsymbol{E} + \frac{\partial \boldsymbol{A}}{\partial t} = -\mathrm{grad}\phi$$

と表すことができる．すなわち，

$$\boldsymbol{E} = -\mathrm{grad}\phi \ - \ \frac{\partial \boldsymbol{A}}{\partial t} \tag{4.9}$$

である．ここで任意のスカラー関数 $\Lambda$ を用いて，ベクトルポテンシャル，スカラーポテンシャルを，

$$\boldsymbol{A} \to \boldsymbol{A} - \mathrm{grad}\Lambda \ , \qquad \phi \to \phi + \frac{\partial \Lambda}{\partial t} \tag{4.10}$$

と変換しても，この新しいベクトルポテンシャル，スカラーポテンシャルから導かれる電場，磁場は以前のものと変わらない．すなわちベクトルポテンシャル，スカラーポテンシャルには不定性が残されている．式 (4.10) の変換のことを**ゲージ変換**という．物理量はこのゲージ変換に対して不変でなくてはならない．

　ベクトルポテンシャル，スカラーポテンシャルの導入により，Maxwell 方程式のうち，式 (4.2)，(4.3) の二つは自動的に満たされる．残りの二つの関係式はどうなるだろう．まず式 (4.1) は，

$$\rho = \epsilon\,\mathrm{div}\boldsymbol{E} = \epsilon\,\mathrm{div}\left(-\mathrm{grad}\phi - \frac{\partial \boldsymbol{A}}{\partial t}\right)$$

であり，div grad $= \Delta$ なので，

$$\Delta\phi + \frac{\partial}{\partial t}(\text{div}\boldsymbol{A}) = -\frac{\rho}{\epsilon} \tag{4.11}$$

となる．式 (4.4) は，

$$\boldsymbol{j} = \frac{1}{\mu}\text{rot}\boldsymbol{B} - \epsilon\frac{\partial \boldsymbol{E}}{\partial t} = \frac{1}{\mu}\text{rot rot}\boldsymbol{A} - \epsilon\frac{\partial}{\partial t}\left(-\text{grad}\phi - \frac{\partial \boldsymbol{A}}{\partial t}\right)$$

であり，

$$\text{rot rot}\boldsymbol{A} = \text{grad}(\text{div}\boldsymbol{A}) - \Delta\boldsymbol{A}$$

なので，

$$\left(\Delta - \epsilon\mu\frac{\partial^2}{\partial t^2}\right)\boldsymbol{A} = -\mu\boldsymbol{j} + \epsilon\mu\,\text{grad}\left(\frac{\partial\phi}{\partial t}\right) + \text{grad}(\text{div}\boldsymbol{A})$$

となる．ここで $\epsilon\mu = 1/c^2$ とおくと[*1]，以下のような演算子 (ダランベール (d'Alembert) 演算子)

$$\square \equiv \Delta - \frac{1}{c^2}\frac{\partial^2}{\partial t^2}$$

を導入することにより，式 (4.4) は，

$$\square\boldsymbol{A} = -\mu\boldsymbol{j} + \text{grad}\left(\frac{1}{c^2}\frac{\partial\phi}{\partial t} + \text{div}\boldsymbol{A}\right) \tag{4.12}$$

となる．

さてここで，以下の議論のために一つのゲージ

$$\text{div}\boldsymbol{A} = 0 \tag{4.13}$$

となるようなベクトルポテンシャルを選ぼう．もし与えられた電場，磁場に対応するベクトルポテンシャル $\boldsymbol{A}$ の発散が 0 でないならば，div $\boldsymbol{A} = \text{div grad}\Lambda$ なる $\Lambda$ を求め，式 (4.10) のゲージ変換を行うことによって，原理的にいつでも可能である (これは，有限の発散をもつベクトル場を生み出すスカラー場 $\Lambda$ が存在することを意味しており，物理的にはある電荷分布が生み出す電場には，対応するスカラーポテンシャルが必ず存在することに対応している)．式 (4.13) で定まるベクトルポテンシャルとスカラーポテンシャルのことを **Coulomb (クーロン) ゲージ** という．式 (4.11)，(4.12) より，Coulomb ゲージにおいては，Maxwell 方程式は，

---

[*1] 真空中での誘電率 $\epsilon_0$，透磁率 $\mu_0$ とすると，$\epsilon_0\mu_0$ は光の速さの 2 乗の逆数である．$c$ は，物質中では光の速さよりも遅い速さとなる．

$$\Delta\phi = -\frac{\rho}{\epsilon} \tag{4.14}$$

$$\Box \boldsymbol{A} = -\mu \boldsymbol{J} \tag{4.15}$$

の二つの式に帰結される. ここで,

$$\boldsymbol{J} = \boldsymbol{j} - \epsilon \operatorname{grad}\left(\frac{\partial\phi}{\partial t}\right) \tag{4.16}$$

である. 式 (4.14) は Poisson (ポアッソン) 方程式であり, その解は,

$$\phi(\boldsymbol{r}, t) = \frac{1}{4\pi\epsilon} \int \frac{\rho(\boldsymbol{r}', t)}{|\boldsymbol{r} - \boldsymbol{r}'|} d\boldsymbol{r}' \tag{4.17}$$

となる[*2].

　ベクトルポテンシャルに対する方程式 (4.15) は波動方程式の形をしている. もし右辺が 0 であるならば (電流密度が存在しないならば), これは速さ $c$ で伝播する波の従う方程式にほかならない. そこで, 式 (4.15) を解くために, 周期的境界条件を導入して平面波展開を行う. すなわち, 巨視的なスケールの一辺 $L$ のボックスを導入し (体積 $\Omega = L^3$), ベクトルポテンシャルはこの巨視的なボックスの両端で周期的であるとする. そうすると, 波数

$$\boldsymbol{k} = \frac{2\pi}{L}(n_x, n_y, n_z) \qquad (n_x,\ n_y,\ n_z \text{ は整数})$$

をもつ平面波で, ベクトルポテンシャルを以下のように Fourier (フーリエ) 展開できる.

$$\boldsymbol{A}(\boldsymbol{r}, t) = \frac{1}{\sqrt{\Omega}} \sum_{\boldsymbol{k}} \boldsymbol{A}_{\boldsymbol{k}}(t) e^{i\boldsymbol{k}\cdot\boldsymbol{r}} \tag{4.18}$$

このベクトル場の発散は,

---

[*2]　ほかの代表的なゲージとしては, Lorentz ゲージがある. それは,

$$\operatorname{div}\boldsymbol{E} + \frac{1}{c^2}\frac{\partial\phi}{\partial t} = 0$$

を要請するものである. これにより, 式 (4.11), (4.12) は,

$$\Box\phi = -\frac{\rho}{\epsilon}$$
$$\Box\boldsymbol{A} = -\mu\boldsymbol{j}$$

となる. これはベクトルポテンシャルとスカラーポテンシャルに対して, 対称的な形をしているので, ある場合には見通しが良くなるが, ここではこれ以上立ち入らない.

$$\mathrm{div}\boldsymbol{A} = \frac{i}{\sqrt{\Omega}} \sum_{\boldsymbol{k}} \boldsymbol{k} \cdot \boldsymbol{A_k}(t) e^{i\boldsymbol{k}\cdot\boldsymbol{r}}$$

であり，Coulomb ゲージでは，

$$\boldsymbol{k} \cdot \boldsymbol{A_k}(t) = 0$$

を得る．すなわち波動方程式 (4.15) を満たすベクトルポテンシャルは，Coulomb ゲージでは横波である．また，$A(\boldsymbol{r},t)$ は実ベクトルであることより，

$$\boldsymbol{A_k}(t) e^{i\boldsymbol{k}\cdot\boldsymbol{r}} + \boldsymbol{A_{-k}}(t) e^{-i\boldsymbol{k}\cdot\boldsymbol{r}} = \sum_{\sigma=1,2} \boldsymbol{e_{k\sigma}}(q_{k\sigma}(t) e^{i\boldsymbol{k}\cdot\boldsymbol{r}} + q_{k\sigma}^*(t) e^{-i\boldsymbol{k}\cdot\boldsymbol{r}})$$

とすることができる．ここで $\boldsymbol{k}$ に垂直な平面での二つの単位ベクトル

$$\boldsymbol{e_{k1}}, \qquad \boldsymbol{e_{k2}}$$

を導入した．これにより，

$$\boldsymbol{A}(\boldsymbol{r},t) = \frac{1}{\sqrt{\Omega}} \sum_{\boldsymbol{k}} \sum_{\sigma} \boldsymbol{e_{k\sigma}}[q_{k\sigma}(t) e^{i\boldsymbol{k}\cdot\boldsymbol{r}} + q_{k\sigma}^*(t) e^{-i\boldsymbol{k}\cdot\boldsymbol{r}}] \tag{4.19}$$

と展開できる．$\boldsymbol{e_{k\sigma}}$ を電磁場の**偏極ベクトル**という．スカラーポテンシャル，電流密度に対しても同様のフーリエ変換を行うと，

$$\phi(\boldsymbol{r},t) = \frac{1}{\sqrt{\Omega}} \sum_{\boldsymbol{k}}[\phi_{\boldsymbol{k}}(t) e^{i\boldsymbol{k}\cdot\boldsymbol{r}} + \phi_{\boldsymbol{k}}^*(t) e^{-i\boldsymbol{k}\cdot\boldsymbol{r}}] \tag{4.20}$$

$$\boldsymbol{j}(\boldsymbol{r},t) = \frac{1}{\sqrt{\Omega}} \sum_{\boldsymbol{k}}[\boldsymbol{j_k}(t) e^{i\boldsymbol{k}\cdot\boldsymbol{r}} + \boldsymbol{j_k}^*(t) e^{-i\boldsymbol{k}\cdot\boldsymbol{r}}] \tag{4.21}$$

を得る．

さて，この Fourier 展開を用いて，ベクトルポテンシャルに対する方程式 (4.15) を変形しよう．明示的に書き下すと，

$$\frac{1}{\sqrt{\Omega}} \sum_{\boldsymbol{k}} \sum_{\sigma} \boldsymbol{e_{k\sigma}} \left[ -k^2 q_{k\sigma}(t) - \frac{1}{c^2} \ddot{q}_{k\sigma}(t) \right] e^{i\boldsymbol{k}\cdot\boldsymbol{r}} \ + \ (複素共役)$$

$$= \frac{1}{\sqrt{\Omega}} \sum_{\boldsymbol{k}} (-\mu)[\boldsymbol{j_k}(t) - i\epsilon\boldsymbol{k}\dot{\phi}_{\boldsymbol{k}}(t)] e^{i\boldsymbol{k}\cdot\boldsymbol{r}} \ + \ (複素共役)$$

である．これよりフーリエ逆変換により，

$$\sum_\sigma e_{k\sigma} \left[ -k^2 q_{k\sigma}(t) - \frac{1}{c^2} \ddot{q}_{k\sigma}(t) \right] = -\mu[j_k(t) - i\epsilon k \dot{\phi}_k(t)] \tag{4.22}$$

を得る.

ベクトルの間の関係式 (4.22) に対して, まず $k$ に平行な成分 (縦波成分) を考えよう. 式 (4.22) の両辺と $k$ との内積をとると,

$$0 = -\mu[k \cdot j_k(t) - i\epsilon k^2 \dot{\phi}_k(t)] \tag{4.23}$$

である. 一方, Poisson 方程式 (4.14) の両辺を時間微分すると,

$$\Delta \dot{\phi} = -\frac{\dot{\rho}}{\epsilon}$$

であり, さらに連続の方程式 (4.7) より, 右辺は電流密度の発散で書けるので,

$$\frac{1}{\sqrt{\Omega}} \sum_k [-k^2 \dot{\phi}_k(t)] \, e^{ik \cdot r} = \frac{1}{\sqrt{\Omega}\epsilon} \sum_k [ik \cdot j_k(t)] \, e^{ik \cdot r}$$

が成り立っている. これは式 (4.23) と等価である.

次に, 横波成分を考えよう. 式 (4.22) の両辺と $e_{k\sigma}$ との内積をとると,

$$-k^2 q_{k\sigma}(t) - \frac{1}{c^2} \ddot{q}_{k\sigma}(t) = -\mu j_k(t) \cdot e_{k\sigma}$$

を得る. まとめると,

$$\ddot{q}_{k\sigma}(t) + \omega_k^2 q_{k\sigma}(t) = \frac{1}{\epsilon} e_{k\sigma} \cdot j_k(t)$$
$$= \frac{1}{\epsilon\sqrt{\Omega}} e_{k\sigma} \cdot \int d\Omega j(r,t) e^{-ik \cdot r} \tag{4.24}$$

となる. ここで $\omega_k = ck$ である. 電流が存在しない場合, 右辺は 0 であり, その場合は $q_{k\sigma}(t)$ は調和振動子の従うべき方程式を満たす. すなわち, ベクトルポテンシャルで記述される**電磁場は $(k, \sigma)$ で指定される調和振動子の集まり**とみなすことができる. 電流が存在する場合には, 電磁場はその電流を担う電荷の運動による強制振動子の集まりとみなせる.

## 4.2 電磁場のエネルギー

さて, 電磁場に蓄えられているエネルギー

$$U = \frac{1}{2} \int \left( \epsilon E^2 + \frac{B^2}{\mu} \right) d\Omega$$

を考えよう．ベクトルポテンシャル，スカラーポテンシャルで書き直すと，

$$U = \frac{1}{2} \int \left[ \epsilon (\boldsymbol{\nabla}\phi + \dot{\boldsymbol{A}})^2 + \frac{(\mathrm{rot}\boldsymbol{A})^2}{\mu} \right] d\Omega$$

$$= \frac{1}{2} \int \left[ \epsilon \dot{\boldsymbol{A}}^2 + \frac{(\mathrm{rot}\boldsymbol{A})^2}{\mu} \right] d\Omega$$

$$+ \frac{\epsilon}{2} \int \left[ 2\dot{\boldsymbol{A}} \cdot \boldsymbol{\nabla}\phi + (\boldsymbol{\nabla}\phi)^2 \right] d\Omega$$

最右辺の 1 行目を $U_{\mathrm{rad}}$，2 行目を $U_{\mathrm{C}}$ と書こう．まず，$U_{\mathrm{C}}$ は，

$$\int d\Omega \, (\boldsymbol{\nabla}\phi)^2 = - \int d\Omega \, \phi \, \Delta\phi \,, \quad \int d\Omega \, \phi \, \mathrm{div}\dot{\boldsymbol{A}} = - \int d\Omega \, \dot{\boldsymbol{A}} \cdot \boldsymbol{\nabla}\phi$$

が成立すること[*3]と Coulomb ゲージであることに注意すれば，

$$U_{\mathrm{C}} = -\frac{\epsilon}{2} \int d\Omega \, [2\phi \, \mathrm{div}\dot{\boldsymbol{A}} + \phi\Delta\phi]$$

$$= \frac{1}{2} \int d\Omega \, \phi \, \rho$$

$$= \frac{1}{4\pi\epsilon} \frac{1}{2} \sum_i \sum_j \frac{e_i e_j}{|\boldsymbol{r}_i - \boldsymbol{r}_j|} \tag{4.25}$$

を得る．ここで最後の変形には式 (4.6)，(4.17) を用いた．この形より，$U_{\mathrm{C}}$ は Coulomb 相互作用エネルギーを表していることがわかる．

したがって，$U_{\mathrm{rad}}$ は自由な荷電粒子が存在しないときの電磁場のエネルギーに対応している．これを**輻射場**のエネルギーと呼ぶ．式 (4.19) より，

$$\frac{\partial \boldsymbol{A}}{\partial t} = \frac{1}{\sqrt{\Omega}} \sum_{\boldsymbol{k}} \sum_{\sigma} [\dot{q}_{\boldsymbol{k}\sigma}(t)e^{i\boldsymbol{k}\cdot\boldsymbol{r}} + \dot{q}^*_{\boldsymbol{k}\sigma}(t)e^{-i\boldsymbol{k}\cdot\boldsymbol{r}}]e_{\boldsymbol{k}\sigma} \tag{4.26}$$

---

[*3] $f$, $g$ を遠方で 0 となるスカラー関数とすると，

$$\int d\Omega \mathrm{div}(f\boldsymbol{\nabla}g) = \int d\Omega(\boldsymbol{\nabla}f) \cdot (\boldsymbol{\nabla}g) + \int d\Omega f \, \Delta g$$

$$= \int d\boldsymbol{S} \cdot (f\boldsymbol{\nabla}g) = 0$$

より，

$$\int d\Omega(\boldsymbol{\nabla}f) \cdot (\boldsymbol{\nabla}g) = - \int d\Omega f \, \Delta g$$

$f = g = \phi$ とすると与式を得る．
また，

$$\int d\Omega \phi \mathrm{div}\dot{\boldsymbol{A}} = \int d\boldsymbol{S} \cdot (\phi \dot{\boldsymbol{A}}) - \int d\Omega \dot{\boldsymbol{A}} \cdot \boldsymbol{\nabla}\phi$$

なる部分積分の式において右辺第 1 項は 0 なので，与式を得る．

$$\mathrm{rot}\boldsymbol{A} = \frac{i}{\sqrt{\Omega}} \sum_{\boldsymbol{k}} \sum_{\sigma} (\boldsymbol{k} \times \boldsymbol{e}_{\boldsymbol{k}\sigma})[q_{\boldsymbol{k}\sigma}(t)e^{i\boldsymbol{k}\cdot\boldsymbol{r}} - q_{\boldsymbol{k}\sigma}^*(t)e^{-i\boldsymbol{k}\cdot\boldsymbol{r}}] \qquad (4.27)$$

なので，

$$\frac{\epsilon}{2} \int \dot{\boldsymbol{A}}^2 d\Omega = \frac{\epsilon}{2} \sum_{\boldsymbol{k}} \sum_{\sigma} [\, \dot{q}_{\boldsymbol{k}\sigma}\dot{q}_{-\boldsymbol{k}\sigma} + \dot{q}_{\boldsymbol{k}\sigma}\dot{q}_{\boldsymbol{k}\sigma}^* + \ (複素共役) \,]$$

$$\frac{1}{2\mu} \int (\boldsymbol{\nabla} \times \boldsymbol{A})^2 d\Omega = \frac{1}{2\mu} \sum_{\boldsymbol{k}} \sum_{\sigma} k^2 [\, q_{\boldsymbol{k}\sigma}q_{-\boldsymbol{k}\sigma} + q_{\boldsymbol{k}\sigma}q_{\boldsymbol{k}\sigma}^* + \ (複素共役) \,]$$

となる．$q_{\boldsymbol{k}\sigma}$ の時間発展は式 (4.24) で与えられる．したがって，荷電粒子が存在しないときには，その解は，

$$q_{\boldsymbol{k}\sigma}(t) = |q_{\boldsymbol{k}\sigma}|e^{-i\omega_{\boldsymbol{k}}t+\delta_{\boldsymbol{k}}} \qquad (4.28)$$

となる．ここで，$\delta_{\boldsymbol{k}}$ は初期条件から定まる位相因子である．これより，

$$\dot{q}_{\boldsymbol{k}\sigma}(t) = -i\omega_{\boldsymbol{k}}q_{\boldsymbol{k}\sigma}(t)\,, \qquad \dot{q}_{\boldsymbol{k}\sigma}^*(t) = i\omega_{\boldsymbol{k}}q_{\boldsymbol{k}\sigma}^*(t)$$

などが得られる．これを用いると，輻射のエネルギーは，

$$U_{\mathrm{rad}} = 2\epsilon \sum_{\boldsymbol{k}} \sum_{\sigma} \omega_{\boldsymbol{k}}^2 q_{\boldsymbol{k}\sigma}q_{\boldsymbol{k}\sigma}^*$$

と書き換えられる．ここで新たな変数として，

$$Q_{\boldsymbol{k}\sigma}(t) = q_{\boldsymbol{k}\sigma}(t) + q_{\boldsymbol{k}\sigma}^*(t) \qquad (4.29)$$

を導入すると，

$$\dot{Q}_{\boldsymbol{k}\sigma}(t) = -i\omega_{\boldsymbol{k}}[q_{\boldsymbol{k}\sigma}(t) - q_{\boldsymbol{k}\sigma}^*(t)]$$

となり，輻射場のエネルギーは，

$$U_{\mathrm{rad}} = \sum_{\boldsymbol{k}} \sum_{\sigma} \left[\frac{\epsilon}{2}\dot{Q}_{\boldsymbol{k}\sigma}^2 + \frac{\epsilon\omega_{\boldsymbol{k}}^2}{2}Q_{\boldsymbol{k}\sigma}^2\right] \qquad (4.30)$$

と表される．すなわち，輻射場のエネルギーは角振動数 $\omega_{\boldsymbol{k}}$ の調和振動子のエネルギーの和になっている．これは，新たに導入した $Q_{\boldsymbol{k}\sigma}$ が輻射場の基準座標であり，輻射場は $Q_{\boldsymbol{k}\sigma}$ が表す基準振動の集合とみなせることを示している．$Q_{\boldsymbol{k}\sigma}$ に共役な運動量は，

$$P_{\boldsymbol{k}\sigma} = \epsilon\dot{Q}_{\boldsymbol{k}\sigma} \qquad (4.31)$$

となるので，輻射場のハミルトニアンは，

$$H_{\rm rad} = \sum_{\boldsymbol{k}} \sum_{\sigma} \left[ \frac{P_{\boldsymbol{k}\sigma}^2(t)}{2\epsilon} + \frac{\epsilon\omega_{\boldsymbol{k}}^2 Q_{\boldsymbol{k}\sigma}^2(t)}{2} \right] \tag{4.32}$$

となる.

## 4.3　電磁場の量子化

　電磁波は波であるが, 粒子性も有している. それを扱うために, 輻射場のハミルトニアン (4.32) を量子化する. すなわち,

$$[Q_{\boldsymbol{k}\sigma}, P_{\boldsymbol{k}\sigma}] \equiv Q_{\boldsymbol{k}\sigma} P_{\boldsymbol{k}\sigma} - P_{\boldsymbol{k}\sigma} Q_{\boldsymbol{k}\sigma} = i\hbar \tag{4.33}$$

なる交換関係を導入する. これにより式 (4.32) は調和振動子の集合に対する量子力学的ハミルトニアンとなる.

　さらに, 3.2.4 項での処方箋に従って, 第二量子化を行おう.

$$a_{\boldsymbol{k}\sigma} \equiv \frac{1}{\sqrt{2\hbar}} \left( \sqrt{\epsilon\omega_{\boldsymbol{k}}} Q_{\boldsymbol{k}\sigma} + \frac{i}{\sqrt{\epsilon\omega_{\boldsymbol{k}}}} P_{\boldsymbol{k}\sigma} \right) \tag{4.34}$$

$$a_{\boldsymbol{k}\sigma}^{\dagger} \equiv \frac{1}{\sqrt{2\hbar}} \left( \sqrt{\epsilon\omega_{\boldsymbol{k}}} Q_{\boldsymbol{k}\sigma} - \frac{i}{\sqrt{\epsilon\omega_{\boldsymbol{k}}}} P_{\boldsymbol{k}\sigma} \right) \tag{4.35}$$

を導入すると, 式 (4.33) より, これらはボゾンの生成・消滅演算子の交換関係

$$[a_{\boldsymbol{k}\sigma}, a_{\boldsymbol{k}'\sigma'}^{\dagger}] = \delta_{\boldsymbol{k}\boldsymbol{k}'} \delta_{\sigma\sigma'}$$

を満たすことがわかる (これ以外の演算子同士は可換). またハミルトニアンは,

$$H_{\rm rad} = \sum_{\boldsymbol{k}} \sum_{\sigma} \hbar\omega_{\boldsymbol{k}} \left( a_{\boldsymbol{k}\sigma}^{\dagger} a_{\boldsymbol{k}\sigma} + \frac{1}{2} \right) \tag{4.36}$$

となり, 輻射場は, 波数 $\boldsymbol{k}$ 偏極 $\sigma$ をもつボゾンの集合体であることがわかる. このボゾンを光子と呼び, 式 (4.34) が光子の消滅演算子, 式 (4.35) が生成演算子である. 式 (4.29), (4.34), (4.35) より,

$$q_{\boldsymbol{k}\sigma} = \sqrt{\frac{\hbar}{2\epsilon\omega_{\boldsymbol{k}}}} a_{\boldsymbol{k}\sigma} \,, \qquad q_{\boldsymbol{k}\sigma}^* = \sqrt{\frac{\hbar}{2\epsilon\omega_{\boldsymbol{k}}}} a_{\boldsymbol{k}\sigma}^{\dagger} \tag{4.37}$$

となるので, ベクトルポテンシャルは, 光子の生成・消滅演算子を用いて,

$$\boldsymbol{A}(\boldsymbol{r}) = \sum_{\boldsymbol{k}} \sum_{\sigma} \sqrt{\frac{\hbar}{2\epsilon\omega_{\boldsymbol{k}}\Omega}} \boldsymbol{e}_{\boldsymbol{k}\sigma} [a_{\boldsymbol{k}\sigma} e^{i\boldsymbol{k}\cdot\boldsymbol{r}} + a_{\boldsymbol{k}\sigma}^{\dagger} e^{-i\boldsymbol{k}\cdot\boldsymbol{r}}] \tag{4.38}$$

となる. さらに, 電場と磁場も量子化され,

$$B(r) = \mathrm{rot}\, A$$

$$= i \sum_{k} \sum_{\sigma} \sqrt{\frac{\hbar}{2\epsilon\omega_k\Omega}}(k \times e_{k\sigma})[a_{k\sigma}e^{ik\cdot r} - a_{k\sigma}^{\dagger}e^{-ik\cdot r}] \tag{4.39}$$

$$E(r) = -\dot{A}$$

$$= i \sum_{k} \sum_{\sigma} \sqrt{\frac{\hbar\omega_k}{2\epsilon\Omega}}\, e_{k\sigma}[a_{k\sigma}e^{ik\cdot r} - a_{k\sigma}^{\dagger}e^{-ik\cdot r}] \tag{4.40}$$

となる．式 (4.38)，(4.39)，(4.40) において，生成・消滅演算子が電磁場の粒子性を表しており，各展開項の関数の空間的依存性が電磁場の波動性を表している．まさにこれらの表式が粒子性，波動性の二重性を表している．

## 4.4　電磁場と物質の相互作用

4.2 節でみたように，電磁場のエネルギーは輻射場のエネルギー (4.30) と荷電粒子間の Coulomb 相互作用エネルギー (4.25) に分解され，前節での量子化により，輻射場のハミルトニアンは光子の集合体のハミルトニアン (4.36) となる．荷電粒子がこの電磁場中に存在する場合には，その運動エネルギー

$$H_T = \sum_{i} \frac{1}{2m_i}[p_i - e_i A(r_i, t)]^2 \tag{4.41}$$

を加えたものが全系のハミルトニアンとなる．$H_T$ に Coulomb 相互作用のハミルトニアン $H_C$ (式 (4.25) で与えられる) を加えたハミルトニアンが電磁場中の荷電粒子の運動を記述し，そこから導かれる正準方程式

$$\frac{\partial(H_T + H_C)}{\partial r_i} = -\dot{p}_i$$

は Lorentz 力のもとでの荷電粒子の運動方程式にほかならない．

さて，量子化された輻射場と荷電粒子の相互作用を考えるために，全系のハミルトニアンを非摂動ハミルトニアン $H_0$ と摂動ハミルトニアン $H_{\mathrm{int}}$ の和の形に書こう．

$$H = H_0 + H_{\mathrm{int}} \tag{4.42}$$

ここで，$H_0$ は輻射場のハミルトニアン $H_{\mathrm{rad}}$ と荷電粒子のハミルトニアン $H_{\mathrm{p}}$ の和 $H_0 = H_{\mathrm{rad}} + H_{\mathrm{p}}$ であり，$H_{\mathrm{p}}$ は，

$$H_{\mathrm{p}} = \sum_i \frac{1}{2m_i} \boldsymbol{p}_i^2 + H_{\mathrm{C}} \tag{4.43}$$

である. 摂動ハミルトニアンは, 二つの項 $H^{(1)}$, $H^{(2)}$ から成り,

$$
\begin{aligned}
H_{\mathrm{int}} &= H^{(1)} + H^{(2)} \\
H^{(1)} &= -\sum_i \frac{e_i}{2m_i} [\boldsymbol{p}_i \cdot \boldsymbol{A}(\boldsymbol{r}_i, t) + \boldsymbol{A}(\boldsymbol{r}_i, t) \cdot \boldsymbol{p}_i] \\
H^{(2)} &= \sum_i \frac{e_i^2}{2m_i} \boldsymbol{A}^2(\boldsymbol{r}_i, t)
\end{aligned}
\tag{4.44}
$$

である. ここで, Coulomb ゲージでは $\boldsymbol{A}$ と $\boldsymbol{p}_i$ は可換であることを用い, 光子の生成・消滅演算子で書き直すと,

$$H^{(1)} = \sum_{\boldsymbol{k}} \sum_{\sigma} \sum_i \sqrt{\frac{\hbar}{2\epsilon\omega_{\boldsymbol{k}}\Omega}} (a_{\boldsymbol{k}\sigma} e^{i\boldsymbol{k}\cdot\boldsymbol{r}_i} + a_{\boldsymbol{k}\sigma}^{\dagger} e^{-i\boldsymbol{k}\cdot\boldsymbol{r}_i}) \frac{i\hbar e_i}{m_i} \boldsymbol{e}_{\boldsymbol{k}\sigma} \cdot \boldsymbol{\nabla}_i \tag{4.45}$$

$$
\begin{aligned}
H^{(2)} = {}&\sum_{\boldsymbol{k}_1\sigma_1} \sum_{\boldsymbol{k}_2\sigma_2} \frac{\hbar}{2\epsilon\Omega} \frac{1}{\sqrt{\omega_{\boldsymbol{k}_1}\omega_{\boldsymbol{k}_2}}} (\boldsymbol{e}_{\boldsymbol{k}_1\sigma_1} \cdot \boldsymbol{e}_{\boldsymbol{k}_2\sigma_2}) \\
&\times \sum_i \frac{e_i^2}{2m_i} (a_{\boldsymbol{k}_1\sigma_1} e^{i\boldsymbol{k}_1\cdot\boldsymbol{r}_i} + a_{\boldsymbol{k}_1\sigma_1}^{\dagger} e^{-i\boldsymbol{k}_1\cdot\boldsymbol{r}_i}) \\
&\times (a_{\boldsymbol{k}_2\sigma_2} e^{i\boldsymbol{k}_2\cdot\boldsymbol{r}_i} + a_{\boldsymbol{k}_2\sigma_2}^{\dagger} e^{-i\boldsymbol{k}_2\cdot\boldsymbol{r}_i})
\end{aligned}
\tag{4.46}
$$

を得る. これより, $H^{(1)}$ は光子を 1 個放出あるいは吸収する素過程, $H^{(2)}$ は 2 個の放出・吸収素過程を記述していることがわかる.

3 章で学んだ相対論的効果の最低次は粒子のスピンと磁場の Zeeman エネルギーであり, 式 (2.88) によれば, これは $H^{(1)}$ に以下の $H_{\mathrm{Z}}$ を付け加えることに相当する.

$$
\begin{aligned}
H_{\mathrm{Z}} &= -\sum_i \frac{e_i\hbar}{2m_i} \boldsymbol{\sigma}_i \cdot \mathrm{rot}\boldsymbol{A} \\
&= i\sum_i \sum_{\boldsymbol{k}} \sum_{\sigma} \frac{\hbar e_i}{2m_i} \sqrt{\frac{\hbar}{2\epsilon\omega_{\boldsymbol{k}}\Omega}} \boldsymbol{\sigma}_i \cdot (\boldsymbol{k} \times \boldsymbol{e}_{\boldsymbol{k}\sigma}) \\
&\quad \times (a_{\boldsymbol{k}\sigma} e^{i\boldsymbol{k}\cdot\boldsymbol{r}_i} - a_{\boldsymbol{k}\sigma}^{\dagger} e^{-i\boldsymbol{k}\cdot\boldsymbol{r}_i})
\end{aligned}
\tag{4.47}
$$

さて, 以下では, 電磁波は弱いとし, 1 光子の放出・吸収過程に着目し, 1 次の摂動論で荷電粒子と光子の相互作用を考えよう. 物質中での相互作用を念頭に,

荷電粒子は電子としよう $(e_i = -e,\ m_i = m)$. まず $H_{\mathrm{rad}}$ の固有状態は, $(\boldsymbol{k}\sigma)$ の光子の数を指定することによってラベルされる. それを $\{n_{\boldsymbol{k}\sigma}\}$ と書くと, 固有状態と対応する固有エネルギー $E_{\{n_{\boldsymbol{k}\sigma}\}}$ は,

$$H_{\mathrm{rad}}|\{n_{\boldsymbol{k}\sigma}\}\rangle = E_{\{n_{\boldsymbol{k}\sigma}\}}|\{n_{\boldsymbol{k}\sigma}\}\rangle, \qquad E_{\{n_{\boldsymbol{k}\sigma}\}} = \sum_{\boldsymbol{k}\sigma} \hbar\omega_{\boldsymbol{k}} \left( n_{\boldsymbol{k}\sigma} + \frac{1}{2} \right) \tag{4.48}$$

となる. 固有状態は式 (3.28) より,

$$|\{n_{\boldsymbol{k}\sigma}\}\rangle = \prod_{\boldsymbol{k}\sigma} |n_{\boldsymbol{k}\sigma}\rangle = \prod_{\boldsymbol{k}\sigma} \frac{1}{\sqrt{n_{\boldsymbol{k}\sigma}!}} (a_{\boldsymbol{k}\sigma}^{\dagger})^{n_{\boldsymbol{k}\sigma}} |0\rangle \tag{4.49}$$

と書ける. $H_{\mathrm{p}}$ の固有状態, 固有エネルギーを $|A\rangle$, $E_A$ で表すことにする. すなわち $H_A|A\rangle = E_A|A\rangle$, $\langle\{\boldsymbol{r}_i\}|A\rangle = \Phi_A(\{\boldsymbol{r}_i\})$ であり, $H_0$ の固有状態は $H_{\mathrm{rad}}$ と $H_{\mathrm{p}}$ の固有状態の直積であり,

$$H_0|\{n_{\boldsymbol{k}\sigma}\}, A\rangle = (E_{\{n_{\boldsymbol{k}\sigma}\}} + E_A)|\{n_{\boldsymbol{k}\sigma}\}, A\rangle \tag{4.50}$$

$$|\{n_{\boldsymbol{k}\sigma}\}, A\rangle = |\{n_{\boldsymbol{k}\sigma}\}\rangle|A\rangle \tag{4.51}$$

と書ける.

　1.3 節で散乱過程の確率を相互作用表示を用いて導出した. その表式 (1.45) は一般的に成り立つものであり, $H_{\mathrm{int}}$ により, 光子を放出・吸収し, 電子状態が $|A\rangle$ から $|B\rangle$ に遷移する確率 $P_{AB}$ は,

$$P_{AB} = \frac{2\pi}{\hbar} \delta(E_f - E_i)|T_{fi}|^2 \tag{4.52}$$

で与えられる. ここで $E_i$, $E_f$ は式 (4.50) から決まる始状態, 終状態の $H_0$ の固有エネルギーであり, $T$ 行列は $H_{\mathrm{int}}$ の無限級数として表現される. Fermi の黄金律に対応する 1 次の摂動論に限れば, $T_{fi}$ は $H^{(1)}$ の始状態, 終状態間の行列要素である. 始状態 $|\{n_{\boldsymbol{k}_1\sigma_1}\}, A\rangle$ から終状態 $|\{n_{\boldsymbol{k}_2\sigma_2}\}, B\rangle$ への遷移を考えよう. $H^{(1)}$ の具体的な表式を代入すると, 行列要素は,

$$\langle\{n_{\boldsymbol{k}_2\sigma_2}\}, B|H^{(1)}|\{n_{\boldsymbol{k}_1\sigma_1}\}, A\rangle = \sum_{\boldsymbol{k}\sigma} \langle B|h_{\boldsymbol{k}\sigma}^{\mathrm{p}}|A\rangle \langle\{n_{\boldsymbol{k}_2\sigma_2}\}|h_{\boldsymbol{k}\sigma}^{\mathrm{rad}}|\{n_{\boldsymbol{k}_1\sigma_1}\}\rangle \tag{4.53}$$

となり, 電子の自由度, 輻射場の自由度の行列要素は, それぞれ,

$$\langle B|h_{\boldsymbol{k}\sigma}^{\mathrm{p}}|A\rangle = \langle B|\sum_i \frac{ie\hbar}{m} e^{i\boldsymbol{k}\cdot\boldsymbol{r}_i} (\boldsymbol{e}_{\boldsymbol{k}\sigma} \cdot \boldsymbol{\nabla}_i)|A\rangle$$

$$= \int \prod_i d\boldsymbol{r}_i \Phi_B^*(\{\boldsymbol{r}_i\}) \sum_i \frac{ie\hbar}{m} e^{i\boldsymbol{k}\cdot\boldsymbol{r}_i}(\boldsymbol{e}_{\boldsymbol{k}\sigma}\cdot\boldsymbol{\nabla}_i)\Phi_A(\{\boldsymbol{r}_i\}) \quad (4.54)$$

および,

$$\langle\{n_{\boldsymbol{k}_2\sigma_2}\}|h_{\boldsymbol{k}\sigma}^{\mathrm{rad}}|\{n_{\boldsymbol{k}_1\sigma_1}\}\rangle$$
$$= \langle\{n_{\boldsymbol{k}_2\sigma_2}\}|\sqrt{\frac{\hbar}{2\epsilon\omega_{\boldsymbol{k}}\Omega}}(a_{\boldsymbol{k}\sigma}+a_{-\boldsymbol{k}\sigma}^\dagger)|\{n_{\boldsymbol{k}_1\sigma_1}\}\rangle \quad (4.55)$$

と計算される.

式 (4.55) の輻射場の自由度に関する行列要素は, $\boldsymbol{k}\sigma$ の光子の吸収を引き起こす項と, $-\boldsymbol{k}\sigma$ の光子の放出を引き起こす項以外は 0 である. したがって, 始状態 $|\{n_{\boldsymbol{k}_1\sigma_1}\}\rangle$ と終状態 $|\{n_{\boldsymbol{k}_1\sigma_1}\}\rangle$ は, 対応する光子の個数が 1 個異なる状態の間の行列要素だけが有限の値をとる. したがって, 式 (4.49) より,

$$\langle\{n_{\boldsymbol{k}_2\sigma_2}\}|h_{\boldsymbol{k}\sigma}^{\mathrm{rad}}|\{n_{\boldsymbol{k}_1\sigma_1}\}\rangle = \begin{cases} \sqrt{\dfrac{\hbar}{2\epsilon\omega_{\boldsymbol{k}}\Omega}}\cdot\sqrt{n_{\boldsymbol{k}\sigma}} & \text{光子吸収} \\[3mm] \sqrt{\dfrac{\hbar}{2\epsilon\omega_{\boldsymbol{k}}\Omega}}\cdot\sqrt{n_{\boldsymbol{k}\sigma}+1} & \text{光子放出} \end{cases} \quad (4.56)$$

となる. 式 (4.56) より, 始状態の $n_{\boldsymbol{k}\sigma}$ が大きいほど光子放出の確率が高くなることがわかる. これを**誘導放出**という. これを利用すると, 進行方向 $\boldsymbol{k}$ と偏光方向 $\sigma$, そして位相のそろった光線を発生させることができるが, この現象がレーザー発振に結びついている. 一方, 式 (4.56) で初期状態に光子が存在しない ($n_{\boldsymbol{k}\sigma}=0$ の) 場合にも, 光子の放出が起こることがわかる. これを**自然放出**という. 電磁場を量子化することによって初めて出現する効果である.

さて, 次に電子の自由度に関する行列要素 (4.54) を考えよう. 遷移確率の表式 (4.52) より, 始状態と終状態のエネルギーは保存されるので, 電子系の遷移の前後でのエネルギー差 $|E_B - E_A|$ は, 放出あるいは吸収された光子のエネルギー $\hbar\omega_{\boldsymbol{k}}$ に等しい. 電子系のエネルギー差は大雑把に見積もると, 原子に束縛された電子のエネルギーの程度か, それ以下である. この束縛エネルギーは, 原子の半径 $a$ を用いると, おおよそ $e^2/(4\pi\epsilon_0 a)$ である. このエネルギーに対応する光子の波数は,

$$k = \frac{\omega_{\boldsymbol{k}}}{c} = \frac{|E_B - E_A|}{c\hbar} \sim \frac{\alpha}{a}$$

となる．ここで $\alpha = e^2/(4\pi\epsilon_0 c\hbar)$ は微細構造定数であり，値はおおよそ 1/137 である．すなわち関与する光子の波長は，原子の差し渡しに比べてはるかに長い．これより行列要素に出現する $e^{i\boldsymbol{k}\cdot\boldsymbol{r}_i}$ を，

$$e^{i\boldsymbol{k}\cdot\boldsymbol{r}_i} \approx 1 \tag{4.57}$$

と近似することが可能である．この場合，電子の自由度に関する行列要素 (4.54) は，

$$\langle B|h^{\mathrm{p}}_{\boldsymbol{k}\sigma}|A\rangle = \langle B|\sum_i \frac{ie\hbar}{m}(\boldsymbol{e}_{\boldsymbol{k}\sigma} \cdot \boldsymbol{\nabla}_i)|A\rangle$$
$$= i\omega_{BA}\langle B|\boldsymbol{e}_{\boldsymbol{k}\sigma} \cdot \boldsymbol{\mu}|A\rangle \tag{4.58}$$

となる．ここで，$\omega_{BA} \equiv (E_B - E_A)/\hbar$ である．導出では，$[H_{\mathrm{p}}, \boldsymbol{r}_i] = -(\hbar^2/m)\boldsymbol{\nabla}_i$ なる交換関係を用いて，運動量演算子を位置演算子で書き換えた．ここで登場する $\boldsymbol{\mu}$ は，

$$\boldsymbol{\mu} = -e\sum_i \boldsymbol{r}_i \tag{4.59}$$

で定義される電子系のつくる電気双極子である．その意味で式 (4.57) で表される近似を**電気双極子近似**という．

　始状態と終状態のエネルギー差 $\Delta E$ は，光子吸収過程では $E_B - E_A - \hbar\omega_{\boldsymbol{k}}$，光子放出過程では $E_B - E_A + \hbar\omega_{\boldsymbol{k}}$ である．このことに注意し，電子および光子の自由度に関する行列要素をまとめると，**光子・電子系の遷移確率** (4.52) は，

$$p_{AB} = \frac{\pi\omega_{\boldsymbol{k}}}{\epsilon\Omega}\delta(\Delta E)|\langle B|\boldsymbol{e}_{\boldsymbol{k}\sigma} \cdot \boldsymbol{\mu}|A\rangle|^2 \times \begin{cases} n_{\boldsymbol{k}\sigma} & \text{光子吸収} \\ n_{\boldsymbol{k}\sigma} + 1 & \text{光子放出} \end{cases} \tag{4.60}$$

となる．ここで登場した $\langle B|\boldsymbol{e}_{\boldsymbol{k}\sigma} \cdot \boldsymbol{\mu}|A\rangle$ は電子系の電気双極子演算子を遷移の前後ではさんだものであり，**遷移双極子モーメント**と呼ばれる．この量は，電磁波の偏極方向と電子状態の波動関数の形状に依存している．遷移双極子モーメントが 0 の場合，こうした遷移は起こらない (禁制遷移)．一方，遷移双極子モーメントが 0 でない場合には，遷移は可能である (許容遷移)．遷移が許容である場合の条件を**選択則**という．例として，水素原子における光子の吸収，放出を考えてみよう．水素原子の波動関数は，球面調和関数と動径波動関数の積で明示的に与えられるので，この遷移双極子モーメントを具体的に計算することができる．結果は，状態 $A$ と状態 $B$ の軌道量子数 $l_A$, $l_B$，磁気量子数 $m_A$, $m_B$ の間に，

$$l_B = l_A \pm 1, \qquad \text{かつ} \qquad (m_B = m_A \text{ あるいは } m_B = m_A \pm 1) \tag{4.61}$$

が満たされることが遷移双極子モーメントが 0 とならない条件であることがわかる. 一般的に, こうした選択則の導出には群論を用いた解析が有効である (5 章参照).

光子吸収の場合, 一般的に成り立つ**総和則**がある. 光子の吸収を伴う遷移 $A \to B$ の強度を表すものとして, 以下の**振動子強度** $f_{AB}$ を導入しよう.

$$f_{AB} = \frac{2m\omega_{BA}|\langle B|\boldsymbol{e}_{\boldsymbol{k}\sigma} \cdot \boldsymbol{\mu}|A\rangle|^2}{\hbar e^2} \tag{4.62}$$

すると,

$$\sum_B f_{AB} = N \tag{4.63}$$

が成り立つ[*4]. 光子の吸収は電子系の基準モードの励起を伴う. 基準モードの総数は電子の個数 $N$ で決まっている. したがって, すべての励起プロセスの確率を足したものは, ある一定の値になる, というのがこの総和則の直感的説明である.

---

[*4] 直接の計算から,

$$[\sum_{i=1}^{N}(\boldsymbol{e}_{\boldsymbol{k}\sigma} \cdot \boldsymbol{r}_i), [H_{\mathrm{p}}, \sum_{j=1}^{N}(\boldsymbol{e}_{\boldsymbol{k}\sigma} \cdot \boldsymbol{r}_j)]] = \frac{\hbar^2 N}{m}$$

$1 = \sum_B |B\rangle\langle B|$ なので, 任意の演算子 $O$ に対して,

$$\langle A|[O, [H_{\mathrm{p}}, O]]|A\rangle = 2\sum_B (E_B - E_A)|\langle B|O|A\rangle|^2$$

この式で $O = \boldsymbol{e}_{\boldsymbol{k}\sigma} \cdot \boldsymbol{\mu}$ とおくと, 式 (4.63) を得る.

# 5 量子力学と対称性

自然界には何らかの対称性があり，それはハミルトニアンに反映されている．その結果，ハミルトニアンの固有関数も何らかの対称性をもち，エネルギースペクトルは対称性を反映した構造を示す．物理量を表す演算子もハミルトニアンを不変にする対称操作のもとで，独自の変換性を示し，そのことは考えている系の性質を規定する．このような考え方は**群の表現**という概念を用いて，見通しよく理解することができる．本章では群の表現論の量子力学への応用の初歩を説明する[13]．

## 5.1 対称操作による波動関数と演算子の変換

物質のもつ対称性にはいろいろなものがある．時間反転対称性は，すべての物質に共通な，最も一般的な対称性だろう．それに加えて，各物質には空間対称性がある．すなわち，回転操作とか鏡映操作とか並進操作などの対称操作（これを対称変換という）に対して，物質がまったく重なるならば，その物質はその対称変換に対して不変であるという．本章では，この空間対称性について主に議論する．量子力学では，波動関数とそれに作用する演算子が世の中を記述する．それらは対称操作に対してどのように変化するだろうか．

まず波動関数が，一般的な空間の変換（$G$ と書こう）に対してどのように変換されるかを考えよう．例として 2 次元平面での実関数 $\psi(x,y)$ を考える．その等値線（等高線）が図 5.1 の左図のようになっているとしよう．その等高線図を，ピークの位置を中心に角度 $\theta$ だけ回転させたのが右図である．これにより，もともとの位置ベクトル $r$ は $r'$ に移動する．これを，

$$r' = Gr$$

と書こう．具体的には，

$$r' = \left( \begin{array}{c} x' \\ y' \end{array} \right) = \left( \begin{array}{cc} \cos\theta & -\sin\theta \\ \sin\theta & \cos\theta \end{array} \right) \left( \begin{array}{c} x \\ y \end{array} \right)$$

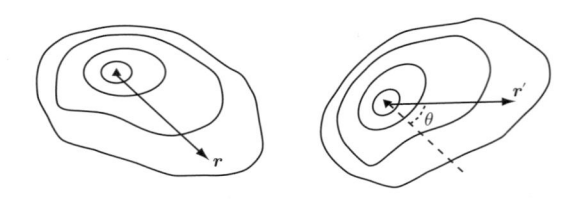

**図 5.1**　2 次元空間 $(x, y)$ で定義された関数 $\psi(x, y)$ の等高線
左の等高線を角度 $\theta$ 回転したのが右図.

である.

　図 5.1 の右側の等高線を表す関数を $\psi'$ と書こう. これは関数 $\psi$ に回転 $G$ を作用させて得られた関数なので,

$$\psi' = G\psi$$

と書く. 点 $r'$ での関数 $\psi'$ の値は, 点 $r$ での関数 $\psi$ の値と等しくなければいけないので,

$$(G\psi)(x', y') \equiv \psi'(x', y') = \psi(x, y)$$

である. 具体的には,

$$(G\psi)(x, y) = \psi(x\cos\theta + y\sin\theta,\ y\cos\theta - x\sin\theta)$$

となる.

　上で得られた結果は, 3 次元空間の一般的な対称操作についても自然に拡張される. すなわち, 対称操作 $G$ によって $r$ が $r' = Gr$ に移されたとき, 関数 $G\psi$ の $r'$ での値は, 関数 $\psi$ の $r$ での値に等しい. $r = G^{-1}r'$ なので,

$$(G\psi)(r) = \psi(G^{-1}r) \tag{5.1}$$

が得られる. これが $G\psi$ の定義である.

　一方, 物理量に対応する量子力学的な演算子 $\mathcal{O}$ は, 対称変換に対してどのように変換されるだろう. 変換された演算子を $\mathcal{O}'$ と書くと, 対称変換によって行列要素は不変なので,

$$\langle\phi|\mathcal{O}|\psi\rangle = \langle G\phi|\mathcal{O}'|G\psi\rangle$$

が成り立たねばならない. 二つの関数の内積は全空間の積分なので, 一般に,

$$\langle\phi|\psi\rangle = \langle G\phi|G\psi\rangle \tag{5.2}$$

である．したがって上式は，

$$\langle G\phi|G\mathcal{O}\psi\rangle = \langle G\phi|\mathcal{O}'|G\psi\rangle$$

となり，これが任意の $\phi$, $\psi$ に対して成り立つためには，

$$\mathcal{O}' = G\mathcal{O}G^{-1} \tag{5.3}$$

でなければならない．

## 5.2　群の定義とその構造

本節では群の定義とその数学的性質を議論しよう．元 $G_1$, $G_2$, $\cdots$ から成る集合 $G$ を考える．

$$\boldsymbol{G} = \{G_1, G_2, \cdots, G_g\}$$

任意の二つの元 $G_i$ と $G_j$ の間に積と名付ける演算 $\circ$ が定義され，次の四つの公理が満たされているとする．

(1) $\boldsymbol{G}$ は積に関して閉じている．すなわち，任意の二つの元 $G_i$ と $G_j$ の積 $G_i \circ G_j$ が $\boldsymbol{G}$ に属する．

(2) 結合律が成り立つ．すなわち，

$$(G_i \circ G_j) \circ G_k = G_i \circ (G_j \circ G_k)$$

(3) 任意の元 $G_i$ に対して，

$$G_i \circ G = G \circ G_i = G_i$$

となるような元 $G$ が存在する．これを恒等元 (単位元) という．これを以下では $E$ と表す．

(4) 任意の元 $G_i$ に対して，

$$G \circ G_i = G_i \circ G = E$$

となるような元 $G$ が存在する．この $G$ を $G_i$ の逆元という．以下では $G_i^{-1}$ と表記する．

以上の四つの公理が満たされている集合 $\boldsymbol{G}$ を**群**という．群の元 (要素) の個数 $g$ のことを群の**位数**という．以下では $G_i \circ G_j$ のことを簡略化して $G_iG_j$ と書こう．

一般には，$G_i G_j \neq G_j G_i$ であるが，積に対して交換律 $G_i G_j = G_j G_i$ が成り立っているとき，その群を**可換群 (Abel (アーベル) 群)** という．たとえば，群のすべての元がその中の一つの元のべき乗で表されるような群を**巡回群**

$$G = \{G, G^2, G^3, \cdots, G^g = E\}$$

というが，これは可換群である．群の任意の元 $G$ をとり，そのべき乗を考える．そのべき乗はいつかは，$G^n = E$ となる．最小の $n$ のことを元 $G$ の位数という．これは群の元 (要素) の数と一致している．

　二つの群 $G$ と $G'$ があり，$G$ から $G'$ の上への全射写像 $f$ が定義されているとする[*1]．このとき，$G$ に属する任意の二つの元 $G_i$, $G_j$ に対して，

$$f(G_i)f(G_j) = f(G_i G_j) \tag{5.4}$$

が成り立つとき，$f$ を**準同型写像**と呼ぶ．準同型写像で結ばれる二つの群 $G$ と $G'$ は**準同型**であるといい，$G \sim G'$ と書く．さらに，全単射な準同型写像のことを**同型写像**と呼ぶ．同型写像で結ばれる二つの群は**同型**であるといい，$G \cong G'$ と書く．

　群 $G$ の部分集合 $H$ が $G$ において定義された積に関して群となっているとき，$H$ を $G$ の**部分群**という．群 $G$ の空でない部分集合が部分群であるための必要十分条件は，

(1) $H_i$, $H_j \in H$ のとき，$H_i H_j \in H$

(2) $H \in H$ ならば，$H^{-1} \in H$

部分群の位数 $h$ はその全体の群 $G$ の位数の約数である．証明は以下のようである．$G_1$ を $H$ に属さない $G$ の元としよう．$H$ のすべての元に $G_1$ を (たとえば右から) 掛けた元の集合 $HG_1$ を考える．すなわち，$HG_1 = \{H_1 G_1, H_2 G_1, \cdots\}$．この中のどの元も $G$ に属しているが，$H$ には属していない．実際，もし $H_a G_1 = H_b$ なら，$G_1 = H_a^{-1} H_b$ で $H$ の元の積で書けるので，$G_1$ は $H$ に属していることになってしまう．さらに，$G_2$ を $H$ にも $HG_1$ にも属さない $G$ の元とすると，$HG_2$

---

[*1] 集合 $G$ から $G'$ への写像 $f$ において，集合 $G'$ の任意の元 $G'$ に対して，$f(G) = G'$ となるような元 $G$ が $G$ の中にあるとき，$f$ を全射写像という．また，異なる二つの元 $G_1 \in G$, $G_2 \in G$ に対して $f(G_1) \neq f(G_2)$ であるとき，$f$ を単射写像という．全射でありかつ単射である写像のことを**全単射写像 (1 対 1 写像)** という．

のすべての元は，$H$ にも $HG_1$ にも属さない．この過程をつづけていけば，群 $G$ のすべての元は，

$$H, \ HG_1, \ HG_2, \cdots, \ HG_m \tag{5.5}$$

に分けられる．この各々は $h$ 個の元を含んでいる．したがって，$g = hm$ である．これより，群の位数が素数であるならば，この群はいかなる部分群ももたないことが結論される．この逆も真であり，いかなる部分群ももたない群の位数は素数である．式 (5.5) における右辺の，$HG_1, HG_2, \cdots, HG_m$ の集合を $G$ の $H$ による**右剰余類**，このように $G$ を和で表すことを，$G$ の $H$ による右剰余類分解という．まったく同様に，**左剰余類**および左剰余類分解も定義できる．

二つの元 $G_1$，$G_2$ がほかの元 $G$ を用いて，

$$G_1 = GG_2G^{-1} \tag{5.6}$$

と表されるとき，$G_1$ と $G_2$ は**共役**であるといわれる（上記の関係式は $G_2 = G^{-1}G_1(G^{-1})^{-1}$ であり，$G_1$ と $G_2$ に対して対等な関係式である）．$G_1$ と $G_2$ が共役で，$G_2$ と $G_3$ が共役であるならば，$G_1$ と $G_3$ は共役である[*2]．これより，群の互いに共役な元の集合を定義することができる．このような集合を群 $G$ の**類**という．

各々の類はある一つの元 $G_1$ によって完全に決められる．群 $G$ の任意の元 $G$ を用いて，$GG_1G^{-1}$ なる元の集合を考えることができる．それが類である．元 $G_1$，$G_2$，$\cdots$ と選ぶことによって，群 $G$ のすべての元を各類に分けることができる．たとえば単位元 $E$ は，$GEG^{-1} = E$ なので，それ自身で一つの類を形成する．また可換群では，$GG_1G^{-1} = G_1$ が成り立つので，すべての元はそれ自身で一つの類を形成する．同一類のすべての元は同一の位数をもつ．それは恒等式 $(GG_1G^{-1})^n = GG_1^nG^{-1}$ から明らかである．

ここで，量子力学における類の重要性に注意しよう．群を構成する元は一つの演算子である．それは以下の式 (5.36) で明らかなように，関数空間上で，ある一つの関数を別の関数の線形結合に写像しているからである．その意味で量子力学における演算子と同等である．類は式 (5.6) で関係づけられる互いに共役な元から

---

[*2]

$$G_1 = GG_2G^{-1}, \qquad G_2 = G'G_2(G')^{-1}$$

であるならば，

$$G_1 = (GG')G_3(GG')^{-1}$$

構成されている．演算子の**跡**は量子力学では，その演算子が表す物理量の平均値 (期待値) である．式 (5.6) より，類の中のどの元の跡も等しいことがわかる．以下で詳しく述べるが，類の重要性が推測できる．

$H$ が $G$ の部分群であるとき，$H$ に属さない $G$ の元 $G_1$ を用いて，集合 $G_1 H G_1^{-1}$ を考えると，これも $G$ の部分群であることがわかる．部分群 $H$ と $G_1 H G_1^{-1}$ は共役であるという．$G$ の元を用いて，$G_1 H G_1^{-1}$, $G_2 H G_2^{-1}$, $\cdots$ と部分群を生成していくことができる．そのとき，$H$ に共役なすべての群が $H$ に一致することもある．その場合，$H$ を $G$ の**正規部分群**という．

$g$ 個の元 $G_1$, $G_2$, $\cdots$ をもつ群 $G$ と，$g'$ 個の元 $G_1'$, $G_2'$, $\cdots$ をもつ群 $G'$ が与えられたとき，それぞれの群から元を一つずつ取り出して，組 $G_i G_l'$ をつくる．このような $gg'$ 個の組から成る集合を $G \times G'$ と書く．$G_i G_l'$ を二つの元，$G_i$, $G_l'$ の積とみて，$G_i G_l' = G_l' G_i$ とすれば，集合 $G \times G'$ の二つの元の間にも積が定義され，

$$(G_i G_l') \circ (G_j G_m') = G_i G_l' G_j G_m' = G_i G_j G_l' G_m' = G_k G_n'$$

である．ここで，それぞれの群の元の間の演算関係を，$G_i G_j = G_k$, $G_l' G_m' = G_n'$ と書いた．最右辺の元は定義より $G \times G'$ に属している．また，$G$ と $G'$ の単位元を $E_G$, $E_{G'}$ と書くと，$E_G E_{G'}$ は $G \times G'$ の単位元であり，$G_i G_l'$ の逆元は，$G_i^{-1} G_l'^{-1}$ である．結合律が成り立つことも容易に示せ，集合 $G \times G'$ は群であることがわかる．この群のことを，$G$ と $G'$ の**直積群**と呼ぶ．

## 5.3  対 称 変 換 群

### 5.3.1  対 称 操 作 と 群

物体の (空間) 対称性は，物体をそれ自身に重ね合わせるような移動の全体として定義される．前述したように，これらの移動のことを**対称変換**という．対称変換には三つの基本的な型がある．ある軸の周りの一定の角度の物体の**回転**，ある平面での**鏡映**，そしてある距離だけの**平行移動**である．すべての対称変換は，これら三つの基本型の一つか，あるいはそれらの組合せで表される．平行移動が対称変換であり得るのは，明らかに無限の物質 (結晶) だけである．回転と鏡映について，どのようなものがあるのか，もう少し調べよう．

物体がある軸の周りを角度 $2\pi/n$ だけ回転するときに自分自身と重なり合う場

合，そのような軸は $n$ 回対称軸と呼ばれる．数 $n$ は任意の整数 $n = 2, 3, \cdots$ をとることができる．$n = 1$ は，角度 $2\pi$ あるいはゼロだけの回転に対応するので，恒等変換である．無限結晶で許される $n$ 回対称軸は，Bravais (ブラベ) 格子[*3]が 14 種類しか存在しないことに対応して，$n = 1, 2, 3, 4, 6$ だけである．角度 $2\pi/n$ の回転操作を記号で $C_n$ と書こう．この操作を 2 回，3 回，$\cdots$ と繰り返すと，角度 $2(2\pi/n)$，$3(2\pi/n)$，$\cdots$ の回転操作となるが，$C_n$ が対称変換であるならばこれらも対称変換であり，それぞれ $C_n^2$，$C_n^3$，$\cdots$ と表される．一般的に $C_n$ を $p$ 回繰り返した変換は，

$$C_n^p = C_{n/p}$$

である．$p = n$ は角度 $2\pi$ の回転であり，これは恒等変換である．恒等変換を $E$ の記号で書くと，

$$C_n^n = E$$

である．$n$ 回対称軸が存在する場合の対称変換の集合を $\boldsymbol{C}_n$ と書くと，

$$\boldsymbol{C}_n = \{E, C_n, C_n^2, \cdots, C_n^{n-1}\} \tag{5.7}$$

であり，これは $n$ 個の元から構成される集合である．各元の間には掛け算が定義できる．すなわち二つの元の間の掛け算は，対応する対称変換をつづけて行うことに対応する．そうして生成された新しい元は，やはりこの集合に属している．

$$C_n^p \cdot C_n^q = C_n^{p+q}$$

また，集合の中には恒等変換が含まれ，これはほかのどの元との掛け算もその元そのものを生み出すので単位元である．また，任意の元にはそれの逆元が存在する．

$$C_n^p \cdot C_n^{-p} = E$$

これらの性質を群の満たすべき公理に照らし合わせれば，この集合 $\boldsymbol{C}_n$ は群であることがわかる．

　次に鏡映を考える．ある平面に対する鏡映により，物体がそれ自身と重なるとき，その平面は対称面と呼ばれる．平面での鏡映操作を $\sigma$ という記号で表そう．

---

*3　結晶は，構造的にはその構成要素である基本単位格子の繰返しとみなされる．基本単位格子は七つの結晶系に分類される．それは，三斜晶，単斜晶，直方晶，六方晶，三方晶，正方晶，立方晶の七つであり，その結晶系の下部構造として，単純，底心，体心，面心の四つのパターンがあり，結局 14 個の基本単位格子が存在する．それを Bravais 格子と呼ぶ．

明らかに,

$$\sigma^2 = E$$

である. 集合

$$\boldsymbol{C}_s = \{E, \sigma\} \tag{5.8}$$

も群である.

　回転と鏡映を同時に行うと, 物体が自分自身と重なる場合もある. その場合の軸を回転鏡映軸という. すなわち, ある軸の周りに $2\pi/n$ だけ回転し, さらにその軸に垂直な面に対して鏡映を行って, 自分自身と重なる場合, その物体は $n$ 回回転鏡映軸をもつという. これは $n$ が偶数のときにのみ, 新しい型の対称性 (新しい型の群) を生み出す. 実際, $n$ が奇数のときには, 回転鏡映変換を $n$ 回繰り返すと, それはこの軸に垂直な平面に対する鏡映にほかならない. さらに $n$ 回回転鏡映を繰り返すと, それはもとの配置に戻る (恒等変換). したがって, この場合は, $n$ 回回転軸と, それに垂直な対称面が存在する場合と同じ集合である. 回転鏡映変換を $S_n$ という記号で表そう. 与えられた軸に垂直な平面での鏡映を $\sigma_h$ と書くと,

$$S_n = C_n \sigma_h = \sigma_h C_n \tag{5.9}$$

である. $n = 2$ の場合は特別に重要である. その場合の回転鏡映変換は**反転変換**にほかならない. すなわち, 物体の点 $P$ は, 軸と面との交点を中心としてちょうど反対側の点 $P'$ に移される. この反転変換を $I$ と書こう.

$$I \equiv S_2 = C_2 \sigma_h$$

である. 明らかに, $I\sigma_h = C_2$, $IC_2 = \sigma_h$ であり, これら三つの対称変換は独立ではない. 言い換えれば, どれか二つが対称変換として存在すれば, 第3の操作も対称変換である.

　$n$ 回回転軸が一つしかない場合は, すべての対称変換は可換である. その操作の順番を入れ替えても同じである. さらに, 回転軸に垂直な対称面が存在しても, すべての対称変換は可換である. しかし, 一般には二つの対称変換は可換ではない. $n$ 回対称軸とそれに垂直な $n'$ 回対称軸が存在する場合などに, その例は見られる.

　このように, それぞれの系, 物質は, その物質に固有な対称変換の集合をもっている. そして, その集合は群を形成している. この群のことを, その物質の**対**

称変換群あるいは**対称性の群**という．本書では 3 次元空間における対称変換を考えているが，もっと一般的に，ハミルトニアンを不変に保つ一連の変換も同様に群論で扱うことができる．たとえば，3 章の多体系の量子力学で登場した粒子間の置換はその一例であり，それらは置換群 (対称群) を形成している．また，2 章での Dirac 方程式を不変に保つ Lorentz 変換の集合は Lorentz 群を形成している．

　また，群の要素の数が無限個の場合もある．たとえば 1 個の原子を考えると，原子核に束縛された電子は球対称なポテンシャルを感じるであろう．すなわち，系は原子核の周りのあらゆる空間回転に対し不変である．この空間回転の集合は群を形成していることは，初歩的な考察から導かれる．この無限個の要素から成る群を**回転群**という．一般に無限個の要素から成る群を**連続群**という[13]．

## 5.3.2　点　群

　本項では，実際の結晶あるいは分子の系では，どのような対称性があるかを考えよう．例として，図 5.2 にはダイヤモンド構造が示されている．薄色に塗った原子とその周囲の 1 から 4 までの番号を振った原子に着目する．これら五つの原子を結晶から切り出したような分子を考える (実際この構造はメタン分子 $CH_4$ あるいはシラン分子 $SiH_4$ の構造である)．薄色原子を中心にして $z$ 軸方向の回転軸を考えると，$\pi$ の回転により，原子 1(2) は原子 2(1) に重なり，原子 3(4) は原子 4(3) に重なる．すなわちこの構造には，対称操作として，$z$ 軸に平行な 2 回回転

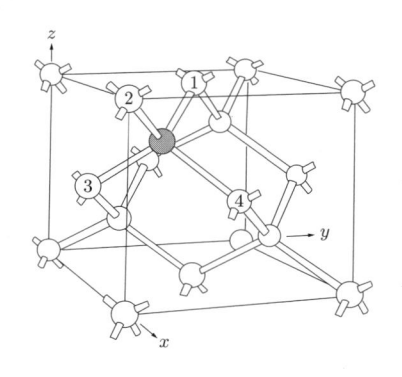

**図 5.2**　ダイヤモンド構造

軸が存在する．同様に $y$ 軸，$x$ 軸の周りの $C_2$ の回転操作も対称変換であることがわかる．さらに薄色原子から原子 1 の方向に伸びた軸を考える．すると，その軸の周りの $2\pi/3$ の回転により，原子 2 は 3 に，3 は 4 に，4 は 2 に移る．つまり，$C_3$ の回転操作も対称変換である．当然 $C_3^2$ も対称変換となる．四つの原子 1，2，3，4 は同等なので，薄色原子からそれぞれの原子に向かう方向はすべて 3 回対称軸である．つまりこの分子には，3 本の 2 回対称軸と，それと斜めに交差する 4 本の 3 回対称軸が存在する．これに恒等変換を加えた 12 個の対称変換の集合は群を形成している．この群を $T$ 群という．

さらに，薄色原子，原子 3，原子 4 を含む面を考えると，この面に関する鏡映 $\sigma$ は原子 1 と原子 2 を入れ替える．また，薄色原子，原子 1，原子 2 を含む面に関する鏡映操作も対称変換であることがわかる．これは $xy$ 平面に垂直な鏡映面であるが，$yz$，$zx$ 平面に垂直な鏡映面も存在し，全部で 6 個のそうした対称面があることがわかる．この鏡映対称操作と上の 3 回対称軸を組み合わせると 3 本の回転鏡映軸が生じ，それぞれの軸に対する計 6 個の回転鏡映操作 $S_4$，$S_4^3$ も対称変換であることがわかる．この 12 個の対称操作と $T$ 群の 12 個の対称操作を合わせた集合も群を形成し，$T_d$ 群と呼ばれる．いまは原子 5 個から成る分子を考えたが，ダイヤモンド結晶全体の対称性も同様の群で記述できる．薄色原子を中心にとれば，最近接の 4 原子，次近接の 12 原子，がそれぞれのグループの中で，回転，鏡映操作で重なり合うことがわかり，$T_d$ 群を形成していることがわかる．

有限個の原子から構成される分子での対称変換は，この回転，鏡映とその組合せから構成され，対称変換の集合は群を形成する．この群を**点群**という．結晶の場合は，こうした回転と鏡映の操作に加えて，平行移動の操作も対称操作となる．単位格子ベクトルの整数倍の移動が対称変換であり，その平行移動の集合も群をつくっている．これを**並進群**という．結晶では，点群と並進群の直積が全体の対称変換群であり，それを**空間群**という．結晶の Bravais 格子は全部で 14 個である．それに対応して，点群の数も有限個である．実際許される点群の数は 32 であることが知られている．また，空間群の数は 230 であることも知られている．以下では，点群について詳しくみていこう．

点群の中の元を類に分配するのに重要な幾何学的な事実がある．$Oa$ をある一つの軸とし，群の元 $A$ がその軸の周りのある定まった角度 $\theta$ の回転であるとしよう．さらに，$G$ を同一の群の中の (回転を表す) 元で，その回転を軸 $Oa$ に作用すると軸 $Ob$ になるとしよう．その場合，$B = GAG^{-1}$ は軸 $Ob$ の周りの角度 $\theta$ の

回転である．証明は以下のようである．$G$ の逆変換 $G^{-1}$ は軸 $Ob$ を $Oa$ に移す．したがって $Ob$ 軸上の任意の点 P は，$G^{-1}$ を施すと $Oa$ 軸上の点 P′ に移動する．この P′ に $A$ を作用させると，$Oa$ 軸上の点なので，P′ から動かない．次に $G$ を作用させると P′ は P に戻る．すなわち $Ob$ 軸上の任意の点は，対称操作 $GAG^{-1}$ によって移動しない．そのような操作は軸 $Ob$ の周りの回転である．さらに，一般的に類の中のどの元もその位数は等しい．したがって，$GAG^{-1}$ は $Ob$ 軸上の回転で，その角度は $A$ 変換と等しいことがわかる．

このことより，二つの同じ角度の回転は，もし群の元の中に，一方の回転軸を他方の回転軸に重ねるような変換があれば，同じ類に属するということが結論づけられる．まったく同様にして，二つの異なる平面での鏡映は，もし群の元の中に，一方の平面を他方の平面に移すような変換があれば，同じ類に属することがわかる．群の中の元によって，互いに重ね合わせることが可能な，対称軸や対称面のことを，互いに**同値**であるという．

さて，32 個の点群にはどのようなものがあるかをみてみよう．

### I. 群　$C_n$

$n$ 回対称軸を一つだけ含んでいる場合の対称変換の集合．この群の位数は $n$ であり，巡回群である．各々の元はそれ自身で類を形成している．群 $C_1$ は恒等元だけを含む群である．

### II. 群　$S_{2n}$

偶数 $2n$ 回の回転鏡映軸を一つだけ含んでいる場合の対称変換の集合．位数は $2n$ である．巡回群．$S_2$ は二つの元 $I$ と $E$ から成り，群 $C_i$ とも書かれる．群の位数が $2n = 4p+2$ であるならば，その群の中には反転対称操作 $I$ が含まれ，$S_{4p+2}$ は $S_{4p+2} = C_{2p+1} \times C_i$ という二つの群の直積の形にも書ける．

### III. 群　$C_{nh}$

$C_n$ の対称操作に，それに垂直な対称面を付け加えて得られる対称操作の集合を，$C_{nh}$ という．位数は $2n$ である．その元は，群 $C_n$ の $n$ 個の回転と，$n$ 個の回転鏡映変換 $C_n^k \sigma_h$ である．群のすべての元は可換であることがわかる．したがって，すべての元はそれ自身で類を形成する．最も簡単な群 $C_{1h}$ は恒等元と $\sigma_h$ だけを含み，群 $C_s$ とも呼ばれる．

### IV. 群　$C_{nv}$

$n$ 回対称軸に，それを含む対称面が存在するとしよう．すると幾何学的な定理

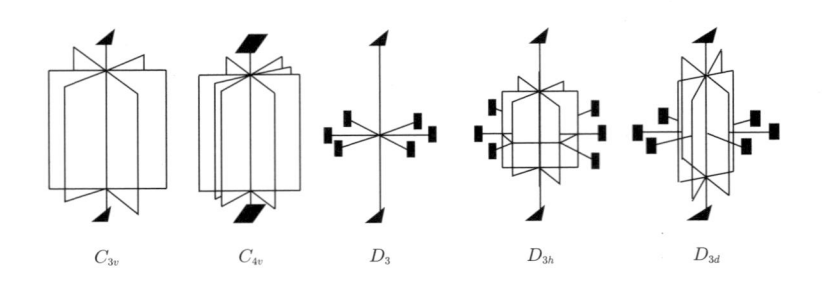

$C_{3v}$        $C_{4v}$        $D_3$        $D_{3h}$        $D_{3d}$

**図 5.3**  代表的な点群の対称軸と対称面

から, 互いにこの軸で $\pi/n$ で交わる $n-1$ 個の対称面が現れることになる[*4]. この対称操作の集合を $C_{nv}$ という. これは, $n$ 回対称軸の周りの $n$ 個の回転と, 鉛直面での $n$ 個の鏡映 $\sigma_v$ を元とする群であり, 位数は $2n$ である (図 5.3). この群の類の数を調べてみよう. $n$ が奇数 $n = 2p+1$ の場合. 回転 $C_{2p+1}$ は各対称面を次々と残りの対称面に移すので, すべての対称面は同値. すなわち, 鏡映は一つの類を形成する. 軸の周りの回転は恒等変換と異なる元が $2p$ 個ある. このうち, $C_{2p+1}^{k}$ と $C_{2p+1}^{-k}$ は $\sigma_v^{-1} C_{2p+1}^{k} \sigma_v = C_{2p+1}^{-k}$ が成り立つため互いに共役なので, 一つの類を形成する. $E$ による類と合わせて, $p+2$ 個の類がある. 次に $n$ が偶数 ($n = 2p$) の場合. 回転 $C_{2p}$ は鏡映面を 1 個おきに重ね合わせる. 互いに隣り合う面は重ね合わされない. したがって, 各々が $p$ 個ずつの鏡映から成る二つの類が存在する. 軸の周りの回転に対しては, $E = C_{2p}^{2p}$ と $C_{2p}^{p}$ は各々自分自身で類をつくり, 残りの $2p-2$ 個の回転は二つずつ対を成して類をつくる. 結局, 合計 $p+3$ 個の類がある.

**V. 群  $D_n$**

$n$ 回対称軸に, それに垂直な 2 回軸を付け加えると, さらに, $n-1$ 個の 2 回軸

---

[*4]  ある軸の周りの角度 $\theta$ の回転を $C(\theta)$ と書こう. この軸を通る二つの平面での鏡映を $\sigma_v$, $\sigma_{v'}$ とする. この二つの平面の成す角を $\theta$ とすると,

$$\sigma_v \sigma_{v'} = C(2\theta)$$

が成り立つ. これは,

$$\sigma_{v'} = \sigma_v C(2\theta)$$

つまり, 回転とその軸を通る平面での鏡映は, その面と回転角の半分の角度で交わっているほかの面での鏡映と同等である.

が現れ[*5]，角度 $\pi/n$ で交わる水平な 2 回軸が合計 $n$ 個になる．対称変換は，$n$ 回軸の周りの $n$ 個の回転と，$n$ 個の水平軸の周りの $\pi$ の回転である (水平軸の周り $\pi$ の回転操作をしばしば $U_2$ と書くことがある)．この対称変換の集合を $D_n$ という (図 5.3)．群 $D_2$ は，しばしば群 $V$ とも呼ばれる．$n$ が奇数の場合，脚注にあるように，水平 2 回軸はすべて同値である．一方，$n$ が偶数ならば，二つの同値でない組を形成する．したがって，群 $D_{2p}$ の類の数は $p+3$ である．$E$ から成る類，各々 $p$ 個の $U_2$ から構成される二つの類，回転 $C_2$，鉛直軸の周りの二つの回転から成る $p-1$ 個の類．一方，群 $D_{2p+1}$ の類の数は $p+2$ である．$E$ から成る類，$2p+1$ 個の $U_2$ から構成される類，鉛直軸の周りの二つの回転から成る $p$ 個の類．

## VI. 群　$D_{nh}$

　群 $D_n$ の対称軸系に，$n$ 個の 2 回軸を含む水平な対称面を一つ付け加えると，自動的に鉛直軸および水平軸の中の一つを含む $n$ 個の鉛直対称面が現れる．この対称変換の群を $D_{nh}$ という (図 5.3)．$D_n$ の $2n$ 個の元に加えて，さらに $n$ 個の鏡映 $\sigma_v$，および $n$ 個の回転鏡映 $C_n^k \sigma_h$ が含まれるので，$D_{nh}$ の位数は $4n$ である．鏡映 $\sigma_h$ はほかのすべての対称変換と可換なので，この群は二つの群の直積に書ける．$E$ と $\sigma_h$ から成る群を $C_s$ と書くと，$D_{nh} = D_n \times C_s$ である．これより，$D_{nh}$ の類は $D_n$ の類と，そのそれぞれに $\sigma_h$ を掛けた類に分かれることがわかる．

## VII. 群　$D_{nd}$

　群 $D_n$ の対称軸系に，$n$ 回軸を通り，隣り合う 2 本の水平 2 回軸の 2 等分線を通るような鉛直対称面を加える．このような対称面を付け加えると，さらに $n-1$ 個の鉛直対称面が現れる．この対称変換の群を，$D_{nd}$ という (図 5.3)．位数は $4n$ である．類の数は，$n$ が偶数 $(n = 2p)$ の場合は $2p+3$ 個，奇数 $(n = 2p+1)$ の場合は $2p+4$ 個．

## VIII. 群　$T$ (正四面体群)

　この群は，正四面体の対称軸系での回転対称変換の集合である (図 5.4)．群 $V$ の対称軸系に，四つの斜めの 3 回対称軸を付け加えることによって得られる．三つの 2 回対称軸は，斜めの 3 回対称軸の周りの回転によって，互いに移り合う．この対称軸系は，立方体の向かい合った面の中心を通る三つの 2 回軸と，空間対角線方向の四つの 3 回軸といういい方もできる．群の位数は 12 である．三つの 2

---

[*5] $n$ が奇数の場合は，最初の 2 回軸を $n$ 回軸の周りに回転させれば，同値な 2 回軸が現れる．$n$ が偶数ならば，それ以外に，$n$ 回軸の周りの回転と 2 回軸の周りの回転により，新たな 2 回軸が現れる．

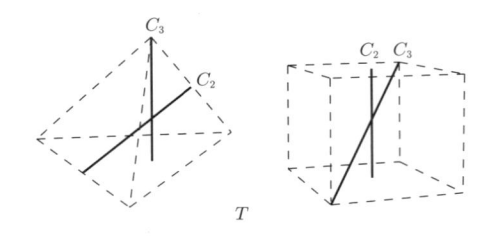

図 5.4　点群 $T$ の対称軸

回軸は互いに同値である．3 回対称軸も互いに同値である．これより $T$ の類の数は四つ，すなわち，$E$ の類，三つの回転 $C_2$ から成る類，四つの回転 $C_3$ から成る類，四つの回転 $C_3^2$ から成る類である．

## IX. 群　$T_d$

　これは正四面体のすべての対称変換から構成される群である．すなわち，群 $T$ の対称軸系に加えて，各々が一つの 2 回軸と二つの 3 回軸を含むような対称面を付け加えることによって得られる (図 5.5)．対称面の数は全部で六つ．群の位数は24 となる．類の数は五つ，すなわち，$E$，八つの回転 $C_3$ および $C_3^2$，対称面による六つの鏡映，六つの回転鏡映変換 $S_4$ および $S_4^3$，三つの回転 $C_2$ である．

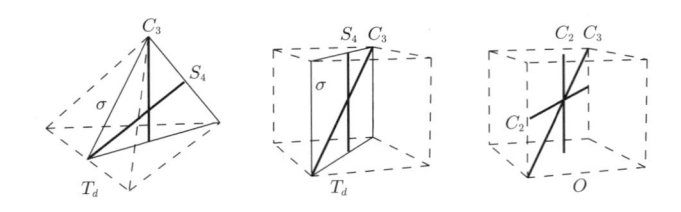

図 5.5　点群 $T_d$ の対称軸と対称面，および点群 $O$ の対称軸

## X. 群　$T_h$

　この群は $T$ に対称中心を付け加えることによって得られる．すなわち $T_h = T \times C_i$ である．この結果，三つの互いに垂直な，それぞれ二つの 2 回軸を含む対称面が現れる．この群は 24 個の元を含み，$T$ の類から求めることができる八つの類がある．

### XI. 群　$O$ (正八面体群)

この群は，立方体の対称軸系での回転対称変換の集合である．そこでは，向かい合った面の中心を通る三つの 4 回軸，向かい合った頂点を通る四つの 3 回軸，および向かい合った稜の中点を結ぶ六つの 2 回軸が存在する (図 5.5)．同じ回数の対称軸はすべて同値である．位数は 24 であり，24 個の元は五つの類に分かれる．すなわち，$E$ の類，8 個の回転 $C_3$，$C_3^2$ から成る類，6 個の回転 $C_4$ および $C_4^3$ から成る類，3 個の回転 $C_4^2$ から成る類，および 6 個の回転 $C_2$ から成る類．

### XII. 群　$O_h$

これは立方体のすべての対称変換の群である．これは群 $O$ に対称中心を付け加えることによって得られる．すなわち $O_h = O \times C_i$．この群は 48 個の元を含み，それらの元は 10 個の類に分類される．

### XIII. 群　$I_h$ (正二十面体群)

これは結晶の中の点群としては存在しない．しかし，一つのフラレン分子 (炭素原子 60 個から構成される球状分子) が満たす対称性の群である．これは正二十面体の対称軸の周りの 60 個の回転対称変換から構成される．位数は 60 である．

## 5.4　群　の　表　現

### 5.4.1　一　般　論

ある対称性の群 $G = \{G_1, G_2, \cdots, G_g\}$ を考える．各元 $G_s$ に対応して $f$ 行 $f$ 列の行列 $R(G_s)$ が与えられ，元の間の関係

$$G_s = G_t G_u$$

に対応して，行列の積について，

$$R(G_s) = R(G_t)R(G_u) \tag{5.10}$$

が成り立つとき，この行列の集合 $\{R(G_1), R(G_2), \cdots, R(G_g)\}$ を群 $G$ の (行列による) **表現**という[*6]．それぞれの行列 $R(G_s)$ を表現行列と呼び，行列の大きさ $f$ を表現の**次元**という．式 (5.10) の要請より，群 $G$ の単位元には $f$ 次元の単位行列が

---

[*6]　式 (5.10) は準同型写像の定義式 (5.4) にほかならない．すなわち，群の表現とは，群から準同型写像によって構成された行列の集合 (あるいは同等のことであるが，線形空間上の線形変換の集合) である．

対応し，逆元 $G_s^{-1}$ には逆行列 $[R(G_s)]^{-1}$ が対応していることがわかる．行列積の演算では結合則が成り立っているので，行列の集合 $\{R(G_1), R(G_2), \cdots, R(G_g)\}$ は群である．したがって，群 $\boldsymbol{G}$ とこの表現行列で構成される群は準同型の関係にある．表現を構成する準同型写像が全単射写像であるときには，$\boldsymbol{G}$ の各元と表現行列は 1 対 1 に対応し，二つの群は同型となる．この場合の表現を**忠実な表現**という．

　実際の表現行列を座標の関数 $\psi$ を用いて構成してみよう．対称操作 $G$ により，この関数は，式 (5.1) に従い，別の関数へ移る．合計 $g$ 個の対称操作を行うと，$\psi$ から $g$ 個の新たな関数が得られる．しかし，それらは線形独立であるかどうかはわからない．一般的には，$f\ (f \le g)$ 個の 1 次独立な関数 $\{\psi_1, \psi_2, \cdots, \psi_f\}$ が得られる．関数 $\psi_i \equiv G_i\psi$ に，対称操作 $G_s$ を施すことを考えよう．すると，集合 $\boldsymbol{G}$ は群を形成しているので，$G_t = G_sG_i$ なる対称操作が存在する．したがって，$G_s\psi_i$ は関数集合 $\{\psi_1, \psi_2, \cdots, \psi_f\}$ の中のどれか，あるいはその 1 次結合である．すなわち，一般的に関数 $\psi_i$ に元 $G_s$ なる対称操作を行うと，

$$G_s\psi_i = \sum_{j=1}^{f} R_{ji}(G_s)\psi_j \tag{5.11}$$

と書けることになる．ここで $R_{ji}(G_s)$ は 1 次結合の係数を表す $f$ 次元の行列である．関数 $\psi_i$ はいつでも正規直交化することは可能なので，そのように選ぶこととする．すると，

$$R_{ji}(G_s) = \int \psi_j^* G_s\psi_i d\boldsymbol{r} \tag{5.12}$$

と書け，これは量子力学における演算子の行列要素と同じ形である．

　対称性の群の元 $G_s = G_tG_u$ なる対称操作を $\psi_i$ に施すと，

$$G_s\psi_i = G_t\sum_{j=1}^{f} R_{ji}(G_u)\psi_j = \sum_{j=1}^{f}\sum_{k=1}^{f} R_{ji}(G_u)R_{kj}(G_t)\psi_k$$

$$= \sum_{k=1}^{f} (R(G_t)R(G_u))_{ki}\psi_k$$

となる．これより，元 $G$ に対応する行列を $R(G)$ と書くと，

$$R(G_s) = R(G_t)R(G_u) \tag{5.13}$$

が成り立っていることがわかる．これより，群 $G$ の各元 $G_s$ に対応して，式 (5.12) で定義される行列 $R(G_s)$ を導入すると，その行列の集合 $\{R(G_1), R(G_2), \cdots, R(G_g)\}$ は $G$ の表現となっていることがわかる．この表現を構成するのに用いた関数集合 $\{\psi_1, \psi_2, \cdots, \psi_f\}$ をこの表現の**基底**という．基底のとり方に任意性があるので，群 $G$ の表現にも任意性がある．また一般的には，表現の基底は線形空間上の 1 次独立な元の集合のことである．

正規直交関数形を成す関数 $\psi_i$ と $\psi_j$ の全空間での積分を考えよう．全空間での積分は，座標系のどのような回転や鏡映でも変化しないので，

$$\delta_{ij} = \int \psi_i^* \psi_j dq = \int (G\psi_i)^* (G\psi_j) dq$$

である．式 (5.11) を用いれば，これは，

$$\int (G\psi_i)^* (G\psi_j) dq = \sum_{kl} R_{ki}^* R_{lj} \int \psi_k^* \psi_l dq = \sum_k R_{ki}^* R_{kj} = (R^\dagger R)_{ij}$$

である．したがって，$R_{ij}$ はユニタリ行列であり，演算子 $G$ はユニタリであることがわかる．ユニタリ行列で表される表現をユニタリ表現という．

関数系 $\{\psi_1, \psi_2, \cdots, \psi_g\}$ に対してユニタリ変換

$$\boldsymbol{\psi}' = \mathcal{S}\boldsymbol{\psi}, \qquad あるいは，\qquad \psi_i' = \sum_j S_{ji}\psi_j \tag{5.14}$$

を行うと，やはり正規直交関数系である $\{\psi_1', \psi_2', \cdots, \psi_g'\}$ を得る．この関数系を基底として用いると新たな群の表現行列 $R_{ij}'$ が得られる．このとき，

$$R' = S^{-1}RS \tag{5.15}$$

が成り立っている．一般的に正則な行列 $S$ によって，$R$ と $R'$ が式 (5.15) の関係で結ばれるとき，二つの表現は**同値**であるという．基底関数系 $\{\psi_1, \psi_2, \cdots, \psi_g\}$ によって構成された行列の集合 $\{R(G)\}$ と，$\{\psi_1', \psi_2', \cdots, \psi_g'\}$ によって構成された行列の集合 $\{R'(G)\}$ は，それぞれ群を成し，もともとの群 $G$ と同型である．行列集合の演算は一義的に定義されているので，(5.15) の関係式は，行列 $S$ が存在するならば，それは群 $G$ に対応する元 $G_s$ が存在していることを意味している．

群の一つの表現である行列の集合を考える．行列の対角成分の和を**指標**という．群の元 $G$ に対応する指標を $\chi(G)$ で表す．式 (5.15) より同値な表現の指標が等しいことは明らかである．これにより，指標がいくつかの群の表現を区別する重要

な量となる．以下，われわれは同値でない表現を異なる表現と呼ぶことにする．式 (5.15) はもともとの群 $G$ の元，$G$，$G'$，$G_s$ の間に成り立つ式とも考えられる．したがって，元 $G$ と元 $G'$ が共役である場合には，それに対応する表現行列の指標は等しいことがわかる．つまり同じ類に属する元を表現する行列の指標は等しい．

　一つの例として，いかなる対称性の群でも単位元 $E$ は恒等変換なので，基底関数を変化させない．したがって，表現行列は対角的で，その対角成分は 1 である．指標 $\chi(E)$ は表現の次元 $f$ に等しい（$\chi(E) = f$）．

　群 $G$ の二つの表現 $R^{(1)}$ と $R^{(2)}$ の表現行列を用いて，より大きな行列

$$R(G) = \begin{bmatrix} R^{(1)}(G) & 0 \\ 0 & R^{(2)}(G) \end{bmatrix} \tag{5.16}$$

をつくると，行列 $R(G)$ の集合（$G \in G$）も $G$ の表現となっている．このとき，表現 $R$ は $R^{(1)}$ と $R^{(2)}$ の直和であるといい，

$$R = R^{(1)} + R^{(2)}$$

と表す．一般に表現行列 $R(G)$ が，同値変換 (5.15) によって $G$ のすべての元 $G$ に対して，式 (5.16) のようにブロック対角化されるとき，表現 $R$ は可約であるという．可約でない表現を既約な表現または既約表現という．

　同値変換 (5.15) は表現を構成する基底の 1 次結合を新たな基底にとることにほかならない．したがって，新しい基底によって表現行列が式 (5.16) の形になる（可約である）ということは，新しい基底が二つの組に分かれ，群 $G$ に属する元（対称操作）$G$ によって，それぞれの組の中で互いの 1 次結合に変換し，ほかの組には移らないことを意味している．これに対して，表現が既約である場合には，基底のどのような 1 次結合で新たな基底を構成しても，すべての元 $G$ を考えると，それらは互いに移り変わり，二つ以上の組に分けることはできない．すなわち，既約表現を構成する基底は，群 $G$ に属する対称操作に対して不変な部分空間を成しており，それを二つ以上の不変部分空間に分解できないことを意味している．

　既約表現は，量子力学へ群論を応用する場合に，基本的な役割をしている[*7]．以下，既約表現の基本的な性質を示す．すべてを証明はしないので，文献にあげた参考書[13]を参照されたい．

---

*7　群の元に対応する対称変換に対して，互いに同じように変換し合う関数の組は一つだけではない．たとえば $\{x, y, z\}$ という関数の組は，$\{x^3, y^3, z^3\}$ という関数の組と，$C_i$，$V_2$ などの群の対称変換に対して同一の変換パターンを示す．

　群の異なる既約表現の数は群の類の数と一致する．これにより，異なる既約表現の指標 $\chi$ を上付添字で区別し，類の数を $r$ とすると，$\chi^{(1)}$, $\chi^{(2)}$, $\cdots$, $\chi^{(r)}$ である．

　**表現行列の直交性**：二つの既約表現 $\alpha$, $\beta$ (次元 $f_\alpha$, $f_\beta$) の表現行列 $R^\alpha$, $R^\beta$ に関して，

$$\sum_G R_{ij}^\alpha(G) R_{kl}^\beta(G)^* = \frac{g}{f_\alpha} \delta_{\alpha\beta} \delta_{ik} \delta_{jl} \tag{5.17}$$

である (証明略)．ここで，和は群 $G$ のすべての元 $G$ に対してとるものとする．

　これより，**表現の指標に関する直交関係**が得られる．式 (5.17) において，$i = k$, $l = m$ とおき，$i$ と $l$ について和をとると，

$$\sum_G \chi^{(\alpha)}(G) \chi^{(\beta)}(G)^* = g \delta_{\alpha\beta} \tag{5.18}$$

が得られる．一つの類の中の元の指標は同じなので，$G$ についての和は類 $C$ についての和に書き換えられる．類 $C$ に属する元の指標を $\chi^{(\alpha)}(C)$，類 $C$ の元の数を $g_C$ とすると，上式は，

$$\sum_C g_C \chi^{(\alpha)}(C) \chi^{(\beta)}(C)^* = g \delta_{\alpha\beta} \tag{5.19}$$

となる．また式 (5.18) より，

$$\sum_G |\chi^\alpha(G)|^2 = g$$

が得られる．これは表現の既約性の判断に使える．一般に可約表現が $n$ 個の既約表現を含んでいる場合，その指標の絶対値の 2 乗の和は $ng$ となることがわかる．

　**もう一つの直交関係**も成り立つ．既約表現の数は類の数と一致するので，量 $M_{\alpha C} \equiv \sqrt{g_C/g}\, \chi^{(\alpha)}(C)$ は正方行列を構成し，直交関係 (5.19) は $\sum_C M_{\alpha C} M_{\beta C}^* = \delta_{\alpha\beta}$，すなわち $(MM^\dagger)_{\alpha\beta} = \delta_{\alpha\beta}$ とも書ける．これは，$(M^\dagger M)_{C'C} = \delta_{C'C}$ と同等であり，成分で書くと，$\sum_\alpha M_{\alpha C'}^* M_{\alpha C} = \delta_{CC'}$ である．指標で書き直すと，

$$\sum_\alpha \chi^{(\alpha)}(C) \chi^{(\alpha)}(C')^* = \frac{g}{g_C} \delta_{CC'} \tag{5.20}$$

となる．

　上記の直交関係は**可約表現を既約表現に分解する**ことを可能にする．次元 $f$ のあ

る可約表現の指標を $\chi(G)$ としよう．そして $a^{(1)}$, $a^{(2)}$, $\cdots$, $a^{(r)}$ という数を，対応する既約表現がこの可約表現の中に何個含まれているかを表すもの，すなわち，

$$f = \sum_{\beta=1}^{r} a^{(\beta)} f_\beta \tag{5.21}$$

としよう（$f_\beta$ は既約表現 $\beta$ の次元）．このとき指標 $\chi(G)$ は，

$$\chi(G) = \sum_\beta a^{(\beta)} \chi^{(\beta)}(G) \tag{5.22}$$

と書ける．この両辺に $\chi^{(\alpha)}(G)^*$ を掛け，すべての $G$ について足し合わせると，式 (5.18) より，

$$a^{(\alpha)} = \frac{1}{g} \sum_G \chi(G) \chi^{(\alpha)}(G)^* \tag{5.23}$$

を得る．

　一つの表現として，任意の関数 $\psi$ に対して対称変換を施した $g$ 個の関数 $\{G_s\psi; s = 1, \cdots, g\}$ を基底とする表現を考えよう．$g$ 個の関数は 1 次独立であるとする．このような表現を正則表現という．この表現のどの元に対応する行列も，単位元に対する行列を除いて，対角要素をもたない．すなわち $\chi(G) = 0$ である．$G = E$ のときは，$\chi(E) = g$ である．これを式 (5.23) に従って既約表現に分解すると，$a^{(\alpha)} = f_\alpha$ を得る．この可約表現の中には，どの既約表現もその次元に等しい数だけ含まれている．これを，式 (5.21) に代入すると，

$$f_1^2 + f_2^2 + \cdots + f_r^2 = g \tag{5.24}$$

を得る．これから，特に可換群ではすべての既約表現は 1 次元であることがわかる（可換群では類の数 $r$ は $g$ である）．

　いかなる群にあっても，その既約表現の中には，いつも群のすべての対称変換に関して不変な一つの関数を基底とする表現がある．この 1 次元表現は**恒等表現**と呼ばれる．その指標は 1 である．

　群の二つの既約表現をつくる基底関数系を，

$$\{\psi_1^{(\alpha)}, \psi_2^{(\alpha)}, \cdots, \psi_{f_\alpha}^{(\alpha)}\} \quad \text{および} \quad \{\phi_1^{(\beta)}, \phi_2^{(\beta)}, \cdots, \phi_{f_\beta}^{(\beta)}\}$$

としよう．同じ既約表現 $\alpha = \beta$ の場合にも，その基底関数系は異なる場合があることに注意しよう．これらの基底関数系は対称変換 $G$ により，

$$G\psi_i^\alpha = \sum_{j=1}^{f_\alpha} R_{ji}^\alpha(G)\psi_j^\alpha, \qquad G\phi_i^\beta = \sum_{j=1}^{f_\beta} R_{ji}^\beta(G)\phi_j^\beta \tag{5.25}$$

と変換される．このとき直交関係

$$\langle \psi_i^\alpha | \phi_j^\beta \rangle = \delta_{\alpha\beta}\delta_{ij} \times (i, j \text{ によらない数}) \tag{5.26}$$

が成り立つ．証明は以下のようである．上記の内積は対称変換に対して不変なので，

$$\langle \psi_i^\alpha | \phi_j^\beta \rangle = \frac{1}{g} \sum_G \langle G\psi_i^\alpha | G\phi_j^\beta \rangle$$

$$= \sum_{kl} \langle \psi_k^\alpha | \phi_l^\beta \rangle \cdot \frac{1}{g} \sum_G R_{ki}^\alpha(G)^* R_{lj}^\beta(G)$$

となる．これは既約表現に対する直交性 (5.17) より，式 (5.26) の右辺となる．

既約表現を張る二つの基底関数系

$$\{\psi_1^{(\alpha)}, \psi_2^{(\alpha)}, \cdots, \psi_{f_\alpha}^{(\alpha)}\}, \qquad \text{および，} \qquad \{\psi_1^{(\beta)}, \psi_2^{(\beta)}, \cdots, \psi_{f_\beta}^{(\beta)}\}$$

を考える．積 $\psi_i^{(\alpha)}\psi_j^{(\beta)}$ をつくると，$f_\alpha f_\beta$ 個の新しい関数系を得る．これは次元が $f_\alpha f_\beta$ であるような一つの表現をつくることができる．この表現を，初めの二つの表現の直積といい，$\alpha \times \beta$ と書く．一般には，この**直積表現**は可約である．直積表現の指標は，二つの表現の指標の積であることは以下のように示せる．それぞれの表現行列は，

$$G\psi_i^{(\alpha)} = \sum_{j=1}^{f_\alpha} R_{ji}^\alpha(G)\psi_j^{(\alpha)}, \qquad G\psi_i^{(\beta)} = \sum_{j=1}^{f_\beta} R_{ji}^\beta(G)\psi_j^{(\beta)}$$

である．したがって，

$$G\psi_i^{(\alpha)}\psi_j^{(\beta)} = \sum_{k=1}^{f_\alpha}\sum_{=1}^{f_\beta} R_{ki}^\alpha(G)R_{lj}^\beta(G)\psi_k^{(\alpha)}\psi_l^{(\beta)}$$

となる．この直積表現の指標を $\chi^{(\alpha\times\beta)}(G)$ で表すと，

$$\chi^{(\alpha\times\beta)}(G) = \sum_{i=1}^{f_\alpha}\sum_{j=1}^{f_\beta} R_{ii}^\alpha(G)R_{jj}^\beta(G) = (\sum_{i=1}^{f_\alpha} R_{ii}^\alpha(G))(\sum_{j=1}^{f_\beta} R_{jj}^\beta(G))$$

であり，これは，

$$\chi^{(\alpha\times\beta)}(G) = \chi^{(\alpha)}(G) \times \chi^{(\beta)}(G) \tag{5.27}$$

である.

　こうした直積表現は，量子力学的演算子の行列要素を議論するときに必要である．その際に重要になる直積表現の一つの性質は，**異なる既約表現の直積を既約表現に分解したとき，恒等表現は含まれない**，ということである．一方，**既約表現のそれ自身との直積は，恒等表現をいつもただ 1 回だけ含んでいる**．これを証明するには，可約表現を既約表現に分解する公式 (5.23) を用い，さらに既約表現の指標に関する直交性 (5.18) を用いればよい.

　応用に際しては，任意の関数 $\psi$ を，群の既約表現 $\alpha$ を構成する基底と同様に変換される関数 $\{\psi_1^\alpha, \psi_2^\alpha, \cdots, \psi_{f_\alpha}^\alpha\}$ の和の形

$$\psi = \sum_\alpha \sum_i \psi_i^{(\alpha)} \tag{5.28}$$

で表されるような公式をつくっておくとよい．答えは，

$$\psi_i^{(\alpha)} = \frac{f_\alpha}{g} \sum_G R_{ii}^{\alpha*}(G) G\psi \tag{5.29}$$

である．これを**射影演算子**という．証明には，右辺の $\psi$ を $\psi_i^{(\alpha)}$ で置き換えたときに右辺が恒等的に $\psi_i^{(\alpha)}$ になり，$\psi = \psi_j^{(\beta)}$ ($j \neq i$ あるいは $\beta \neq \alpha$) としたときに 0 になることを示せばよい．このことは $G\psi_j^{(\beta)} = \sum_l R_{lj}^\beta \psi_l^{(\beta)}$ を右辺に代入し，直交関係 (5.17) を使えばただちに導かれる.

　式 (5.29) の右辺で $i$ についての和をとると，

$$\psi^{(\alpha)} \equiv \frac{f_\alpha}{g} \sum_i \sum_G R_{ii}^{\alpha*}(G) G\psi = \frac{f_\alpha}{g} \sum_G [\chi^{(\alpha)}(G)]^* G\psi \tag{5.30}$$

なる関数を得る．これは，$\alpha$ 表現の基底関数の和である．これを用いると，任意の関数 $\psi$ は，

$$\psi = \sum_\alpha \psi^{(\alpha)} \tag{5.31}$$

となる.

　最後に二つの異なる群の直積群 (一つの群の二つの表現の直積とは違う！) の既約表現を考えよう．$\psi_i^{(\alpha)}$ が群 $\boldsymbol{A}$ の既約表現の基底，$\psi_j^{(\beta)}$ が群 $\boldsymbol{B}$ の既約表現の基底としよう．このとき，$\psi_i^{(\alpha)} \psi_j^{(\beta)}$ は直積群 $\boldsymbol{A} \times \boldsymbol{B}$ の $f_\alpha f_\beta$ 次元の表現の基底であり，この表現は既約である．群 $\boldsymbol{A} \times \boldsymbol{B}$ の元 $C \equiv AB$ に対する指標

$$\chi(C) = \chi^{(\alpha)}(A)\chi^{(\beta)}(B) \tag{5.32}$$

は，式 (5.27) の導出にならえば容易であろう．これにより，群 $A \times B$ の既約表現はそれぞれの群の既約表現から容易に導かれる．

### 5.4.2 点群の既約表現

群の表現の例として，本項では点群の既約表現とその指標をまとめておこう．すでに述べたように，結晶の並進対称性と両立し得る点群は全部で 32 個存在する．その代表的なものと，それらの既約表現，その指標を表 5.1 に示す．互いに同型の群は同一の既約表現をもつので，それらは一つの表にまとめてある．第 1 行は群の類であり，その類に含まれる代表的な元とその数が示してある．第 1 列のラベルはそれぞれの既約表現を表している．たとえば，1 次元表現は $A$ あるいは $B$，2 次元表現は $E$，3 次元表現は $T$ が使われている．添字 $g$, $u$ は反転に対する対称性を表している．既約表現のラベルの次に，$x$, $y$, $z$ が示されているが，それはその群の対称操作によって，$x$, $y$, $z$ と同様に変換する関数が，その既約表現の基底を構成することを示している．ここで，$z$ はいつも対称主軸の方向に選んである．

巡回群に対する既約表現の決定は簡単である．可換群なので表現は 1 次元である．したがって，既約表現の基底 $\psi$ に対して $G\psi = $ 定数 $\times \psi$ である．$G$ を群の生成元とすると，$G^g = E$ (恒等元) なので，$G^g \psi = \psi$ である．これより，

$$G\psi = e^{2\pi i k/g} \psi \qquad (k = 1, 2, \cdots, g)$$

である．群 $C_{2h}$ (同型の群として，$C_{2v}$, $D_2$) は Abel 群なので 1 次元表現しかない．また，どの元の 2 乗も恒等元なので，指標は $\pm 1$ である．

次に群 $C_{3v}$ を考える．これは群 $C_3$ の対称変換に，鉛直面での鏡映 $\sigma_v$ を付け加えたものである．5.3.2 項で説明したように，すべての鏡映は同じ類に属する．$C_3$ の既約表現 $A$ はすべての回転に対して不変な関数を基底としている．この基底関数は，鏡映に対しては対称か反対称である．回転 $C_3$ に対しては，$\varepsilon(= e^{2\pi i/3})$，$\varepsilon^2$ が掛けられる関数 ($E$ 表現の基底) は，鏡映に対して互いに移り合う．これらの考察から，群 $C_{3v}$ (および，これと同型の $D_3$) は二つの 1 次元既約表現および 2 次元既約表現をもつ．これで既約表現のすべてを尽くしていることは，(5.24) の関係式がこの場合，$1^2 + 1^2 + 2^2 = 6$ であることから確かめられる．

群 $T$ は，群 $V$ に四つの傾いた 3 回対称軸を加えることによって得られる．群

**表 5.1** いくつかの点群の既約表現の指標

| 群 $C_1$ | 類 | $E$ |
|---|---|---|
| 表現 | 指標 | |
| $A$ | | 1 |

| 群 $C_i$ | | | 類 | $E$ | $I$ |
|---|---|---|---|---|---|
| | 群 $C_2$ | | 類 | $E$ | $C_2$ |
| | | 群 $C_s$ | 類 | $E$ | $\sigma_h$ |
| 表現 | 表現 | 表現 | 指標 | | |
| $A_g$ | $A;\, z$ | $A';\, x,y$ | | 1 | 1 |
| $A_u;\, x,y,z$ | $B;\, x,y$ | $A'';\, z$ | | 1 | $-1$ |

| 群 $C_{2h}$ | | | 類 | $E$ | $C_2$ | $\sigma_h$ | $I$ |
|---|---|---|---|---|---|---|---|
| | 群 $C_{2v}$ | | 類 | $E$ | $C_2$ | $\sigma_v$ | $\sigma_{v'}$ |
| | | 群 $D_2$ | 類 | $E$ | $C_2^z$ | $C_2^y$ | $C_2^x$ |
| 表現 | 表現 | 表現 | 指標 | | | | |
| $A_g$ | $A_1;\, z$ | $A$ | 1 | 1 | 1 | 1 |
| $B_g$ | $B_2;\, y$ | $B_3;\, x$ | 1 | $-1$ | $-1$ | 1 |
| $A_u;\, z$ | $A_2$ | $B_1;\, z$ | 1 | 1 | $-1$ | $-1$ |
| $B_u;\, x,y$ | $B_1;\, x$ | $B_2;\, y$ | 1 | $-1$ | 1 | $-1$ |

| 群 $C_{3v}$ | | 類 | $E$ | $2C_3$ | $3\sigma_v$ |
|---|---|---|---|---|---|
| | 群 $D_3$ | 類 | $E$ | $2C_3$ | $3U_2$ |
| 表現 | 表現 | 指標 | | | |
| $A_1;\, z$ | $A_1$ | 1 | 1 | 1 |
| $A_2$ | $A_2;\, z$ | 1 | 1 | $-1$ |
| $E;\, x,y$ | $E;\, x,y$ | 2 | $-1$ | 0 |

| 群 $O$ | | 類 | $E$ | $8C_3$ | $3C_2$ | $6C_2$ | $6C_4$ |
|---|---|---|---|---|---|---|---|
| | 群 $T_d$ | 類 | $E$ | $8C_3$ | $3C_2$ | $6\sigma_d$ | $6S_4$ |
| 表現 | 表現 | 指標 | | | | | |
| $A_1$ | $A_1$ | 1 | 1 | 1 | 1 | 1 |
| $A_2$ | $A_2$ | 1 | 1 | 1 | $-1$ | $-1$ |
| $E$ | $E$ | 2 | $-1$ | 2 | 0 | 0 |
| $T_2$ | $T_2;\, x,y,z$ | 3 | 0 | $-1$ | 1 | $-1$ |
| $T_1;\, x,y,z$ | $T_1$ | 3 | 0 | $-1$ | $-1$ | 1 |

$V$ の変換に対して不変な関数 (既約表現 $E$ の基底関数) は回転 $C_3$ により，$\varepsilon$，$\varepsilon^2$ が掛けられる．また，群 $V$ の三つの 1 次元表現 $B_1$，$B_2$，$B_3$ の基底関数は，3 回対称軸の周りの回転によって移り合う．つまり，3 次元表現の基底を構成する．これより，三つの 1 次元既約表現と一つの 3 次元既約表現を得る．

　群 $O$ あるいはそれと同型な群 $T_d$ を考えよう．群 $T_d$ は群 $T$ の 3 回対称軸を含むような平面に対する鏡映 $\sigma_d$ を付け加えることによって得られる．群 $T$ の恒等表現の基底関数は，これらの鏡映に対して対称か反対称である．これにより $T$ の二つの 1 次元表現が得られる．3 回軸の周りの回転によって，$\varepsilon$，$\varepsilon^2$ がかかる関数は，その軸を含む鏡映によって互いに移り合うので，2 次元表現をつくる．最後に，群 $T$ の 3 次元表現の基底関数は，鏡映に対して 2 種類の変換パターンを示すので，二つの 3 次元既約表現が得られる．

　残りの点群は，すでに考察した点群と $C_i$ あるいは $C_s$ との直積で書ける．すなわち，

$$C_{3h} = C_3 \times C_s \qquad D_{2h} = D_2 \times C_i \qquad D_{3d} = D_3 \times C_i \qquad O_h = O \times C_i$$
$$C_{4h} = C_4 \times C_i \qquad D_{4h} = D_4 \times C_i \qquad D_{6h} = D_6 \times C_i$$
$$C_{6h} = C_6 \times C_i \qquad S_6 = C_3 \times C_i \qquad T_h = T \times C_i$$

と書ける．これらの直積の表現は，どれももともとの群の表現の 2 倍の既約表現をもち，その半分は反転に対して対称 (添字 $g$)，残りの半分は反転に対して反対称 (添字 $u$) である．

## 5.5　群の表現論と量子力学

　本節では，前節で説明した群の表現論が量子力学においてどのように役立つかをみよう．

### 5.5.1　ハミルトニアンの固有状態と既約表現

　簡単な具体例から始める．ポテンシャル $V(x)$ のもとでの 1 次元の Schrödinger 方程式を考える．ポテンシャルが空間反転 $I$ に対して不変である場合には，ハミルトニアン $\mathcal{H} = p^2/(2m) + V(x)$ も不変であり，式 (5.3) によれば，

$$I\mathcal{H}I^{-1} = \mathcal{H}$$

が成り立つ．すなわち $I$ と $\mathcal{H}$ は可換である．したがって，$\psi_n$ がこのハミルトニアンの固有値 $E_n$ に対する固有関数であるならば，

$$\mathcal{H}\psi_n = E_n\psi_n$$

より，

$$\mathcal{H}(I\psi_n) = E_n(I\psi_n)$$

が成り立つ．すなわち，$I\psi_n(x) = \psi(I^{-1}x) = \psi(-x)$ は $\psi_n(x)$ と同じ固有値 $E_n$ をもつ固有関数であることが示された．一方，2 階の微分方程式の一般論から，1 次元の問題では固有値に縮退はないことが示されるので，両者は定数因子を除いて等しくなければならない．すなわち，$I\psi_n = c\psi_n$．ところが空間反転を 2 度行うと，それは恒等変換であり，波動関数はもとに戻るので，$c^2 = 1$，すなわち $c = \pm 1$ である．したがって，$\psi_n$ は反転に関して不変か符号を変えるかのいずれか，すなわち偶関数か奇関数かのいずれかである．両者の重ね合わせは固有関数ではあり得ない．

このことを 5.4.1 項での，群の表現論で記述してみよう．反転対称のある系の対称操作は，群 $\boldsymbol{C}_i$ を形成し，その元は恒等変換と反転操作である．すなわち，$\boldsymbol{C}_i = \{E, I\}$．任意の関数 $\psi(x)$ を導入すると，それは偶関数 $\psi_\mathrm{e}$ と奇関数 $\psi_\mathrm{o}$ の和に書けるので，$\psi = \psi_\mathrm{e} + \psi_\mathrm{o}$ である．式 (5.11) に従い，基底関数 $\psi_1 = E\psi = \psi_\mathrm{e} + \psi_\mathrm{o}$，$\psi_2 = I\psi = \psi_\mathrm{e} - \psi_\mathrm{o}$ を構成すると，式 (5.12) で定義される表現行列は，

$$R(E) = \begin{pmatrix} 1 & 0 \\ 0 & 1 \end{pmatrix}, \qquad R(I) = \begin{pmatrix} 0 & 1 \\ 1 & 0 \end{pmatrix}$$

となる．この二つの行列は，群 $\boldsymbol{C}_i$ の一つの可約表現である．既約表現を得るためには，$\psi_1$ と $\psi_2$ の線形結合である $\psi_\mathrm{e} = (\psi_1 + \psi_2)/2$，$\psi_\mathrm{o} = (\psi_1 - \psi_2)/2$ を基底関数に選べばよい．すると，$I\psi_\mathrm{e} = \psi_\mathrm{e}$，$I\psi_\mathrm{o} = -\psi_\mathrm{o}$ なので，表現行列は 1 次元となる．$\psi_\mathrm{e}$ を基底とする既約表現を $A_g$，$\psi_\mathrm{o}$ を基底とする既約表現を $A_u$ と書くと，その指標 (いまの場合，表現行列が 1 次元なので，$I$ を演算したときの符号の変化に相当) は表 5.1 に示したようになる．

このことから，ハミルトニアンの固有関数の対称操作による変換の仕方，いまの場合，$\boldsymbol{C}_i$ 群の対称操作である空間反転によって符号を変えるか否かは，対称変換群の既約表現の基底関数の変換の仕方と同一であることがわかる．つまり，ハミルトニアンの固有関数は，対称変換群の既約表現の基底を構成している．

一般的なハミルトニアン $\mathcal{H}$ を考え，この系の対称変換群を $\boldsymbol{G} = \{G_1, G_2, \cdots, G_g\}$ としよう．ハミルトニアンの $\mu$ 番目の固有値を $\varepsilon_\mu$，その固有関数を $\psi_l^{(\mu)}$ $(l = 1, \cdots, d_\mu)$ とする．ここで，状態 $\mu$ の縮重度を $d_\mu$ とした．式で書くと，

$$\mathcal{H}\psi_l^{(\mu)} = \varepsilon_\mu \psi_l^{(\mu)} \tag{5.33}$$

である．両辺に対称変換 $G_s$ を施す．式 (5.1)，(5.3) より，

$$G_s \mathcal{H} G_s^{-1} G_s \psi_l^{(\mu)} = \varepsilon_\mu G_s \psi_l^{(\mu)}$$

となる．系が対称変換に対して不変であるということを式で表すと，式 (5.3) より，

$$G_s \mathcal{H} G_s^{-1} = \mathcal{H} \tag{5.34}$$

である．したがって，

$$\mathcal{H} G_s \psi_l^{(\mu)} = \varepsilon_\mu G_s \psi_l^{(\mu)} \tag{5.35}$$

が成り立つ．つまり，もともとの固有関数に対称操作を施した関数も固有関数である．したがって，もともとの固有関数の線形結合で書けるはずである．すなわち，

$$G_s \psi_l^{(\mu)} = \sum_{l'}^{d_\mu} R_{l'l}(G_s) \psi_{l'}^{(\mu)} \tag{5.36}$$

である．

つまりハミルトニアンの同一の固有値に属する固有関数は，対称変換によって互いに変換し合う．どのように変換し合うかを決めているのは行列 $(R_{l'l}(G_s))$ である．式 (5.36) と (5.11) を見比べると，固有関数は群 $\boldsymbol{G}$ の表現の基底関数となっていることがわかる．この $d_\mu$ 次元の表現は一般に既約である．もし，これが可約であるとすると，関数の集合 $\{\psi_l^{(\mu)}; l = 1, \cdots, d_\mu\}$ を二つ以上の組に分けて，対称操作によって同一の組の中の関数だけで変換し合い，異なる組には移らないようにすることができる．一方，式 (5.35) は，対称操作によって互いに移り変わる関数は必ず同じエネルギー固有値をもつことを示している．それゆえ，対称操作により，互いの 1 次結合に移り変わらない関数は，一般的には異なったエネルギー固有値に属する．もちろん偶然により，互いに変換し合わない関数が同一のエネルギー固有値をもつ場合もある．それを**偶然縮退**という．そうした**偶然縮退**の場合を除けば，**一つのエネルギー固有値に属する固有関数は，対称変換群の既約な表現を張る**，ということができる．

例として，球対称なポテンシャル $V(r)$ のもとでのハミルトニアン

$$\mathcal{H} = \frac{\boldsymbol{p}^2}{2m} + V(r)$$

を考えよう．この固有状態は，動径量子数 $n$，方位量子数 $l$，磁気量子数 $m$ で指定され，固有関数 $\psi_{nlm}$ は動径波動関数 $R_{nl}(r)$ と球面調和関数 $Y_{lm}(\theta, \varphi)$ の積

$$\psi_{nlm}(\boldsymbol{r}) = R_{nl}(r) Y_{lm}(\theta, \varphi)$$

で書け，その固有値は $n$ と $l$ に依存して $E_{nl}$ となり，$2l+1$ 重に縮退している．一方，この系の対称性の群は回転群であり，原点を中心とする任意の角度の回転がその元である．球面調和関数の具体的な表式からも導かれるが，任意の回転 $G$ に対して，対応する行列 $R_{m'm}^{(l)}(G)$ を用いて，

$$GY_{lm} = \sum_{m'=-l}^{l} R_{m'm}^{(l)}(G)Y_{lm'} \tag{5.37}$$

と書ける．これは $l$ を決めたときの球面調和関数は回転群の既約表現を張っているということである．すなわち，エネルギーの固有関数は既約表現の基底である．水素原子は特別な場合である．そこでは，エネルギー固有値は $l$ にはよらない値となる．このことは回転群の対称性から帰結されることではなく，偶然縮退といえる．

　以上より，系のエネルギー準位のいずれにも，系の対称性の群の既約表現が対応する．その準位の縮退度は既約表現の次元である．1 より大きい次元をもつ既約表現は，非可換の元を含むような群だけに存在する．したがって，対称性の群が可換群である場合には，エネルギー準位は縮退しない．

## 5.5.2　摂動によるエネルギー準位の分裂

　ハミルトニアン $\mathcal{H}_0$ で記述される系に，摂動 $\mathcal{H}_1$ が加わったとしよう．もし $\mathcal{H}_1$ の対称性が $\mathcal{H}_0$ のそれと同じかあるいはそれより高い場合には，

$$\mathcal{H} = \mathcal{H}_0 + \mathcal{H}_1$$

は $\mathcal{H}_0$ と同じ対称性の群に属し，系の固有状態は摂動の前と後で同一の既約表現に属する．したがって，摂動によってエネルギー固有値は変化するかもしれないが，準位の分裂は生じない．

　$\mathcal{H}_1$ の対称性が $\mathcal{H}_0$ の対称性より低い場合には，$\mathcal{H}$ の対称変換群 $G$ は $\mathcal{H}_0$ の対称変換群 $G_0$ の部分群となる．この場合，縮退した準位が分裂することがある．その分裂の仕方は対称変換群の表現から知ることができる．摂動前に群 $G_0$ の既約表現 $\alpha_0$ に属していた固有関数を考えよう．群 $G$ のすべての元は，群 $G_0$ の元として含まれているので，式 (5.11) より，$\alpha_0$ に属していた固有関数は，群 $G$ のある表現 $\Gamma$ の基底を構成していることになる．その表現は一般に既約とは限らない．

それは，$G_0$ のすべての対称変換に対して互いに移り合う関数集合であっても，その部分群の対称変換に対しては，互いに移り合わないかもしれないからである．すなわち，一般的に $G_0$ の既約表現は，その部分群の表現としては可約である．この可約な表現は，式 (5.23) に従って，$G$ の既約表現 $\gamma$ の直和に分解できる．

$$\alpha_0 = \gamma_1 + \gamma_2 + \cdots \tag{5.38}$$

一般に，異なる既約表現に属する固有関数は異なるエネルギー固有値を与えるので，式 (5.38) は非摂動ハミルトニアン $\mathcal{H}_0$ の既約表現 $\alpha_0$ で指定されるエネルギー準位が，摂動が加わったハミルトニアン $\mathcal{H}$ においては，$\gamma_1$，$\gamma_2$，$\cdots$ で指定される各準位に分裂することを意味している．

一つの例として，d 電子をもつ原子が物性に重要な役割を果たす場合のエネルギースペクトルを考えよう．1 個の孤立原子では任意の回転に対してハミルトニアンは不変であり，d 電子状態は (スピン自由度を除いて) 5 重に縮退している．これは回転群の $l = 2$ でラベルされる既約表現に属したエネルギー準位といえる (式 (5.37))．こうした d 電子を有する原子が固体内に存在する場合，周囲のほかの原子の影響により，回転群の対称性が失われ，5.3.2 項で説明した点群の対称性に低下する．5 重縮退した準位がどのように分裂するかを知るには，方位量子数 $l = 2$ で指定される回転群の既約表現 (縮重度 $2l+1$) が，対応する点群の既約表現にどのように分解されるかを調べればよい．

次のような具体例を考えよう．d 電子を有する遷移金属原子は，しばしば半導体中の不純物原子として存在し，半導体の禁制帯中に d 軌道由来の電子準位を生み出し，半導体の物性を大きく左右する．通常の半導体は $\mathrm{sp}^3$ 混成軌道の形成により，正四面体の対称性を有している．点群でいうと $T_d$ 群である．d 電子状態は動径部分の波動関数と五つの球面調和関数 $Y_{2m}(\theta, \varphi)$ $(m = -2, \cdots, 2)$ の積で書けるが，群 $T_d$ の対称操作のもとでは，互いに移り変わらない組に分解される．一つの組は，

$$t_2 \begin{cases} d_{yz} = \sqrt{3}yz \times (\text{動径波動関数}) \propto Y_{21} + Y_{2-1} \\ d_{zx} = \sqrt{3}zx \times (\text{動径波動関数}) \propto Y_{21} - Y_{2-1} \\ d_{xy} = \sqrt{3}xy \times (\text{動径波動関数}) \propto Y_{22} - Y_{2-2} \end{cases} \tag{5.39}$$

であり，もう一つの組は，

$$e \begin{cases} d_{z^2} = \frac{1}{2}(3z^2 - r^2) \times (\text{動径波動関数}) \propto Y_{20} \\ d_{x^2-y^2} = \frac{\sqrt{3}}{2}(x^2 - y^2) \times (\text{動径波動関数}) \propto Y_{22} + Y_{2-2} \end{cases} \tag{5.40}$$

である (回転群の既約表現を点群の既約表現に分解する方法は，文献にあげた参考書[13]を参照されたい). それぞれの基底関数の組は，表 5.1 にある群 $T_d$ の $T_2$ 既約表現と $E$ 表現の基底となっている. すなわち孤立原子の状態で 5 重縮退していた状態は 3 重縮退準位と 2 重縮退準位に分裂する.

遷移金属原子が入ったことで，周囲の原子がその位置を変化させることはしばしば起こる. そこで，そうした格子緩和により，対称性が $T_d$ から $C_{3v}$ に低下した場合を考えよう. この摂動により，3 重縮退準位 $T_2$ と 2 重縮退準位 $E$ がどのように分裂するかは，既約表現の指標を調べればよい. $T_d$ の $T_2$ 既約表現を構成していた三つの基底関数は，部分群 $C_{3v}$ の表現を張る. その指標は，$C_{3v}$ での対称変換の類が，$T_d$ での対称変換のどの類に属するかがわかればよい. $C_{3v}$ の類 $E$，類 $C_3$，類 $\sigma_v$ は，それぞれ，$T_d$ の類 $E$，類 $C_3$，類 $\sigma_d$ に対応するので，問題にしている $C_{3v}$ での $T_2$ 表現の指標は表 5.2 のようになる. $C_{3v}$ の既約表現の指標と見比べると，この $T_2$ 表現は $C_{3v}$ 群では明らかに可約である. これを式 (5.23) に従って既約表現に分解する.

$$a^{(A_1)} = \frac{1}{6}[1 \times 3 \times 1 + 3 \times 1 \times 1] = 1$$
$$a^{(A_2)} = \frac{1}{6}[1 \times 3 \times 1 + 3 \times 1 \times (-1)] = 0$$
$$a^{(E)} = \frac{1}{6}[1 \times 3 \times 2] = 1$$

となるので，この可約表現は，群 $C_{3v}$ での，一つの 1 次元既約表現 $A_1$ と一つの 2 次元既約表現 $E$ に分解される. すなわち 3 重縮退のエネルギー準位は 2 重縮退準位と非縮退準位に分裂する (図 5.6). 一方，$T_d$ での 2 次元既約表現 $E$ の，$C_{3v}$ 群での対称操作に対する指標は表 5.2 で与えられる. この指標は $C_{3v}$ 群の 2 次元既約表現 $E$ と同一である. すなわち，$C_{3v}$ の対称性をもつ摂動が加わっても，$T_d$ 群での 2 重縮退準位は分裂しない.

別の例として，群 $C_{2v}$ の対称性の摂動が加わった場合を考える. $C_{2v}$ の類 $E$，

表 **5.2** 群 $T$ の既約表現 $T_2$，$E$ の部分群 $C_{3v}$，$C_{2v}$ での指標

| 群 $C_{3v}$ | 類 | $E$ | $2C_3$ | $3\sigma_v$ | 群 $C_{2v}$ | 類 | $E$ | $C_2$ | $\sigma_v$ | $\sigma_{v'}$ |
|---|---|---|---|---|---|---|---|---|---|---|
| 表現 | 指標 | | | | 表現 | 指標 | | | | |
| $T_2$ | | 3 | 0 | 1 | $T_2$ | | 3 | $-1$ | 1 | 1 |
| $E$ | | 2 | $-1$ | 0 | $E$ | | 2 | 2 | 0 | 0 |

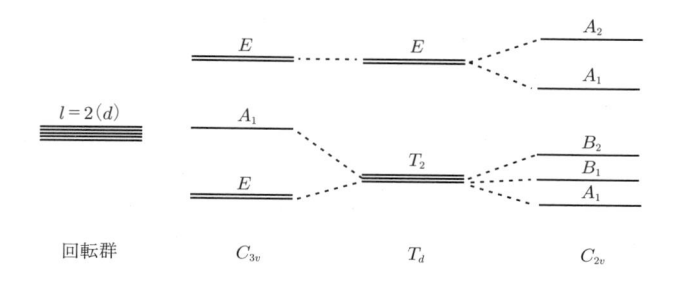

**図 5.6** 対称性の低下による d 電子状態の分裂の模式図
回転群対称性で 5 重に縮退していた準位は，固体内での $\boldsymbol{T}_d$ 群対称性により 3 重と 2 重に分裂し，さらなる $\boldsymbol{C}_{3v}$ 群，$\boldsymbol{C}_{2v}$ 群対称性により，2 重縮退あるいは非縮退状態に分裂する．

類 $C_2$，類 $\sigma_v$，類 $\sigma'_v$ の四つの類は，それぞれ，$\boldsymbol{T}_d$ の類 $E$，類 $C_2$，類 $\sigma_d$，類 $\sigma_d$ の四つに対応するので，$\boldsymbol{T}_d$ の $T_2$ 既約表現および $E$ 既約表現の，群 $\boldsymbol{C}_{2v}$ での表現の指標は表 5.2 のようになる．$\boldsymbol{C}_{2v}$ の既約表現の指標と見比べると，いずれの表現も可約であることがわかる．そこで，式 (5.23) に従って既約表現に分解する．まず $T_2$ 表現については，

$$a^{(A_1)} = \frac{1}{4}[1 \times 3 \times 1 + 1 \times (-1) \times 1 + 1 \times 1 \times 1 + 1 \times 1 \times 1] = 1$$

$$a^{(B_2)} = \frac{1}{4}[1 \times 3 \times 1 + 1 \times (-1) \times (-1) + 1 \times 1 \times (-1) + 1 \times 1 \times 1] = 1$$

$$a^{(A_2)} = \frac{1}{4}[1 \times 3 \times 1 + 1 \times (-1) \times 1 + 1 \times 1 \times (-1) + 1 \times 1 \times (-1)] = 0$$

$$a^{(B_1)} = \frac{1}{4}[1 \times 3 \times 1 + 1 \times (-1) \times (-1) + 1 \times 1 \times 1 + 1 \times 1 \times (-1)] = 1$$

となる．したがってこの可約表現は，群 $\boldsymbol{C}_{2v}$ での，三つの 1 次元既約表現 $A_1$，$B_2$，$B_1$ に分解される．一方，$E$ 表現については，

$$a^{(A_1)} = \frac{1}{4}[1 \times 2 \times 1 + 1 \times 2 \times 1] = 1$$

$$a^{(B_2)} = \frac{1}{4}[1 \times 2 \times 1 + 1 \times 2 \times (-1)] = 0$$

$$a^{(A_2)} = \frac{1}{4}[1 \times 2 \times 1 + 1 \times 2 \times 1] = 1$$

$$a^{(B_1)} = \frac{1}{4}[1 \times 2 \times 1 + 1 \times 2 \times (-1)] = 0$$

となるので，この可約表現は，群 $\boldsymbol{C}_{2v}$ での二つの 1 次元既約表現 $A_1$，$A_2$ に分解

される. 3 重縮退準位と 2 重縮退準位が対称性を下げる摂動でどのように分裂する
るかを模式的に図 5.6 に示す.

### 5.5.3 選 択 則

種々の演算子の行列要素が 0 になるかならないかの判定は，量子力学において
重要な問題である．対称性の群の表現論はこの判定にも役立つ.

まず，ハミルトニアンのように，群 $G$ に属するすべての対称変換に対して不変
な演算子の行列要素

$$\langle \psi_i^{(\alpha)} | \mathcal{H} | \psi_j^{(\beta)} \rangle$$

を考えよう．ここで，$\psi_i^{(\alpha)}$ は $\alpha$ 既約表現の $i$ 番目の基底関数である．$\mathcal{H}$ は対称
変換によって不変なので，$\mathcal{H}\psi_j^{(\beta)}$ は $\psi_j^{(\beta)}$ と同じ変換性をもつ．したがって，式
(5.26) およびそこでの証明から，この行列要素は $\alpha = \beta$ かつ $i = j$ 以外のときに
は 0 となる．すなわち，ハミルトニアンは同一の変換性をもった関数の間だけで，
0 でない行列要素をもつ．これはハミルトニアンを基底関数形を導入して行列表
示し，対角化を行うときに役立つ.

一般の演算子を扱うには，**既約テンソル演算子**という概念を導入するのが便利
である．対称変換により波動関数が式 (5.25) のように変換するのと同様に，

$$G \mathcal{T}_i^{(\alpha)} G^{-1} = \sum_j R_{ji}^{(\alpha)}(G) \mathcal{T}_j^{(\alpha)} \tag{5.41}$$

と変換される演算子 $\mathcal{T}_i^{(\alpha)}$ を既約テンソル演算子と呼ぶ．点群 $C_{3v}$ を例にとると，
座標 $r$，運動量 $p$，角運動量 $l$ などの演算子は，それぞれ次の既約表現に属する既
約テンソル演算子である (3 回回転軸を $z$ 軸とする)．$A_1$ 表現：$z$, $p_z$, $A_2$ 表現：
$l_z$, $E$ 表現：$\{x,y\}$, $\{p_x,p_y\}$, $\{l_x,l_y\}$. さて，行列要素

$$\langle \psi_k^{(\gamma)} | \mathcal{T}_j^{(\beta)} | \psi_i^{(\alpha)} \rangle \tag{5.42}$$

を考えよう．$\mathcal{T}_j^{(\beta)}\psi_i^{(\alpha)}$ はそれぞれの既約表現の基底の積なので，直積表現 $\alpha \times \beta$
の基底として変換する．対称変換 $G$ に対するその直積表現の指標は式 (5.27) より，
$\chi^{(\alpha)} \times \chi^{(\beta)}$ である．これは一般に可約表現であり，既約表現の和に分解できる.
一方，行列要素 (5.42) が 0 でないためには，式 (5.26) の基底に関する直交性およ
びそこでの証明にならえば，表現 $\alpha \times \beta$ が表現 $\gamma$ を含むことが必要である．これ

が対称性の観点からの，行列要素 (5.42) が 0 にならないための条件である．表現 $\alpha \times \beta$ に含まれる既約表現 $\gamma$ の数は，式 (5.23) より，

$$a^{(\gamma)} = \frac{1}{g} \sum_G \chi^{(\gamma)}(G)^* \chi^{(\alpha)}(G) \chi^{(\beta)}(G) \tag{5.43}$$

で与えられる．これが 0 であるならば，行列要素 (5.42) は対称性から正確に 0 である．

例として，$C_{3v}$ の対称性をもつ系における電子の光遷移の問題を考えよう．4 章で学んだように，電子と光との相互作用は，ベクトルポテンシャル $\boldsymbol{A}$ と運動量ベクトル $\boldsymbol{p}$ の積で与えられる．$\mathcal{H}_1 \propto \boldsymbol{p} \cdot \boldsymbol{A} \propto \boldsymbol{p} \cdot \boldsymbol{e}$．ここで $\boldsymbol{e}$ は電磁場の偏光ベクトルである．始状態の属する表現を $\alpha$ としよう．光が $z$ 方向に偏極している場合，$\mathcal{H}_1$ 演算子の対称性は $p_z$ のもつ対称性であり，この既約テンソル演算子は恒等表現 $A_1$ に属する．$A_1 \times \alpha = \alpha$ なので，終状態も $\alpha$ 表現に属している場合にのみ，光遷移の確率は 0 ではない．

偏光方向が $xy$ 面内にあるときには，$\mathcal{H}_1$ の対称性は，$p_x$，$p_y$ の対称性と同一であり，既約表現としては $E$ に属する．したがって，$E \times \alpha$ 表現が $\gamma$ 表現を含むかどうかを調べればよい．式 (5.43) より，

$$E \times A_1 \to E$$
$$E \times A_2 \to E$$
$$E \times E \to A_1 + A_2 + E$$

となる．これにより偏光方向が $xy$ 面内の場合には，$A_1$，$A_2$，$E$ の各既約表現に属する状態間の光遷移が許容であることがわかる．

# 付録 A 　中心力場の問題と自由運動の一般解

　中心力場 $V(r)$ のもとでの Schrödinger 方程式の解 $\Psi(\boldsymbol{r})$ は，動径方向の波動関数 $R(r)$ と角度変数の関数 $Y(\theta, \varphi)$ の積で書かれる．方位量子数 $l$，磁気量子数 $m$ が確定した状態では，後者は球面調和関数 $Y_{lm}(\theta, \varphi)$ となる．さらに，エネルギー $E$ が確定した状態では，動径方向の波動関数 $R_{El}$ は，

$$\frac{1}{r^2}\frac{d}{dr}\left(r^2\frac{dR_{El}(r)}{dr}\right) + \left[\frac{2m[E-V(r)]}{\hbar^2} - \frac{l(l+1)}{r^2}\right]R_{El}(r) = 0 \qquad (\text{A.1})$$

を満たす (工学教程『量子力学 I』参照)．束縛状態ではエネルギー $E$ は離散的な限られた値しか許されないが，散乱状態では基本的に任意の値をとり得る．散乱状態の波動関数の漸近型を調べるために，ここでは自由運動 $(V(r) = 0)$ の場合の方程式

$$\frac{1}{r^2}\frac{d}{dr}\left(r^2\frac{dR_{kl}(r)}{dr}\right) + \left[k^2 - \frac{l(l+1)}{r^2}\right]R_{kl}(r) = 0 \qquad (\text{A.2})$$

の一般解を求めておこう．自由運動では波数 $k$ が良い量子数であり，$E = \hbar^2 k^2/(2m)$ なので，$R_{El}(r)$ をあらためて $R_{kl}(r)$ と書いた．$z = kr$ なる置換を行い，$f_l(z) = \sqrt{z}R_{kl}(r)$ なる関数を導入すると，式 (A.2) は，

$$\frac{d^2 f_l}{dz^2} + \frac{1}{z}\frac{df_l}{dz} + \left[1 - \frac{\left(l+\frac{1}{2}\right)^2}{z^2}\right]f_l = 0 \qquad (\text{A.3})$$

を得る．これは半整数次の Bessel の微分方程式と呼ばれるものである[*1]．この方程式の独立な基本解は，半整数次の Bessel 関数 $J_{l+1/2}(z)$ と **Neumann** (ノイマン) **関数** $N_{l+1/2}$ である．あるいは以下で定義される**球 Bessel 関数**

$$j_l(z) = \sqrt{\frac{\pi}{2z}}J_{l+\frac{1}{2}}(z), \quad n_l(z) = \sqrt{\frac{\pi}{2z}}N_{l+\frac{1}{2}}(z) \qquad (\text{A.4})$$

を考えると，これは動径部分の微分方程式 (A.2) の解となっている．

　球 Bessel 関数の具体的な形は以下のようにして求めることができる．式 (A.2) で $l = 0$ とした場合の独立な解は，

$$\sqrt{\frac{2}{\pi}}\frac{\sin kr}{r}, \qquad \sqrt{\frac{2}{\pi}}\frac{\cos kr}{r} \tag{A.5}$$

であることは容易にわかる．ここで規格化として，

$$\int_0^\infty r^2 R_{kl}(r) R_{k'l}(r) dr = \delta(k - k') \tag{A.6}$$

を採用した．

　$l \neq 0$ の場合には，置換

$$R_{kl}(r) = r^l \chi_{kl}(r)$$

を行う．すると，(A.2) は，

$$\frac{d^2 \chi_{kl}}{dr^2} + \frac{2(l+1)}{r}\frac{d\chi_{kl}}{dr} + k^2 \chi_{kl} = 0 \tag{A.7}$$

が得られる．この方程式を $r$ について微分すると，

$$\frac{d^3 \chi_{kl}}{dr^3} + \frac{2(l+1)}{r}\frac{d^2 \chi_{kl}}{dr^2} + \left[k^2 - \frac{2(l+1)}{r^2}\right]\frac{d\chi_{kl}}{dr} = 0 \tag{A.8}$$

となる．さらに $d\chi_{kl}/dr = rg(r)$ なる置換により $g(r)$ を導入すると，(A.8) は，

$$\frac{d^2 g}{dr^2} + \frac{2(l+2)}{r}\frac{dg}{dr} + k^2 g = 0 \tag{A.9}$$

となる．この (A.9) は，$R_{k,l+1} = r^{l+1}\chi_{k,l+1}$ で導入した $\chi_{k,l+1}$ が満たすべき方程式 (A.7) と同じである．したがって，

$$\chi_{k,l+1} = \frac{1}{r}\frac{d}{dr}\chi_{kl}$$

---

*1　一般に，次数 $\nu$ の Bessel の微分方程式は，

$$\frac{d^2 f}{dz^2} + \frac{1}{z}\frac{df}{dz} + \left(1 - \frac{\nu^2}{z^2}\right)f = 0$$

であり，この独立な解は二つある．一つは次数 $\nu$ の Bessel 関数であり，多項式展開すると，

$$J_\nu(z) = \sum_{m=0}^\infty \frac{(-1)^m}{m!\Gamma(m+\nu+1)}\left(\frac{z}{2}\right)^{\nu+2m}$$

で与えられる．ほかの独立な解としてしばしば登場するものに，Neumann 関数

$$N_\nu(z) = \frac{\cos\nu\pi J_\nu(z) - J_{-\nu}(z)}{\sin\nu\pi}$$

第 1 種，第 2 種の Hankel (ハンケル) 関数

$$H_\nu^{(1)}(z) = J_\nu(z) + iN_\nu(z)$$
$$H_\nu^{(2)}(z) = J_\nu(z) - iN_\nu(z)$$

がある．

が成り立っている. この関係を繰り返し用いると,

$$\chi_{kl} = \left(\frac{1}{r}\frac{d}{dr}\right)^l \chi_{k0} \tag{A.10}$$

が得られる. ここで, $R_{k0} = \chi_{k0}$ として, 二つの解 (A.5) を用いると, 式 (A.2) の二つの独立な解が得られる. すなわち,

$$\sqrt{\frac{2}{\pi}}r^l \left(\frac{1}{r}\frac{d}{dr}\right)^l \frac{\sin kr}{r} \tag{A.11}$$

$$\sqrt{\frac{2}{\pi}}r^l \left(\frac{1}{r}\frac{d}{dr}\right)^l \frac{\cos kr}{r} \tag{A.12}$$

である. この二つの独立な解は球 Bessel 関数の線形結合のはずである. 実際, 球 Bessel 関数の二つの独立な解, $j_l(z)$ と $n_l(z)$ は, 次のように定義される.

$$j_l(z) = (-z)^l \left(\frac{1}{z}\frac{d}{dz}\right)^l \left(\frac{\sin z}{z}\right) \tag{A.13}$$

$$n_l(z) = -(-z)^l \left(\frac{1}{z}\frac{d}{dz}\right)^l \left(\frac{\cos z}{z}\right) \tag{A.14}$$

したがって, 上で得られた式 (A.11) が $j_l(kr)$, (A.12) が $n_l(kr)$ に対応している.

球 Bessel 関数の漸近形 $(r \to \infty)$ と原点付近での振る舞い $(r \approx 0)$ は重要である. まず, $r \approx 0$ の振る舞いを調べるためには, 正弦関数, 余弦関数を多項式展開すればよい. 直接の計算により,

$$j_l(z) \approx z^l \left(-\frac{1}{z}\frac{d}{dz}\right)^l (-1)^l \frac{z^{2l}}{(2l+1)!} = \frac{z^l}{(2l+1)!!} \tag{A.15}$$

$$n_l(z) \approx -z^l \left(-\frac{1}{z}\frac{d}{dz}\right)^l \frac{1}{z} = -\frac{(2l-1)!!}{z^{l+1}} \tag{A.16}$$

を得る. これより原点で正則な式 (A.2) の解は $j_l(z)$ であることがわかる.

$r \to \infty$ ではどうだろう. 球 Bessel 関数 $j_l(z)$ の定義式 (A.13) より, $r \to \infty$ で最も大きな寄与をする項, すなわち $z$ の逆べきの最低次の項は, $\sin z$ を $l$ 回微分した項である. すなわち,

$$\begin{aligned}
j_l(z) &\approx (-z)^l \frac{1}{z}\left(\frac{1}{z}\frac{d}{dz}\right)^l \sin z \approx \frac{1}{z}\left(-\frac{d}{dz}\right)^l \sin z \\
&= \frac{1}{z}\left(-\frac{d}{dz}\right)^l \frac{e^{iz} - e^{-iz}}{2i} = \frac{1}{z}\frac{1}{2i}[e^{-i\pi l/2}e^{iz} - e^{i\pi l/2}e^{-iz}] \\
&= \frac{1}{z}\sin\left(z - \frac{\pi l}{2}\right)
\end{aligned}$$

である.$n_l(z)$ に対しても,同様の導出が可能で,結局,

$$j_l(z) \approx \frac{1}{z} \sin\left(z - \frac{\pi l}{2}\right), \qquad n_l(z) \approx -\frac{1}{z} \cos\left(z - \frac{\pi l}{2}\right) \qquad (r \to \infty) \qquad \text{(A.17)}$$

を得る.

# 付録 B　特殊相対論 (古典論)

　付録 B では，2 章の理解に必要な特殊相対論の基本をまとめておこう．

## B.1　相互作用の伝搬速度

　自然現象を記述するためには，**基準系**が必要である．この基準系のうちには，その中で自由に運動する物体，すなわち，外からの力を受けないで運動する物体が一定の速度で進むようなものがある．それを**慣性系**という．言い換えれば，Newton の第一法則 (慣性の法則) が成り立つような基準系のことを慣性系という．二つの基準系，$K$ と $K'$，が互いに等速直線運動をしているとしよう ($K'$ 系の $K$ 系に対する速度を $\boldsymbol{V}$ としよう)．このとき $K$ が慣性系であるならば，$K'$ も慣性系である．なぜなら，$K$ 系で自由な運動をしている物体は，$K'$ 系でも，速度が $-\boldsymbol{V}$ だけ変化するが，やはり自由な運動をしているからである．このことから，互いに一様な運動をしている慣性系は無数にあることになる．慣性系は無数にあるが，それは人間が恣意的に導入したものである．自然現象とは本来関係ない．別の見方をすると，自然現象を記述する自然法則は，あらゆる慣性基準系において同一でなければならない．これを**相対性原理**という．

　非相対論的古典力学では，粒子 (位置ベクトル $\boldsymbol{r}_i : i = 1, 2, \cdots$) の間の相互作用は，相互作用のポテンシャルエネルギー $U$ で記述され，そのポテンシャルエネルギーは粒子の座標の関数として表されている．

$$m_i \ddot{\boldsymbol{r}}_i = \boldsymbol{V}_i = -\frac{\partial}{\partial \boldsymbol{r}_i} U(\boldsymbol{r}_1, \boldsymbol{r}_2, \cdots)$$

この式は相互作用の伝播が瞬時に起きることを仮定している．すなわち，$\boldsymbol{r}_i$ から離れた場所にいる別の粒子の位置が動いたとき，その影響は瞬時に $\boldsymbol{r}_i$ に伝わることをこの式は主張している．

　しかしながら，自然界には瞬時に伝播する相互作用は存在しない．相互作用している物体の一つに何らかの変化が生じたとき，ある有限の時間が経過した後に，ほかの物体にその変化が影響し始める．二つの物体の間の距離を，この有限な時間間隔で割ったものが，相互作用に固有な情報の (有限な) 伝播速度である．さま

ざまな相互作用が自然界には存在する．それぞれの相互作用はそれぞれの伝播速度をもっているだろう．重要なことはその伝播速度は有限であるということである．つまり情報の**最大の伝播速度**というべき量が存在する．

　さて，相対性原理によれば，すべての慣性基準系で自然法則を表す方程式は同一でなければならない．ということは，相互作用の伝播速度の最大値がすべての慣性基準系で同一でなければならないことを意味する．したがって，相互作用の (最大) 伝播速度は**普遍定数**である．この最大伝播速度は，真空中を伝わる光の速度であると考えられている．光速度 $c$ は Michelson (マイケルソン) と Morley (モーリー) によって測定されており，

$$c = 2.99792 \times 10^{10} \, \text{cm/sec}$$

である．この伝播速度の大きさは，地球の自転に沿った方向と逆方向とでまったく同一であることも実験的に示されている．

　Newton 力学においても空間はすでに相対的である．いろいろの事象の空間的関係は，それらを記述する基準系に依存する．「二つの同時でない事象が，空間的にある定まった距離をへだてて生じた」という言い方は，基準系を指定しない限り意味をもたない．これに反して，時間は Newton 力学では絶対的である．時間の性質は基準系に依存せず，ただ一つの時間があるとしている．

　しかしこの絶対時間の概念は，最大の伝搬速度の概念と矛盾する．絶対時間の仮定のもとでの Newton 力学では，一般的な速度の合成則が成り立つ．合成運動の速度は，それを構成する運動の速度のベクトル和である．この速度の合成則は，相互作用の伝播速度にも適用されるべきものである．慣性基準系 $K$ とそれに対して速度 $V$ で一様な運動をしている別の慣性基準系 $K'$ (図 B.1) を考えたとき，前者の慣性系での $X$ 方向の伝播速度を $c$ とすると，後者の慣性系での $X'$ 方向への伝播速度は $c' = c - |V|$ となる．相対性原理に反して，伝播速度は異なる慣性系で違った値をもつことになる．これは，Michelson と Morley が見出した，「光速度は伝播方向に依存しない」という実験結果とも矛盾する．

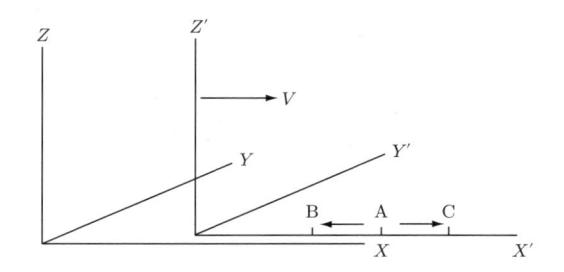

**図 B.1** $XYZ$ の座標軸をもつ慣性系 $K$ と，それに対して $X$ 軸を共有し，速度 $V$
で一様運動をする，$X'Y'Z'$ の座標軸をもつ慣性系 $K'$
$X$ 軸と $X'$ 軸は，見やすいようにずらしてある．

## B.2 　世 界 間 隔

　相互作用の伝播速度，あるいは光速度がどの慣性系に対しても一定であること
を，もう少し数学的に表現してみよう．そのために，ある物体がある時刻にある
運動をしていることを，総称して**事象**と呼ぼう．事象は，それが発生した場所の
空間座標および事象の起こった時刻によって定義される．そこで，空間と時間の
4 次元空間を導入すれば，事象はその空間での点で表される．それを**世界点**と呼
ぼう．各々の粒子の運動は，この 4 次元空間の曲線で表される．これを**世界線**と
いう．

　二つの慣性基準系，$K$ および $K'$，を考えよう．それぞれの基準系での空間座標
を $(x, y, z)$ および $(x', y', z')$ とし，また時刻を $t$ および $t'$ としよう．$K$ 系での座
標 $(x_1, y_1, z_1)$ の位置から，時刻 $t_1$ に，光速度で進む信号を送り出すことを第一の
事象とする．この信号の伝播を $K$ 系で観測し，点 $(x_2, y_2, z_2)$ にその信号が到達
することを第二の事象とする．信号は光速度で伝播するので，それが進む距離は
$c(t_2 - t_1)$ である．一方，2 点間の距離は，$[(x_2 - x_1)^2 + (y_2 - y_1)^2 + (z_2 - z_1)^2]^{1/2}$
に等しい．これより $K$ 系における，いま考えている二つの事象に対して，

$$(x_2 - x_1)^2 + (y_2 - y_1)^2 + (z_2 - z_1)^2 - c^2(t_2 - t_1)^2 = 0$$

が成り立つ．一方，$K'$ 系においても，光速度は相変わらず $c$ である．したがって，
この系において第一の事象の座標を $(x_1', y_1', z_1')$，第二の事象の座標を $(x_2', y_2', z_2')$
とすると，やはり，

$$(x_2' - x_1')^2 + (y_2' - y_1')^2 + (z_2' - z_1')^2 - c^2(t_2' - t_1')^2 = 0$$

となる．$(x_1, y_1, z_1, t_1)$ および $(x_2, y_2, z_2, t_2)$ をそれぞれ任意の二つの事象の座標としたとき，

$$s_{12} = [c^2(t_2 - t_1)^2 - (x_2 - x_1)^2 - (y_2 - y_1)^2 - (z_2 - z_1)^2]^{1/2} \tag{B.1}$$

という量は，それらの事象がどの程度離れているかの目安を示している．この量を二つの事象の間の**世界間隔**という．光速度不変の原理が成り立っているときには，二つの事象の世界間隔がある一つの慣性基準系で 0 ならば，ほかのすべての慣性基準系でも 0 であることを，上の議論は示している．

　二つの事象が互いに非常に接近して起こる場合を想定すると，それらの世界間隔 $ds$ は，

$$ds^2 = c^2 dt^2 - dx^2 - dy^2 - dz^2 \tag{B.2}$$

である．ここで $t$ の代わりに虚の時間

$$\tau = ict$$

を導入すると，

$$\begin{aligned} s_{12}^2 &= -[(x_2 - x_1)^2 + (y_2 - y_1)^2 + (z_2 - z_1)^2 + (\tau_2 - \tau_1)^2] \\ ds^2 &= -(dx^2 + dy^2 + dz^2 + d\tau^2) \end{aligned} \tag{B.3}$$

という対称的な形に書ける．

　さて，上の光速度信号を送り出し，それを受け取る二つの事象の世界間隔は，慣性系 $K$ で $ds = 0$，慣性系 $K'$ でも $ds' = 0$ であった．任意の二つの事象に対して，二つの慣性系での世界間隔はどのような関係になっているだろうか．$ds$ と $ds'$ はともに同程度の微小量であるから，

$$ds = (定数 1) \times ds' + (定数 2)$$

と書けるはずである．しかし，上にみたように $ds = 0$ のとき，$ds' = 0$ なので，定数 2 は 0 である．したがって，ある定数を $a$ として，

$$ds^2 = a\, ds'^2$$

としてよいだろう．この定数 $a$ は，二つの慣性系の相対速度の絶対値のみに依存するはずである．もし座標または時間に依存することになると，事象の起こった空間の点，時刻が異なると，二つの慣性系での世界間隔の変換則が異なることになり，空間と時間の一様性に矛盾する．同様に相対速度の方向に依存することもできない．もしそうだとすると，空間の等方性と矛盾する．ここで三つの慣性基準系 $K$，$K_1$，$K_2$ を考え，系 $K_1$ および $K_2$ の，系 $K$ に対する相対的な運動の速度をそれぞれ，$\boldsymbol{V}_1$，$\boldsymbol{V}_2$ としよう．そうすると，

$$ds^2 = a(V_1)\, ds_1^2, \qquad ds^2 = a(V_2)\, ds_2^2$$

となる．$K_2$ の $K_1$ に対する相対速度を $\boldsymbol{V}_{12}$，その大きさを $V_{12}$ と書くと，同様にして，

$$ds_1^2 = a(V_{12})\, ds_2^2$$

である．上記三つの式より，

$$\frac{a(V_2)}{a(V_1)} = a(V_{12})$$

となる．ところで，$V_{12}$ はベクトル $\boldsymbol{V}_1$ と $\boldsymbol{V}_2$ のそれぞれの絶対値と互いの角度に依存している．しかし，上式の左辺は互いの角度に関する情報は入っていない．つまり上式は，互いの方向が異なり，その結果 $V_{12}$ の値が変化しても，成り立たねばならない．ということは，関数 $a(V)$ が定数であるということを意味している．その定数値は上式から明らかに 1 である．すなわち，

$$ds^2 = ds'^2 \tag{B.4}$$

が成立している．無限小間隔での二つの事象の間に (B.4) が成り立つならば，有限の間隔での二つの事象の間の世界間隔に対しても，

$$s^2 = s'^2 \tag{B.5}$$

が成り立つはずである．つまりわれわれは，「事象間の世界間隔は，すべての慣性基準系において同じである」という結論に到達した．これは，上の導出からわかるように，光速度不変の数学的表現でもある．

## B.3　固 有 時 間

慣性基準系の中で，われわれに対して任意の運動をしている時計を観察することにしよう．各瞬間，瞬間をとれば，この運動を一様とみなすことができるので，各

瞬間ごとに動いている時計に結びついた座標系を導入することができる. この座標系と時計を合わせたものは, 慣性基準系である. われわれに結びついた静止系での微小な時間間隔 $dt$ の間に, 動いている時計が $(x, y, z)$ から $(x + dx, y + dy, z + dz)$ に移動したとする. 移動距離は $\sqrt{dx^2 + dy^2 + dz^2}$ である. 一方, 動いている時計は, それに結びついた座標系では静止している $(dx' = dy' = dz' = 0)$. この時計が刻む時間間隔 $dt'$ は, 世界間隔が二つの座標系で不変なので,

$$dt' = \frac{ds}{c} = \frac{1}{c}\sqrt{c^2 dt^2 - dx^2 - dy^2 - dz^2}$$

である. 動いている時計の速度を $v$ とすると, $v^2 = (dx^2 + dy^2 + dz^2)/dt^2$ なので, この時間間隔は,

$$dt' = dt\sqrt{1 - \frac{v^2}{c^2}} \tag{B.6}$$

とも書ける. この式を積分することによって, 静止している時計で $t_2 - t_1$ だけの時間が経過する間, 動いている時計がきざむ時間の長さを知ることができる. すなわち,

$$t_2' - t_1' = \int_{t_1}^{t_2} dt\sqrt{1 - \frac{v^2}{c^2}} \tag{B.7}$$

である. 与えられた対象と一緒に動いている時計の示す時間を**固有時間**という. 式 (B.6), (B.7) は, 運動を観測している基準系での時間 $t$ によって, 固有時間を表すための表式である. 式からわかるように, 動いている物体の固有時間は, 常に, 静止系における対応する時間間隔よりも短い. 言い換えると, 動いている時計は静止している時計よりもゆっくり進む.

　二つの事象がその世界点 $a$, $b$ で表されているとしよう (図 B.2). $a$ から $b$ への世界線が $t$ 軸に平行なので, この慣性基準系では二つの事象は空間の同一の点で生じている. この慣性基準系に固定された時計がきざむ, この事象の間の時間間隔は,

$$\Delta t = \frac{1}{c}\int_a^b ds$$

である. 右辺の積分は, 図 B.2 に示されている, 時間軸に沿った直線で表される世界線に沿ってとった積分である. 次に, 図の世界点 $a$, $d_1$, $d_2$, $d_3$, $d_4$, $b$ を経めぐる点線で表された世界線に沿った積分

$$\int_a^{d_1} ds + \int_{d_1}^{d_2} ds + \int_{d_2}^{d_3} ds + \int_{d_3}^{d_4} ds + \int_{d_4}^b ds$$

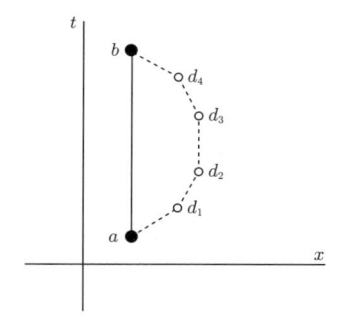

図 **B.2**　4 次元時空 (空間次元はここでは 1 次元として表されている) での二つの事象 $a$ と $b$ を結ぶ二つの世界線

を考えてみよう．各々の点線部分は等速度で運動する物体の世界線に対応していると考えられる．たとえば $a$ から $d_1$ への点線部分に対応する等速度運動を行う物体が静止してみえる慣性系 $K'$ を導入する．その慣性系では事象 $a$, $d_1$ の世界点は，$a'$, $d_1'$ に変換されるだろう．そしてその慣性系に固定された時計が，$a'$ と $d_1'$ の二つの事象の間にきざむ時間間隔は，

$$\Delta t_1 = \frac{1}{c} \int_{a'}^{d_1'} ds'$$

である．ここで世界間隔の不変性を考慮すると，

$$\Delta t_1 = \frac{1}{c} \int_{a}^{d_1} ds$$

とも書ける．すなわち，図 B.2 の点線部分に沿った積分は，それぞれの点線の傾きに応じた，等速度運動をする物体に固定された時計がきざむ時間間隔にほかならない．したがって，図の五つの点線を経て，世界点 $a$ から世界点 $b$ に至る世界線に沿った積分

$$\frac{1}{c} \left( \int_{a}^{d_1} ds + \int_{d_1}^{d_2} ds + \int_{d_2}^{d_3} ds + \int_{d_3}^{d_4} ds + \int_{d_4}^{b} ds \right)$$

は，世界点 $a$ の空間位置から出発して，閉じた経路を描いて最初の場所に戻ってきた物体に固定された時計がきざむ時間間隔である．点線で表される物体の運動は非連続的になっていることになるが，点線部分を限りなく短くし，限りなく多

数の点線で世界線を描けば，それはなめらかな運動に対応するだろう．しかるにわれわれは，固定された時計のきざむ時間間隔は，運動する時計のきざむ時間間隔よりも，常に大きいことを知っている．したがって，一対の世界点の間にとった積分

$$\Delta t = \frac{1}{c} \int_a^b ds$$

は，まっすぐな世界線 (図 B.2 の実線) に対して最大値をもつということが結論される．

## B.4 Lorentz 変換

二つの慣性基準系 $K$ および $K'$ を考えたとき，ある事象の $K$ 系における座標が $(x, y, z, t)$ のとき，その事象の別の慣性系 $K'$ 系における座標 $(x', y', z', t')$ はどうなっているだろう．その関係は，事象間の世界間隔を不変にするものでなければならない．以下の話に便利なので，$\tau = ict$ という変数を使うことにする．式 (B.3) で示されているように，事象間の世界間隔は，$(x, y, z, \tau)$ の四つの変数から成る 4 次元座標系の間の一対の世界点の間の距離とみなせる．言い換えれば，求める変換は，4 次元の $(x, y, z, \tau)$ 空間の中の距離をすべて不変にしなければならない．ところで，そのような変換は，座標系の平行移動と回転だけである．それらのうち，平行移動は，空間座標の原点をずらすこと，あるいは時間の基準点を変えることに導くだけであるから，本質的ではない．したがって求める変換は，4 次元の $(x, y, z, \tau)$ 空間の回転として表されるはずである．3 次元空間の任意の回転は，$xy$, $yz$, $zx$ なる三つの平面での回転の合成として表すことができる．同様に，4 次元空間の任意の回転は，$xy$, $yz$, $zx$, $\tau x$, $\tau y$, $\tau z$ なる六つの平面内の回転に分解することができる．これら六つの回転のうち，最初の三つは空間座標だけを変換する．それらは，普通の 3 次元空間での回転に対応するものである．図 B.1 で表されるような二つの慣性基準系 $K$ と $K'$ を考えよう．この場合には，明らかに座標 $x$ と時間 $t$ だけが変化をこうむる．したがって，4 次元空間の中の $\tau x$ 平面での回転を考えるべきである．この回転によって $y$, $z$ 座標は変化しない．$\psi$ を回転角とすれば，$K$ および $K'$ 系における座標の間には，

$$\begin{aligned} x &= x' \cos \psi - \tau' \sin \psi \\ \tau &= x' \sin \psi + \tau' \cos \psi \end{aligned} \tag{B.8}$$

なる関係があるはずである．次は角度 $\psi$ を決めればよい．二つの慣性系間の相対
関係は，相対速度 $V$ によってのみ規定されている．したがって，$\psi$ が依存し得る
のは $V$ のみであると考えられる．$K$ 系の中での，$K'$ 系の原点の運動を考えよう．
すると $x' = 0$ であり，(B.8) は，

$$x = -\tau' \sin\psi, \qquad \tau = \tau' \cos\psi$$

となる．一方を他方で割ると，

$$\frac{x}{\tau} = -\tan\psi$$

である．ここで，$\tau = ict$ であり，$x/t$ は $K'$ 系の $K$ 系に対する速度 $V$ である．し
たがって，

$$\tan\psi = i\frac{V}{c} \tag{B.9}$$

を得る．これより，

$$\sin\psi = \frac{i\dfrac{V}{c}}{\sqrt{1 - \dfrac{V^2}{c^2}}}, \qquad \cos\psi = \frac{1}{\sqrt{1 - \dfrac{V^2}{c^2}}} \tag{B.10}$$

となる[*1]．これを (B.8) に代入すると，

$$x = \frac{x' - i\dfrac{V}{c}\tau'}{\sqrt{1 - \dfrac{V^2}{c^2}}}, \qquad y = y', \qquad z = z', \qquad \tau = \frac{\tau' + i\dfrac{V}{c}x'}{\sqrt{1 - \dfrac{V^2}{c^2}}} \tag{B.11}$$

を得る．もとの時間変数に戻すと，

$$x = \frac{x' + Vt'}{\sqrt{1 - \dfrac{V^2}{c^2}}}, \qquad y = y', \qquad z = z', \qquad t = \frac{t' + \dfrac{V}{c^2}x'}{\sqrt{1 - \dfrac{V^2}{c^2}}} \tag{B.12}$$

となる．これが求める変換公式であり，Lorentz 変換の式と呼ばれる．$(x', y', z', t')$
を $(x, y, z, t)$ で表す逆の変換公式は，慣性系 $K$ の慣性系 $K'$ に関する相対速度が
$-V$ であることに注意すれば，式 (B.12) において，$V$ を $-V$ に置き換えれば極め

---

[*1]　関数値が複素数である正接関数は，通常の正接関数を解析接続することによって定義される（工
　　学教程『複素関数論 I』，『複素関数論 II』参照）．その定義により，通常の三角関数の公式

$$1 + \tan^2\psi = \frac{1}{\cos^2\psi}, \qquad \cos^2\psi + \sin^2\psi = 1$$

　　も成立する．

て容易に得られる．あるいは式 (B.12) を $(x', y', z', t')$ について解くことによっても，同じ公式を得ることができる．$c \to \infty$ の極限，すなわち Newton 力学へ移ると，Lorentz 変換は Galilei (ガリレイ) 変換に移行する．式 (B.11) は以下のような簡潔な形にまとめることもできる．

$$x'_\mu = \sum_\nu a_{\mu\nu} x_\nu$$
$$x_\nu = \sum_\mu a_{\mu\nu} x'_\mu \tag{B.13}$$

ここで，$x_1 = x,\ x_2 = y,\ x_3 = z,\ x_4 = ict,$ とした．行列 $a_{\mu,\nu}$ は関係式

$$\sum_\mu a_{\mu\sigma} a_{\mu\rho} = \delta_{\sigma\rho}, \qquad \sum_\mu a_{\sigma\mu} a_{\rho\mu} = \delta_{\sigma\rho} \tag{B.14}$$

を満たしている．実際，式 (B.11) で与えられる，$x$ 軸方向に互いに運動している二つの慣性系の間の Lorentz 変換が，上の式 (B.14) の関係式を満たしていることは容易に示すことができる．一般の Lorentz 変換も式 (B.14) の関係式を満たす．すなわち Lorentz 変換とは，4 次元時空中での回転に対応し，二つの異なる慣性系で世界間隔が不変になるような座標変換である．

　Lorentz 収縮は Lorentz 変換から導かれる一つの現象である．$K$ 系の中に，$X$ 軸に平行に 1 本の棒が静止して置かれているとする．この系で測った棒の長さを $\Delta x = x_2 - x_1$ としよう．ここで $x_2$ および $x_1$ は $K$ 系の中での棒の両端の座標である．さて，この棒の $K'$ 系で測った長さを求めよう．そのためには，$K'$ 系でのある時刻 $t'$ における棒の両端の座標 $x'_2$ および $x'_1$ を見出さねばならない．式 (B.12) から，

$$x_1 = \frac{x'_1 + Vt'}{\sqrt{1 - \frac{V^2}{c^2}}}, \qquad x_2 = \frac{x'_2 + Vt'}{\sqrt{1 - \frac{V^2}{c^2}}}$$

である．これより $K'$ 系での棒の長さ $\Delta x' = x'_2 - x'_1$ と $\Delta x$ との間には，

$$\Delta x = \frac{\Delta x'}{\sqrt{1 - \frac{V^2}{c^2}}}$$

なる関係がある．棒が静止してみえる慣性基準系での，その棒の長さを**固有長さ**という．それを $l_0$ で表し，ほかの任意の慣性基準系で測った棒の長さを $l$ としよう．上式から，

$$l = l_0 \sqrt{1 - \frac{V^2}{c^2}} \tag{B.15}$$

が成り立つ．棒の長さはそれが静止している慣性系で最大であり，棒に対して速度 $V$ で動いている慣性系では，$\sqrt{1 - V^2/c^2}$ だけ短くなる．これを **Lorentz 収縮**という．固有時間についてすでに知られている結果を，Lorentz 変換からあらためて導くこともできる．

　最後にもう一つ，Lorentz 変換を Galilei 変換から区別する一般的性質について注意しておこう．Galilei 変換は交換可能性をもっている．すなわち，Galilei 変換を二つ (すなわち速度 $V_1$，$V_2$ で動く慣性系への 2 度の変換) つづけて行った結果は，それらを行う順序にはよらない．これに対して，二つの Lorentz 変換を行った結果は，一般的にいって，それらの順序によって異なる．数学的には，このことは Lorentz 変換を 4 次元座標系における回転とみなしたことで，すでに示唆されていた．よく知られているように，二つの回転 (異なる軸の周りの) の結果は，それらを実施する順序に依存する．ベクトル $V_1$ と $V_2$ が平行な場合の変換 (4 次元座標系における，同一の軸の周りの回転) だけが，この非可換性の例外である．

　座標に対する Lorentz 変換より速度に対する変換則も導かれる．図 B.1 で与えられる $K$ および $K'$ なる二つの慣性基準系に対して，上の Lorentz 変換より，速度の変換公式，

$$v_x = \frac{v_x' + V}{1 + v_x' \frac{V}{c^2}}, \qquad v_y = \frac{v_y' \sqrt{1 - \frac{V^2}{c^2}}}{1 + v_x' \frac{V}{c^2}}, \qquad v_z = \frac{v_z' \sqrt{1 - \frac{V^2}{c^2}}}{1 + v_x' \frac{V}{c^2}} \qquad (B.16)$$

を得る．これらは相対性理論における速度の合成則を表している．

## B.5　エネルギーと運動量

　粒子あるいは質点の運動を Lagrange 形式で書くことにしよう．Lagrange 形式は最小作用の原理に立脚している．すなわち，すべての力学系に対して作用と呼ばれる積分 $\mathcal{S}$ が存在し，この作用は現実の運動に対して極小値をとる，というのがその原理である．自由な運動をする質点に関する相対論的ラグランジアン (Lagrangian) を求めよう．まず作用を考えよう．この作用は慣性基準系の選び方によらない不変な量である．いまわれわれが各慣性基準系によらない不変な量として知っているのは，世界間隔だけである．世界間隔 $ds$ あるいは定数倍を掛けた $\alpha ds$ は明らかに慣性基準系に依存しない．したがって，自由に運動する質点の，相対論的な作用は，

$$S = -a \int_{a_1}^{a_2} ds \tag{B.17}$$

という形であろう．ここで $a_1$，$a_2$ は世界点であり，それぞれの世界点での時間は $t_1$，$t_2$ である．上記の積分は二つの世界点を結ぶ世界線に沿った積分である．ここで，$\alpha$ は正の定数である．B.3 節でみたように，世界点 $a$ から $b$ への積分

$$\int_a^b ds$$

はまっすぐな世界線に沿って最大値をとる．したがって，まっすぐでない世界線に沿ってのこの積分はいくらでも小さくなり，極小値をもつことができない．これが式 (B.17) の相対論的な作用に負の符号が付く理由である．作用積分は，ラグランジアン $\mathcal{L}$ を用いて，時間についての積分

$$S = \int_{t_1}^{t_2} \mathcal{L} dt$$

の形に書き換えられる．世界間隔と時間に関する関係式 (B.6)

$$\frac{ds}{c} = dt\sqrt{1 - \frac{v^2}{c^2}}$$

を用いれば，式 (B.17) の作用は，

$$S = -\alpha c \int_{t_1}^{t_2} \sqrt{1 - \frac{v^2}{c^2}} \tag{B.18}$$

となる．したがってラグランジアンは，

$$\mathcal{L} = -\alpha c\sqrt{1 - \frac{v^2}{c^2}}$$

である．定数 $\alpha$ は，$c \to \infty$ の極限で，このラグランジアンが Newton 力学でのラグランジアンと一致するという条件で求められる．

$$-\alpha c\sqrt{1 - \frac{v^2}{c^2}} \approx -\alpha c + \frac{\alpha v^2}{2c}$$

なので，これが時間についての完全導関数の分を除いて，Newton 力学でのラグランジアンと一致するためには $\alpha = mc$ でなければならない．これより，相対論的な自由粒子のラグランジアンは，

$$\mathcal{L} = -mc^2\sqrt{1 - \frac{v^2}{c^2}} \tag{B.19}$$

であり，作用は，

$$\mathcal{S} = -mc \int_a^b ds = -mc^2 \int_{t_1}^{t_2} \sqrt{1 - \frac{v^2}{c^2}} dt \tag{B.20}$$

となる．

最小作用の原理から Lagrange 方程式が導かれるが，そこで時間の一様性を用いると，

$$\sum_\alpha \boldsymbol{v} \cdot \frac{\partial \mathcal{L}}{\partial \boldsymbol{v}} - \mathcal{L}$$

という量，すなわちエネルギーが保存されることを示すことができる．相対論的な1個の自由粒子に対して，この一般論を適用すると，式 (B.19) から，エネルギー $E$ として，

$$E = mc^2 / \sqrt{1 - \frac{v^2}{c^2}} \tag{B.21}$$

を得る．これが自由な運動をしている粒子の相対論的なエネルギーである．相対論的力学では，粒子のエネルギーは速度が 0 になっても 0 にはならず，有限の値，$E = mc^2$ をもつ．これを粒子の静止エネルギーという．

さて，空間の一様性からは，

$$\boldsymbol{P} = \sum_\alpha \frac{\partial \mathcal{L}}{\partial \boldsymbol{v}_\alpha}$$

なる運動量が保存されることになる．相対論的な1個の自由粒子に対して，この一般論を適用すると，式 (B.19) から，

$$\boldsymbol{p} = m\boldsymbol{v} / \sqrt{1 - \frac{v^2}{c^2}} \tag{B.22}$$

を得る．式 (B.21) と (B.22) より，エネルギーと運動量に対する相対論的な表式

$$E^2 = m^2 c^4 + \boldsymbol{p}^2 c^2 \tag{B.23}$$

が得られる．

座標と時間が Lorentz 変換によって互いに変換し合ったように，空間と時間の一様性に対応した運動量とエネルギーは，Lorentz 変換で互いに変換し合う量である．証明は省略するが，慣性系 $K$ と，それに対して速度 $\boldsymbol{V}$ で $X$ 軸方向に運動している慣性系 $K'$ (図 B.1) での運動量と速度は，

$$p_x = \frac{p_x' + V E'/c^2}{\sqrt{1 - \frac{V^2}{c^2}}}, \qquad p_y = p_y', \qquad p_z = p_z', \qquad E = \frac{E' + V p_x'}{\sqrt{1 - \frac{V^2}{c^2}}} \tag{B.24}$$

のように変換する．あるいは，

$$p_1 = p_x, \qquad p_2 = p_y, \qquad p_3 = p_z, \qquad p_4 = i\frac{E}{c} \tag{B.25}$$

と定義すれば，$(p_1, p_2, p_3, p_4)$ は $(x_1, x_2, x_3, x_4)$ と同様に 4 次元空間でのベクトルのように振る舞う．

# 付録 C 二体演算子の第二量子化での表現

二体演算子 $F^{(2)} = \sum_{(ij)\mathrm{pair}} g_{ij}$ を多体の波動関数ではさんだときに，0 でない行列要素を与えるのは，① 対角項，② 占有数 $N_i$ が 2 減少し，$N_k$ が 2 増加，③ 占有数 $N_i$ が 2 減少し，$N_k$，$N_l$ がそれぞれ 1 増加，およびその Hermite 共役，④ 占有数 $N_i$，$N_j$ がそれぞれ 1 増加し，$N_k$，$N_l$ がそれぞれ 1 減少，の四つの場合だけである．

④ の場合を考えると，行列要素は，

$$
\langle \Psi_{\cdots,N_i,\cdots,N_j,\cdots N_k-1\cdots N_l-1\cdots} | F^{(2)} | \Psi_{\cdots,N_i-1,\cdots,N_j-1,\cdots N_k\cdots N_l\cdots} \rangle
$$

$$
= \left( \frac{\cdots N_i! \cdots N_j! \cdots (N_k-1)! \cdots (N_l-1)! \cdots}{N!} \right)^{1/2}
$$

$$
\times \left( \frac{\cdots (N_i-1)! \cdots (N_j-1)! \cdots N_k! \cdots N_l! \cdots}{N!} \right)^{1/2}
$$

$$
\times \sum_P{}' \sum_{P'}{}' \sum_{(ij)} \int \cdots \int \psi^*_{\mu_{P(1)}}(x_1) \psi^*_{\mu_{P(2)}}(x_2) \cdots \psi^*_{\mu_{P(N)}}(x_N)
$$

$$
\times \; g_{ij} \, \psi_{\mu_{P'(1)}}(x_1) \psi_{\mu_{P'(2)}}(x_2) \cdots \psi_{\mu_{P'(N)}}(x_N)
$$

である．$(lm)$ 対の和の中の $(1,2)$ 対を考える．そこで登場する積分は，

$$
g_{P(1)P(2);P'(1)P'(2)}
$$

$$
\equiv \int\int dx_1 dx_2 \psi^*_{\mu_{P(1)}}(x_1)\psi^*_{\mu_{P(2)}}(x_2) g_{12} \psi_{\mu_{P'(1)}}(x_1)\psi_{\mu_{P'(2)}}(x_2) \tag{C.1}
$$

の形であり，これ以外は一粒子軌道の間の内積積分である．したがって，0 でない寄与がある置換は，

(1) $P(1) = i,\qquad P(2) = j,\qquad P'(1) = k,\qquad P'(2) = l$

(2) $P(1) = j,\qquad P(2) = i,\qquad P'(1) = l,\qquad P'(2) = k$

(3) $P(1) = i,\qquad P(2) = j,\qquad P'(1) = l,\qquad P'(2) = k$

(4) $P(1) = j,\qquad P(2) = i,\qquad P'(1) = k,\qquad P'(2) = l$

のいずれかが満たされ，かつ $i \geq 3$ で $P(i) = P'(i)$ となっている場合である．上の 4 項の二重積分のうち，最初の二つは $g_{ij;kl}$，$g_{ji;lk}$ であり，両者は等しい．ま

た，残りの2項は $g_{ij;lk}$，$g_{ji;kl}$ であり両者は等しいが，前二者とは異なる積分である．フェルミオンの波動関数の場合には，パーマネントではなく行列式なので，上の4項のうち，$g_{ij;lk}$ の2項には負符号が付くことに注意しよう．置換についての和の中で，以上の条件を満たす置換の数は，$_{N-2}C_{N_1}\,_{N-2-N_1}C_{N_2}\cdots$ である．また $(lm)$ 対の和は，$N$ 個の変数の中からどの2個を選んでも同じ寄与があるので，$_NC_2$ 倍をすればよい．結局，

$$\langle\Psi_{..,N_i,\cdot\cdot,N_j,\cdot\cdot N_k-1\cdot\cdot N_l-1\cdot\cdot}|F^{(2)}|\Psi_{..,N_i-1,\cdot\cdot,N_j-1,\cdot\cdot N_k\cdot\cdot N_l\cdot\cdot}\rangle$$
$$=\sqrt{N_iN_jN_kN_l}(g_{ij;kl}+g_{ij;lk}) \tag{C.2}$$

となる．フェルミオンの波動関数間の行列要素は，以上の導出からわかるように，式 (C.2) の第2項 $g_{ij;lk}$ には負符号がかかる．また，$N_i=N_j=N_k=N_l=1$ である．

対角項についても同様の計算を行えば，

$$\langle\Psi_{..,N_i,\cdot\cdot,N_j,\cdot\cdot N_k\cdot\cdot N_l\cdot\cdot}|F^{(2)}|\Psi_{..,N_i,\cdot\cdot,N_j,\cdot\cdot N_k\cdot\cdot N_l\cdot\cdot}\rangle$$
$$=\sum_{ij}N_iN_j(g_{ij;ij}+g_{ij;ji}) \tag{C.3}$$

を得る (フェルミオンの場合に第2項にマイナスが付くことは，上と同様である)．

一方，第二量子化の演算子として，

$$\hat{F}^{(2)}\equiv\frac{1}{2}\sum_{i'j'k'l'}g_{i'j';k'l'}\hat{a}_{i'}^{\dagger}\hat{a}_{j'}^{\dagger}\hat{a}_{l'}\hat{a}_{k'} \tag{C.4}$$

を導入する．この演算子を第二量子化の状態ベクトル

$$|\cdots N_i\cdots\rangle=\cdots\frac{1}{\sqrt{N_1!}}(\hat{a}_i^{\dagger})^{N_i}\cdots|0\rangle$$

ではさんだ行列要素を考える．行列要素 (C.2) に対応する状態ベクトルは，

$$|\cdots N_i\cdots N_j\cdots N_k-1\cdots N_l-1\cdots\rangle \text{ と } |\cdots N_i-1\cdots N_j-1\cdots N_k\cdots N_l\cdots\rangle$$

であり，0 でない行列要素は，式 (C.4) の和の中の，$(i'i')$ 対が $(ij)$ 対かつ $(k'l')$ 対が $(kl)$ 対と等しい場合にのみ生じる．ボゾンの場合の状態ベクトルの正規化の係数に注意すると，

$$\langle\cdot\cdot N_i\cdot\cdot N_j\cdot\cdot N_k-1\cdot\cdot N_l-1\cdot\cdot|\hat{F}^{(2)}|\cdot\cdot N_i-1\cdot\cdot N_j-1\cdot\cdot N_k\cdot\cdot N_l\cdot\cdot\rangle$$
$$=\sqrt{N_iN_jN_kN_l}\,(g_{ij;kl}+g_{ij;lk}) \tag{C.5}$$

を得る．これは式 (C.2) と等しい．フェルミオンの場合には，式 (C.2) での負符号に対応して，式 (C.5) において生成・消滅演算子の反交換関係から負符号が生じる．対角項についても，第二量子化の演算子 (C.4) が従来の量子力学のスキームと同一の行列要素を与えることを示すのは容易であろう．

# 参 考 文 献

[はじめに]

[1] 佐々木健，好村滋洋訳：『ランダウ=リフシッツ理論物理学教程　量子力学—非相対論的理論—(改訂新版) I, II』(東京図書，1983).

[2] 桜井純著，San Fu Tuan 編，桜井明夫訳：『J.J. Sakurai　現代の量子力学 (上下)』(吉岡書店，1989).

[3] 砂川重信：『量子力学』(岩波書店，1991).

[4] 上村洸，山本貴博：『基礎からの量子力学』(裳華房，2013).

[1 章]

[5] J. Bernholc, N. Lipari and S.T. Pantelides：Phys. Rev. B **21**, 3545 (1980).

[6] R. Car, P.J. Kelly, A. Oshiyama and S.T. Pantelides：Phys. Rev. Letters **52**, 1814 (1984).

[2 章]

[7] 恒藤敏彦，広重徹訳：『ランダウ=リフシッツ理論物理学教程　場の古典論—電気力学，特殊および一般相対性理論—』(東京図書，1978).

[8] J.C. Slonczewski and P.R. Weiss：Phys. Rev. 109, 272 (1958).

[9] 西島和彦：『相対論的量子力学』(培風館，1973).

[3 章]

[10] 場の量子論に基づく多体問題の古典的名著として，アブリコソフ，ゴリコフ，ジャロシンスキー著，松原武生，米沢富美子，佐々木健訳：『統計物理学における場の量子論の方法』(東京図書，1987).

[11] 最近の邦書として，高田康民：『多体問題』(朝倉書店，1999)，および，『多体問題特論—第一原理からの多電子問題』(朝倉書店，2009).

[12] 解説書として，押山淳ほか：『計算と物質 (岩波講座　計算科学　第 3 巻)』(岩波書店，2012).

[5 章]

[13] より進んだ学習のために，群論とその量子力学への応用の教科書として，犬井鉄郎，田辺行人，小野寺嘉孝：『応用群論—群表現と物理学—』(裳華房，1976)，同書 (増補版 1980) をあげておく.

# 索　引

# 東京大学工学教程

2019 年 9 月

著者の現職

**押山 淳**（おしやま・あつし）
名古屋大学未来材料・システム研究所　特任教授
東京大学名誉教授
筑波大学名誉教授

東京大学工学教程　基礎系　物理学
量子力学 II

令和元年10月10日　発　行

編　者　　東京大学工学教程編纂委員会

著　者　　押　山　　　淳

発行者　　池　田　和　博

発行所　　丸善出版株式会社

〒101-0051　東京都千代田区神田神保町二丁目17番
編集：電話 (03) 3512-3261／FAX (03) 3512-3272
営業：電話 (03) 3512-3256／FAX (03) 3512-3270
https://www.maruzen-publishing.co.jp

組版印刷・製本／三美印刷株式会社

ISBN 978-4-621-30430-3　C 3342　　　　Printed in Japan